国家哲学社会科学成果文库

NATIONAL ACHIEVEMENTS LIBRARY
OF PHILOSOPHY AND SOCIAL SCIENCES

青藏高原碉楼研究

石 硕 杨嘉铭 邹立波 著

中国社会科学出版社

石　硕　1957 年 10 月生于成都。历史学博士。四川大学中国藏学研究所教授。从事藏族史、西南民族史、藏彝走廊等研究。出版《西藏文明东向发展史》（1994）、《吐蕃政教关系史》（2000）、《藏族族源与藏东古文明》（2001）、《青藏高原的历史与文明》（2007）、《藏彝走廊：文明起源与民族源流》（2009）、《青藏高原东缘的古代文明》（2011）等学术著作。发表学术论文 100 余篇。

杨嘉铭 男，藏族，西南民族大学教授，民俗学硕士生导师，四川省"突出贡献优秀专家"。长期从事藏族历史文化研究，发表有关藏学研究文章近百篇，出版专著20余部。代表作有《西藏建筑的历史文化》（获第十四届中国图书奖）、《雪域娇子岭·格萨尔王的故乡》等；主要论文有《藏族茶文化概论》《关于附国的几个问题的再认识》《四川甘孜阿坝地区的古碉建筑文化》等。曾先后获得中国教育部教学改革项目三等奖 1 项，四川省社会科学优秀成果二等奖 4 项，三等奖 5 项，其他奖项多项。

邹立波 1980 年生，山东淄博人，历史学博士，现为四川大学中国藏学研究所讲师。主要从事康藏历史与文化研究，尤其关注汉藏关系、土司政治等问题，已发表相关学术论文十余篇。

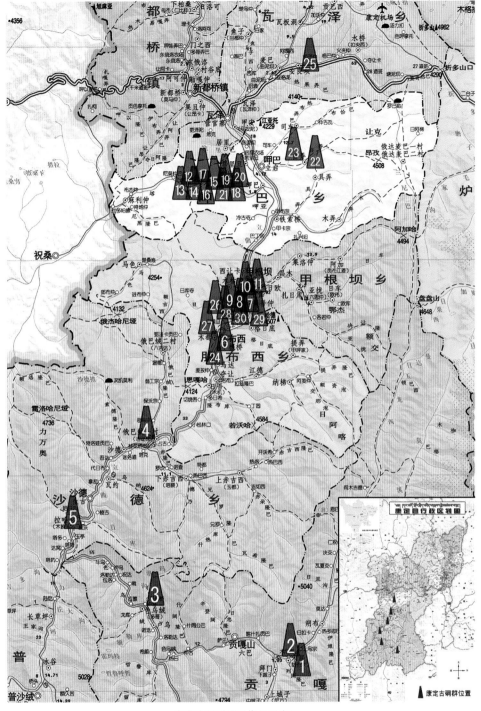

康定古碉群地理位置示意图

1 索坡东南碉楼		2 索坡东北碉楼		3 色乌绒碉群		4 俄巴绒一村碉楼	5 拉哈碉楼
6 甲各吾八角古碉		7 日头1号碉楼		8 日头东北碉楼		9 日头西北1号碉楼	10 日头西北2号碉楼
11 朋布西3号古碉		12 塔拉下村西南四角碉		13 塔拉下村东南四角碉		14 塔拉下村东南8角碉楼	15 塔拉下村西南8角碉楼
16 俄来每碉楼		17 塔拉下村西北八角碉楼		18 措雅东南八角碉楼		19 措雅西南四角碉	20 措雅东北四角碉楼
21 塔拉上村八角碉楼		22 自弄东南碉楼		23 自弄东北碉楼		24 马达东北碉楼	25 安良碉楼
26 日头西北2号碉楼		27 朋布西4号碉楼		28 日头西碉楼		29 格日底东北碉楼	30 各日底西北碉楼

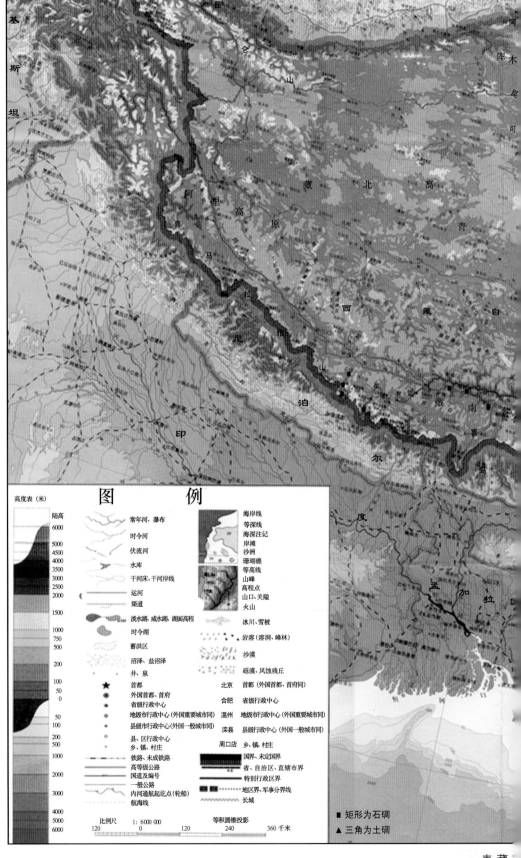

基斯坦

昆仑山

阿库木昆可

藏北高原

青

阿里高原

喜马拉雅山

西藏自

尼

藏南喜马

泊

印

谷尔

度

孟加拉巴

青藏

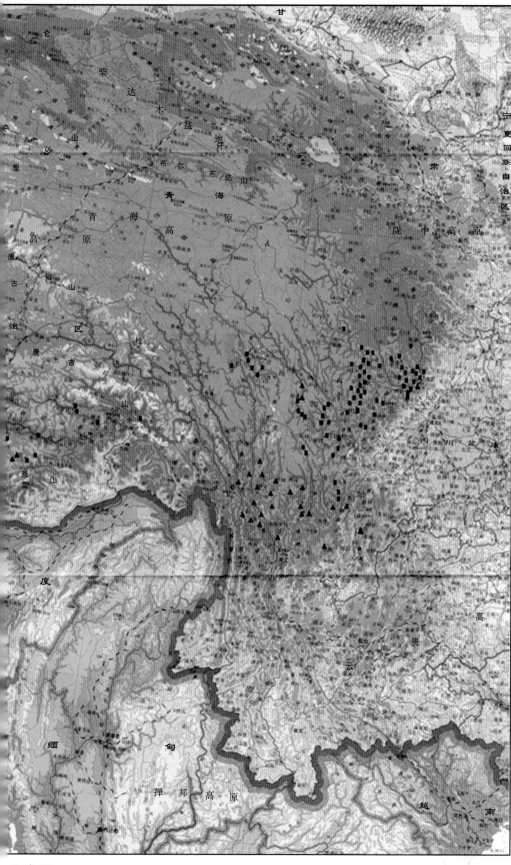

分布图

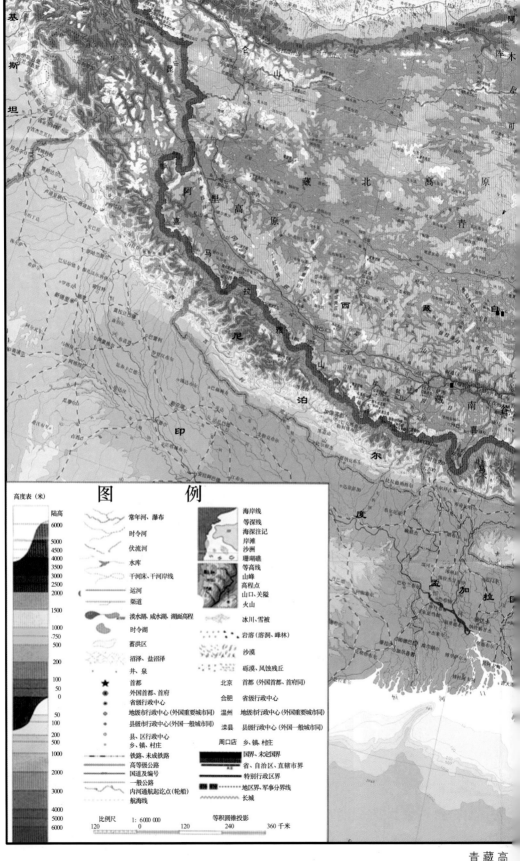

图 例

高度表（米）

陆高	
6000	
5000	
4500	
4000	
3500	
3000	
2500	
2000	
1500	
1000	
750	
500	
200	
100	
50	
0	

常年河、瀑布
时令河
伏流河
水库
干河床、干河岸线
运河
渠道
淡水湖、咸水湖、湖面高程
时令湖
蓄洪区
沼泽、盐沼泽
井、泉

★ 首都
◉ 外国首都、首府
⦿ 省级行政中心
⦿ 地级市行政中心(外国重要城市同)
⦿ 县级市行政中心(外国一般城市同)
⦿ 县、区行政中心
⚬ 乡、镇、村庄
铁路、未成铁路
高等级公路
国道及编号
一般公路
内河通航起讫点(轮船)
航海线

海岸线
等深线
海深注记
岸滩
沙洲
珊瑚礁
等高线
山峰
高程点
山口、关隘
火山
冰川、雪被
岩溶(溶洞、峰林)
沙漠
砾漠、风蚀残丘

北京 首都(外国首都、首府同)
合肥 省级行政中心
温州 地级市行政中心(外国重要城市同)
溧县 县级行政中心(外国一般城市同)
周口店 乡、镇、村庄
国界、未定国界
省、自治区、直辖市界
特别行政区界
地区界、军事分界线
长城

比例尺 1:6000000   等积圆锥投影

120   0   120   240   360 千米

青藏高

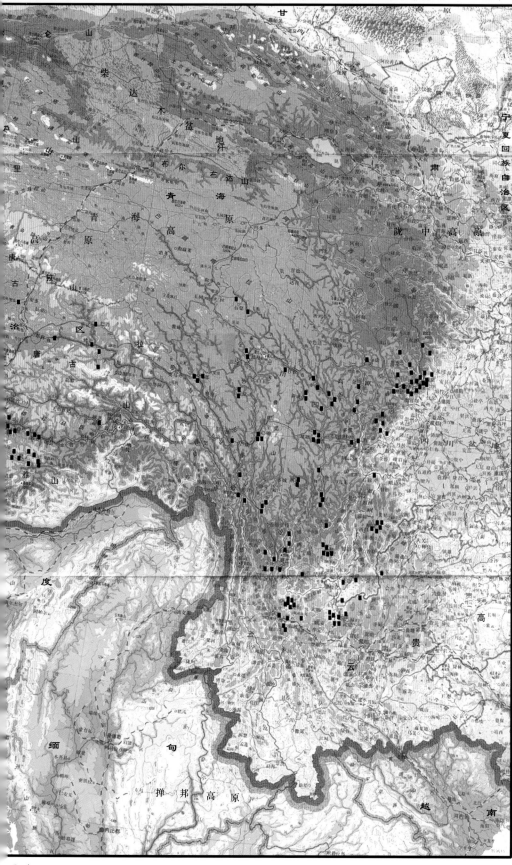

分布图

《国家哲学社会科学成果文库》 出版说明

为充分发挥哲学社会科学研究优秀成果和优秀人才的示范带动作用，促进我国哲学社会科学繁荣发展，全国哲学社会科学规划领导小组决定自2010年始，设立《国家哲学社会科学成果文库》，每年评审一次。入选成果经过了同行专家严格评审，代表当前相关领域学术研究的前沿水平，体现我国哲学社会科学界的学术创造力，按照"统一标识、统一封面、统一版式、统一标准"的总体要求组织出版。

全国哲学社会科学规划办公室

2011 年 3 月

序 言

尽管碉楼（西方常称"塔楼"）这一特殊建筑形式在中国其他地区以及世界某些地区也都存在，但形式却各不相同，产生的原因及所根植的文化传统也迥然相异。就世界范围而言，像青藏高原这样分布如此普遍和密集，特色鲜明且类型多样的碉楼却极为罕见，甚至可以说绝无仅有。所以，碉楼乃是青藏高原地区一个独特的文化现象。此外，尽管分布地域辽阔，但整体上青藏高原碉楼属于一个共同的文化系统。

毫无疑问，青藏高原碉楼作为一种古老、独特的文化遗存，是青藏高原地域文化的一个有机组成部分，也是与藏族、羌族悠久历史息息相关的一份珍贵文化遗产。青藏高原碉楼分布地域甚广，在西藏的林芝、山南、日喀则和昌都一带以及川西高原、云南迪庆藏族自治州均有分布，但目前分布最集中的区域则是青藏高原东缘地区。从岷江上游河谷以西到大渡河上游及雅砻江上游一带的川西高原，是青藏高原碉楼分布的核心区域，不仅类型、数量最多，分布也最为密集。由成都平原西行，无论是从西北进入岷江上游，还是向西进入大渡河上游，沿途的村寨、河谷两岸、关隘、山头，均可间或看到一座座耸立的碉楼。特别是位于大渡河上游的丹巴县，现今因保留碉楼数量多且密集，被人们称为"千碉之国"。

近年随着藏区旅游业的发展与开放程度的提升，青藏高原碉楼越来越引起中外人士的兴趣与关注，作为一种高原文化遗产其在建筑、历史及文化上的独特价值也日益得到人们的肯定与认同，并受到了联合国教科文组织的关注。中国政府也于2006年正式将青藏高原碉楼列入我国申报世界文化遗产预备名录。因此，对青藏高原碉楼进行全面、系统的研究，调查其分布的区域、类型及特点，清理其历史发展脉络，追溯其背后的文化内涵，就显得尤为迫切和必要。本书正是在此背景下产生的一个学术成果。

本书的特点及学术贡献主要体现于以下几点：

1. 首次将青藏高原碉楼遗存作为一个整体文化现象，对其进行全面、系统的研究。由于青藏高原碉楼分布地域广而分散，类型复杂，文献资料匮乏，研究难度极大，这造成长期以来学界一直缺乏对它的全面和整体研究。已有的碉楼研究大多局限某一局部区域，其中尤以对青藏高原东缘地区（藏东地区）的碉楼研究最为集中，而对西藏及其他地区的碉楼则涉及甚少。这种仅从局部区域角度进行的研究，无疑给认识青藏高原碉楼整体文化遗存带来较大局限。因此本书的研究，对从整体上全面认识青藏高原碉楼面貌及其文化内涵有重要意义。

2. 本书在深入、广泛的田野调查基础上，依据建筑材质、平面形制、内部构造及建筑特征的不同，首次提出青藏高原碉楼存在两个大的区系类型：即横断山区系类型和喜马拉雅区系类型。这两大区系类型的分布，前者以川西高原即东部藏区为中心，后者则以西藏雅鲁藏布江以南地区为中心。这两大区系类型的划分，是本书对青藏高原碉楼整体认识上的一个重要突破，它反映了青藏高原碉楼发展进程中在不同区域有着不同的演变轨迹、特点及地方传统。

3. 本书在青藏高原碉楼起源的研究上取得新的突破。过去学术界普遍将碉楼作为一种与战争有关的防御性建筑来看待。然而，从田野调查所获得的大量民族志材料却并不支持这一看法。大量民族志调查材料显示，碉楼在当地人的观念及文化中具有明显的"神"性。一些碉楼分布地区还普遍流传碉楼是"为祭祀天神"或"镇魔"而建的传说。这些现象透露出青藏高原碉楼尚存在一种不为人知的更古老、原始的形态。本书又通对青藏高原碉楼最早的称谓"邛笼"一词内涵的考证，发现其原本含义是指一种鸟，此鸟被汉人史家转译为"雕"（后变为"碉"，即今"碉"字的来历），但其真正含义却是藏地苯教中作为崇拜对象的"琼"（藏文作khyung，俗称"大鹏鸟"）。"邛笼"的"邛"（qiong）与"琼"不但发音同，且均指一种鸟。而据今西藏山南碉楼分布地区民间流传的说法，仍将碉楼称作"琼仓"，即"琼鸟之巢"。这就确凿地证明碉楼最初的原始形态是人们用以表达对苯教中"琼鸟"崇拜的一种祭祀性建筑，以后才派生出防御的功能。这意味着，青藏高原碉楼最初乃是作为处理人与神关系的一种祭祀性建筑而产生的，后期才转变为处理人际之间冲突的防御性建筑。上述研究成果曾先期以《隐藏的神性：藏彝走廊中的碉楼》和《"邛笼"解读》两文在《民族研究》发表（刊于 2008 年第 1 期、2010 年第 6 期），引起了学界的广泛关注。同时我们在调查中还发现，无论是横断山脉区系类型还是喜马拉雅区系类型，碉楼的分布同苯教以及"琼"之间均存在密切对应关系，也就是说，碉楼分布密集之地往往也是苯教盛行和苯教文化底蕴深厚的地区。这些现象均揭示青藏高原碉楼有着十分久远的历史，它的起源应与藏地古老的苯教有密切关系。

4. 将青藏高原碉楼置于本土历史文化脉络之中，对与之相关的民族、社会及文化内涵进行深入挖掘，是本书另一个重要特点。为避免和克服过去多将碉楼作为一种建筑遗存或孤立文化现象来看待的倾向，我们在对碉楼的田野调查中，异常重视对当地民众的访谈，了解他们眼中的碉楼及与之相关的种种传说与民俗事象，这一点让我们获益匪浅。我们不仅发现碉楼在不同区域与一定民族或族群存在对应关系，同时通过民族志调查，发现了碉楼具有连接天地乃至其在权力、财富、地界、男性、祖先与家业等多方面的象征意义及由此衍生出来的相关传说故事，也发现了碉楼背后的丰富社会意蕴，如碉楼与地名、成人礼仪、驱邪镇魔、建碉禁忌等民俗事项息息相关的各种社会文化事象。对青藏高原碉楼丰富的民族、社会及文化内涵的挖掘，是本书的一个特点。

本书的青藏高原碉楼研究，特别是有关其起源及早期功能与形态，及对与之相关的民族、社会及文化内涵的挖掘，很大程度改变了过去单纯将其作为与战事相关的防御性建筑来看待的简单化、表面化认识，揭示了青藏高原碉楼更丰富的社会意义及所蕴含的重要历史与文化价值，这将有助于我们更好地理解和认识这份独特而珍贵的文化遗产，亦将有助于对这一珍贵遗产的进一步保护与利用。

需要指出，本书的研究很大程度是一个尝试。由于青藏高原碉楼分布地域广，文献资料相对匮乏，以往的研究又相对局部或分散，全面、系统地认识和研究青藏高原碉楼存在相当大的难度。因此，本书还存在许多疏漏和不足，有些观点也不一定成熟，乞望得到广大读者的批评指正。

石 硕

2012 年 2 月 17 日于四川大学江安花园

目　　录

Contents

表 目 录

图　目　录

第 一 章
绪 论

第一节 青藏高原碉楼概述

碉楼是青藏高原一种独特的历史文化遗存。其产生年代甚早，从文献记载看，至少在东汉时期已经出现。有关碉楼的最早记载见于《后汉书·南蛮西南夷列传》，其记东汉时期岷江上游地区的冉駹部落时云：

> 冉駹夷者，武帝所开，元鼎六年，以为汶山郡。……皆依山居止，累石为室，高者至十余丈，为邛笼。

孙宏开先生在《试论"邛笼"文化与羌语支语言》与《"邛笼"考》二文中从古羌语角度考察"邛笼"一词的含义，认为"邛笼"即指今岷江上游地区仍存在的碉楼。① 其后，《北史·附国传》中对碉楼的记载更为详尽，称附国：

> 近川谷，傍山险，俗好复仇，故垒石为碉，以避其患。其碉高至十余丈，下至五六丈，每级以木隔之，基方三四步，碉上方二三步，状似

---

① 参见孙宏开《试论"邛笼"文化与羌语支语言》，载《民族研究》1986 年第 2 期；《"邛笼"考》，载《民族研究》1981 年第 1 期。

浮图。①

图1　甘孜州丹巴梭坡乡莫洛村碉群

这里的描述与今天青藏高原碉楼的形制、面貌基本吻合。

碉楼遗存在青藏高原范围分布广泛，西藏昌都地区和雅鲁藏布江以南的林芝、山南及日喀则地区均有分布，具体而言，主要是昌都地区江达县，林芝地区的工布江达县和山南地区的隆子、加查、洛扎、曲松、措美等县和日喀则地区的江孜、日喀则、聂拉木等地。② 云南迪庆藏族自治州亦有分布。③ 不过，碉楼的分布却以川西高原的藏羌地区最为密集，川西高原有碉楼遗存的县为阿坝藏族羌族自治州的汶川、茂县、黑水、马尔康、金川、小金、理县和甘孜藏族自治州的丹巴、康定、道孚、雅江、九龙、乡城、白玉、德格、新龙、理塘、得荣、巴塘等县。④ 另凉山州木里藏族自治县也有碉楼。川西高原地区的碉楼分布又以岷江上游河谷以西到大渡河上游一带的嘉绒藏族地区为核心区，嘉绒地区不仅碉楼的数量、类型最多，分布也最为密集。

　　① 《隋书·附国传》亦有大体相同的记载。
　　② 参见夏格旺堆《西藏高碉建筑刍议》，载《西藏研究》2002年第4期。
　　③ 参见邓廷良《嘉戎族源初探》，载《西南民族学院学报》（社会科学版）1986年第1期。
　　④ 参见杨嘉铭《四川甘孜阿坝地区的"高碉"文化》，载《西南民族学院学报》（哲学社会科学版）1988年第3期；徐学书：《川西北的石碉文化》，载《中华文化论坛》2004年第1期；林俊华：《丹巴县特色文化资源调查》，载《康定民族师范高等专科学校学报》2006年第3期。

碉楼的种类与类型十分丰富。从建筑材料来分，有石碉和土碉①；从外观造型来分，有三角碉、四角碉、五角碉、六角碉、八角碉、十二角碉、十三角碉七类；从功能来分，有家碉、经堂碉、寨碉、战碉、烽火碉、哨碉、官寨碉、界碉、要隘碉等；此外按当地民间说法，还有所谓公碉、母碉、阴阳碉（风水碉）、姊妹碉、房中碉等。②

近年随着藏区旅游的发展，青藏高原地区的碉楼越来越引起国内外各界人士的兴趣与关注，亦受到联合国教科文组织的关注。2006 年，青藏高原碉楼被中国政府正式列入申报世界文化遗产预备名录。③ 在此背景下，学术界对青藏高原碉楼的研究日趋活跃。目前涉足青藏高原碉楼研究的人员学科背景甚为广泛，有历史学、民族学、考古学、建筑学和艺术学的学者，也有相当数量的旅游者与记者。为进一步开展青藏高原碉楼的研究，让我们首先对青藏高原碉楼研究现状作一初步的梳理，以为碉楼研究提供一个可资参照的坐标。

第二节 青藏高原的碉楼研究

一 1949 年以前的碉楼研究

青藏高原碉楼为外界广泛认识，主要始于清乾隆时期两次征大、小金川之役。大、小金川为嘉绒藏族的核心地区，碉楼密集，这为清朝征金川之役带来极大困难。清朝两次对金川用兵均主要围绕"攻碉"和"守碉"来进行，不仅采取"以碉逼碉"战术，甚至还遣嘉绒人于北京香山修建碉楼以演练攻碉战术。故乾隆时期用兵金川，遂使青藏高原的碉楼名声远播，此后史

---

① 土碉主要见于汶川和金沙江上游的乡城、得荣、巴塘以及白玉、德格、新龙等地，但数量较少，青藏高原碉楼绝大多数为石碉。

② 参见杨嘉铭、杨艺《千碉之国——丹巴》，巴蜀书社 2004 年版；杨嘉铭：《四川甘孜阿坝地区的"高碉"文化》，载《西南民族学院学报》（哲学社会科学版）1988 年第 3 期；李星星：《藏彝走廊的历史文化特征（续）》，载《中华文化论坛》2003 年第 2 期。

③ 参见《中国文物保护单位名录》，中华人民共和国国家文物局网页 http：//www.sach.gov.cn/publish/portal0/tab101/。

图2　沃日土司官寨局部
（亨利·威尔逊1908年6月26日拍摄）

图3　卓克基土司官寨
（庄学本1934年拍摄）

籍文献中有关碉楼的记载与描述也大为增多。

从现代学术角度对青藏高原的碉楼进行研究始于20世纪上半叶。其时，一些受过科学和学术训练的学者进入川西高原地区，他们在实地考察基础上从不同角度对碉楼进行记录和描述，并对其价值与历史文化内涵进行了初步和奠基性的研究探讨。1929年，任乃强先生对西康11县进行实地考察，在其后写成的《西康图经·民俗篇》中对碉楼的建造技术、内部构造、外观形制作了较详细的描述，尤其对建造碉楼的砌石技术予以极高评价，称为"叠石奇技"，云：

碉亦用乱石砌成，据土人云，已百余年，历经地震未圮，前年丹巴大地震，仅损其上端一角，诚奇技也。

又称：

夷家皆住高碉，称为夷寨子，……其崔巍壮丽，与瑞士山城相似。

番俗无城而多碉，最坚固之碉为八棱，……凡矗立建筑物，棱愈多则愈难倒塌，八角碉虽仍为乱石所砌，其寿命常达千年以外，西番建筑物之极品，当属此物。①

任乃强是首位对碉楼建筑技术及价值给予高度评价并将碉称为"西番建筑物之极品"的学者。

图4　汶川瓦寺宣慰司官寨全景
（亨利·威尔逊1908年5月30日拍摄）

1942年，民族学家马长寿先生对嘉绒地区进行实地考察，也对碉楼予以了特别关注，并以碉楼为线索，指出嘉绒藏人在族源上应与汉之"冉駹"和

_____

① 参见任乃强《西康图经·民俗篇》，西藏古籍出版社2000年版，第254—255页。

图 5　九子屯碉楼

（图片来源：庄学本《羌戎考察记》）

图 6　威州龙山寨碉楼

图7 卓克基土司官寨

（图片来源：庄学本《羌戎考察记》）

唐之"嘉良夷"有密切渊源关系，进而提出："中国之碉，仿之四川；四川之碉，仿之嘉戎，由上述各例亦不难知嘉戎则为冉駹"的看法，马先生还通过对碉楼之历史、地域和民族背景的研究，首次提出了嘉绒地区为碉楼之起源地这一重要学术观点。[1] 1938年记者兼摄影家庄学本先生进入丹巴，也对当地碉楼情况进行过调查，对丹巴中路一带的碉楼及其分布情况作过较全面的描述，他在《西康丹巴调查报告》中指出：

> 碉楼在大小金川特别多，东迄岷江，相连如林，尤以丹巴为最，据汉人云，系乾隆平定金川之遗物，查其分布路线，颇为近似。但丹巴士人则认为尚在平定金川以前。总之密集的碉楼不只是他们居处的防御设

---

① 马长寿：《嘉戎民族社会史》，载周伟洲编《马长寿民族学论集》，人民出版社2003年版，第129—130页。

图 8 什谷脑碉楼

(图片来源：庄学本《羌戎考察记》)

备，还含有一村或一族的军事意义。①

1949 年以前，涉及碉楼考察的报告与论著还有：黎光明、王元辉的《川西民俗调查记录 1929》，蓝铣的《西康小识（续）》，李亦人编著的《西康综览》，杨仲华的《西康纪要》和《西康之概况》，李元福的《康南沿边十七族》，中央民族学院图书馆编的《西藏见闻录》，刘如虎的《青海西康两省》②，以及《川康边政资料辑要》、《康藏民族杂写》、《西康人民风俗纪要》、《宁属各县概况调查》、《松潘社会调查》、《丹巴县政一瞥》、

① 参见庄学本《西康丹巴调查》，载《西南边疆》（昆明）1939 年第 6 期。
② 参见刘如虎《青海西康两省》，商务印书馆 1936 年版。

《西康风土政治概要》等等,① 但其对碉楼主要是记录和描述，未作专门和深入的研究。

1949 年以前对碉楼予以关注也不乏外国人。一些进入川西高原地区考察的国外人类学家、传教士等对其所见碉楼产生了浓厚兴趣，如 20 世纪初在四川丹巴天主教堂任神父的法国人传教士舍廉霭第一次见到当地密集的碉楼时激动不已，惊呼："我发现了新大陆！"随后他将自己所拍摄的丹巴碉楼的照片寄往 1916 年在法国里昂举行的摄影展，这可能是青藏高原的碉楼形象首次为国外所见识。② 1924 年 4 月《美国国家地理》刊载了美国植物学家洛克于 1923 年至 1924 年间前往四川木里考察的《黄教喇嘛的土地》一文，文中记述了木里地方的碉楼并附照片。③ 美国学者兼教士葛维汉（David Crockett Craham）在任华西协和大学博物馆馆长和人

图 9　木里碉楼
（20 世纪 20 年代洛克摄）

① 参见黎光明、王光辉《川西民俗调查记录 1929》，台北中研院历史语言研究所 2005 年版，第 177—182 页；蓝铣：《西康小识（续）》，载《康藏前锋》1933 年第 2 期；李亦人编著：《西康综览》，正中书局 1947 年铅印平装本；杨仲华：《西康纪要》，商务印书馆 1937 年版，第 495 页；杨仲华：《西康之概况》，载《新亚细亚》1931 年第 1 卷第 5 期；李元福：《康南沿边十七族》，载《边疆通讯》1945 年第 3 卷第 9 期；中央民族学院图书馆编：《西藏见闻录》，中央民族学院图书馆 1978 年油印本，第 18 页；刘如虎：《青海西康两省》，商务印书馆 1936 年版；军事委员会委员长成都行营编印：《川康边政资料辑要》，成都祠堂街玉林长代印 1940 年，第 24、44 页；[法] 古纯仁著，李哲生译：《康藏民族杂写》，载《康藏研究》1949 年第 26 期；佚名：《西康人民风俗纪录》、《宁属各县概况调查》，载《川边季刊》1935 年 1 卷 2 期；佚名：《松潘社会调查》，载《川边季刊》1935 年 1 卷 4 期；佚名：《丹巴县政一瞥》，载《川边季刊》1935 年 1 卷 3 期；佚名：《西康风土政治概要》，载《新西康》（南京）1930 年第 5 期。
② 参见耿直《千碉之国的诱惑》，载《民间文化旅游杂志》2002 年第 1 期。
③ 参见洛克《黄教喇嘛的土地》，载《美国国家地理杂志》1924 年 4 月。

图 10　迪庆地区碉楼

(20 世纪 20 年代洛克摄)

类学教授期间，于 1933 至 1948 年多次对岷江上游羌族地区进行田野考察，其所著《羌族的习俗与宗教》中对羌族地区碉楼也作了较详细的描述与记录①。英国人 T. 陶然士（T. Torrance）发表于 1932 年《华西边疆学会研究》杂志的《中国西部土著纪要》一文中也有关于碉楼的文字和图片介绍。② J. H. 埃德加（J. H. Edgar）在《华西边疆研究会日志——金川群体部落成份》一文中对金川的碉楼作了这样的描述：

> 他们有的人把自己刷得洁白的房舍修建在高七十五呎到一百五十呎的塔楼下……。③

---

① 参见李绍明、周蜀蓉选编《葛维汉民族学考古学论著》，耿静翻译，巴蜀书社 2004 年版，第 19—21 页。

② 参见 T. Torrance, "Notes on the West China Aboriginal Tribes" [J], in Journal of the West China Border Research Society, Vol. 5, 1932。

③ 参见 J. H. 埃德加《华西边疆研究会日志——金川群体部落成份》，见杨嘉铭《四川甘孜阿坝地区的"高碉"文化》，载《西南民族学院学报》（哲学社会科学版）1988 年第 3 期。

图 11 迪庆地区碉楼

(20 世纪 20 年代洛克摄)

总体说，1949 年以前除任乃强、马长寿、庄学本和少数学者从历史、民族及建筑角度对碉楼作过一些开拓性研究外，大部分文章和论著多是在田野考察基础上对碉楼的记录与描述。对碉楼的研究在当时主要还处在介绍和认识阶段。

二 1949 年以后的碉楼研究

1949 年以后，由于碉楼所在民族地区进行民主改革和民族识别等工作，社会变革成为关注主题，对碉楼的关注减弱，改革开放后，碉楼才重新受到学术界的重视。故 1949 年以后研究碉楼的论文绝大部分是改革开放特别是 20 世纪 90 年代以来发表的。这些论文从历史学、民族学、人类学、建筑学的角度出发，对碉楼的功能、分布、类型、结构、历史渊源、族属等方面进行探讨。进入新世纪，碉楼研究的视野更是不断拓宽，呈现出多元化和日渐兴盛的势头。

1. 对碉楼起源与功能的研究。

碉楼最早是由什么民族创造？起源于何地？对这一问题目前学术界的研究主要形成了"嘉绒说"和"羌族说"两种观点。碉楼起源于嘉绒地区系由马长寿于 1942 年提出，此观点至今仍得到较多学者的认同。杨嘉铭的《四川甘孜阿坝地区的"高碉"文化》一文是目前研究川西高原碉楼的较有深度的论文之一，该文通过对川西高原碉楼文化及分布的分析比较，认定大小金川及丹巴一带乃是碉楼的诞生地，以后碉楼才从这里向东、向北、向西扩展，认为碉楼的创造者是嘉绒藏族。[1] 李星星的《藏彝走廊的历史文化特征（续）》也指出嘉绒先民是石碉最早的发明者，嘉绒地区是石碉的真正发源地，认为碉的实用功能主要在于防御，同时还具有祭祀性功能和象征意义（如分公碉和母碉）。[2] 邓廷良的《石碉文化初探》对川西高原碉楼分布与建碉民族及八角碉的族属等问题作较广泛讨论后也认同碉楼源于嘉绒，并认为羌族的石碉系源出嘉绒。[3] 在其另一文《嘉戎族源初探》中他指出："嘉戎不但承袭了西山古蜀人的血统、石碉文化……至今尚可找到石棺葬制的遗迹。"[4] 徐学书的《川西北的石碉文化》认为石碉建筑源于岷江上游地区，理由是"早在相当于中原虞之前，活动于岷江上游的蜀人先民蚕丛部落已经居住在石头修建的房屋中了"，认为石碉是居住于岷江上游的冉駹夷为抵御南下"羌人的军事进攻而发明修筑"[5]。任乃强先生则持"羌族说"，他在《四川上古新探》一书中提出碉楼是源于古代的"钟羌"。[6] 孙宏开从语言学角度考察"邛笼"一词的渊源后认为，碉楼应与历史上操羌语支语言的民族关系密切。[7] 邓少琴《西康木雅西吴王考》一文不仅认为碉楼源出于羌，而且提出碉楼特别是八角碉的产生与羌人所建立的西夏政权及西夏遗民的迁移

① 参见杨嘉铭《四川甘孜阿坝地区的"高碉"文化》，载《西南民族学院学报》（哲学社会科学版）1988 年第 3 期。

② 参见李星星《藏彝走廊的历史文化特征（续）》，载《中华文化论坛》2003 年第 2 期。

③ 参见邓廷良《石碉文化初探》，载《重庆师范大学学报》（哲学社会科学版）1985 年第 2 期。

④ 邓廷良：《嘉戎族源初探》，载《西南民族大学学报》（人文社会科学版）1986 年第 1 期。

⑤ 参见徐学书《川西北的石碉文化》，载《中华文化论坛》2004 年第 1 期。

⑥ 参见任乃强《四川上古新探》，四川人民出版社 1986 年版。

⑦ 参见孙宏开《试论"邛笼"文化与羌语支语言》，载《民族研究》1986 年第 2 期。

有密切关系。①

　　对碉楼是因何而产生，亦即促成碉楼产生的功能与作用也是近年碉楼研究中探讨较多的一个问题。对这一问题，目前学术界的主流看法仍以战争论最为普遍，即认为碉楼主要是源于军事防御，是为应对战争而建造的。耿直在《千碉之国的诱惑》一文中就认为碉楼是因战争而生，并因战争而发展。② 王载波在《"壳"中的羌族——浅谈桃坪羌寨的防御系统》中指出："由于川西北地区位于历代战乱频繁的'民族走廊'地段，在数千年间，羌人一直伴随着战争。自唐朝以来的'唐蕃战争'，到清朝的'大、小金川之役'，均直接或间接地影响着羌人的生存状态和居住环境，也导致了其自古以来民风强悍，并常有不满土司残酷统治的起义和斗争。这种特殊的环境和民风使得羌人在当时充满战争危机的生活下始终都是将军事因素放在首位，也就直接影响到村寨的选址和村寨的修建——以军事战争为主，尤以防御为重。"③ 任浩的《羌族建筑与村寨》认为碉楼的防御功能是和村落的防御功能联系在一起的，作为村落整体布局的一部分而存在，大部分的羌寨均有几座甚至几十座碉楼，矗立在岷江河谷陡峭的群山中，是羌寨最主要的防御军事设施，具有瞭望、储备、躲避、防守等多种功能，且碉楼在古代的军事对垒中有重要意义。④ 但值得注意的是，近来也有学者注意到碉楼产生可能同时也有宗教信仰的因素，彭代明的《试论邛笼建筑》一文对羌、藏碉楼从宗教文化、战争功能、建筑美学角度进行了多角度剖析，提出黑虎与桃坪羌寨的碉楼是战争防御系统，宗教因素则是辅助功能的承担者。⑤ 此外，还有学者从新的角度阐释碉楼的意义，如陈波在《作为世界想象的"高楼"》一文中提出碉楼的产生既非战争，也非居住的需要，而是当地族群的文化象征系统关于世界的观念和具体历史场域互动的结果；是当地人想象和创造世界的

---

　　① 参见邓少琴《西康木雅西吴王考》，载《邓少琴西南民族史地论集》，巴蜀书社2001年版，第691—693页。

　　② 参见耿直《千碉之国的诱惑》，载《民间文化旅游杂志》2002年第1期。

　　③ 参见王载波《"壳"中的羌族——浅谈桃坪羌寨的防御系统》，载《四川建筑》2000年第5期。

　　④ 参见任浩《羌族建筑与村寨》，载《建筑学报》2003年第8期。

　　⑤ 参见彭代明《试论邛笼建筑》，载《阿坝师范高等专科学校学报》1999年第1期。

一种方式。① 另一些学者则从建筑审美学的角度来理解和认识碉楼的功能与价值，如彭代明、唐广莉、刘小平的《浅谈黑虎、桃坪羌碉的战争功能与审美》，李香敏、曾艺军、季富政的《羌寨碉楼原始与现代理念的共鸣》等文章。② 最近，石硕《隐藏的神性：藏彝走廊中的碉楼——从民族志材料看碉楼起源的原初意义与功能》一文质疑目前学术界普遍将碉楼作为与战争相关的防御性建筑看待的观点，结合文献记载与扎巴藏区等的民族志资料，指出碉楼最初产生可能是作为处理人与神关系的一种祭祀性建筑，以后才转变为处理人际冲突的防御性建筑，这为我们更为客观地认识和理解碉楼产生的原初意义与功能及其早期历史面貌开启了一个新的视角。③

至于碉楼的使用功能，目前学术界的主要观点仍比较一致地认同防御是其主要功能。马长寿的《氐与羌》一书认为碉是用以自卫的。④ 王明珂的《羌在汉藏之间》指出羌族村寨（包括碉楼）的防御功能非常明显。⑤ 张昭全的《羌寨碉楼》认为修筑碉楼在于自卫，对付官兵、土匪和冤家械斗。⑥ 彭陟焱、周毓华的《羌族碉楼建筑文化初探》指出碉楼是专作战争用的。⑦ 刘荣健的《神秘的"东方古堡"》认为羌碉过去是为了防御外敌而修建的。⑧ 张昌富的《乾隆平定金川对嘉绒文化的影响》通过论述碉楼在大小金川战役中所发挥的作用来强调碉楼在防御上的独特功能，所谓"一碉当关，万夫莫开"。⑨ 但也有学者认为碉楼的功能不是单一的，牟子的《丹巴高碉文化》

① 参见陈波《作为世界想象的"高楼"》，载《四川大学学报》2006 年第 1 期。
② 参见彭代明、唐广莉、刘小平《浅谈黑虎、桃坪羌碉的战争功能与审美》，载《阿坝师范高等专科学校学报》2002 年第 2 期；李香敏、曾艺军、季富政：《羌寨碉楼原始与现代理念的共鸣》，载《四川工业学院学报》2001 年第 2 期。
③ 参见石硕《隐藏的神性：藏彝走廊中的碉楼——从民族志材料看碉楼起源的原初意义与功能》，载《民族研究》2008 年第 1 期。
④ 参见马长寿《氐与羌》，上海人民出版社 1984 年版，第 208—211 页。
⑤ 参见王明珂《羌在汉藏之间》，台湾联经事业出版公司 2002 年版，第 18—19 页。
⑥ 参见张昭全《羌寨碉楼》，载《四川统一战线》1994 年第 8 期。
⑦ 参见彭陟焱、周毓华《羌族碉楼建筑文化初探》，载《西藏民族学院学报》（哲学社会科学版）1998 年第 1 期。
⑧ 参见刘荣健《神秘的"东方古堡"》，载《上海消防》2003 年第 7 期。
⑨ 参见张昌富《乾隆平定金川对嘉绒文化的影响》，载《西藏艺术研究》1995 年第 2 期。

一文认为丹巴碉楼早期是作为战争和民居两用的，后来仅作防御外敌入侵之用。① 骆明的《藏民的石碉房》认为碉房是因战争而发展起来的，后来战争减少，就演变成了权势与财富的象征。② 杨嘉铭在《千碉之国——丹巴》一书中还专门谈到碉楼的民俗事象："不仅男孩 18 岁成年要在高碉下举行成丁礼，女孩 17 岁成年，也需在高楼下举行成年礼，凡喜庆节日，人们都会聚集在高碉下，唱山歌，跳锅庄，仿佛高碉在当地人们的心目中，成为一种历史的见证，由此可见高碉在当地人们心目中的崇高地位。"并提出碉楼："早就已经不是孤立和单纯的建筑物了，其文化内涵实在太深厚、太令人感慨了。是历史，是嘉绒人赋予了它的灵魂和生命。"③ 这种从民俗事象对碉楼文化内涵的发掘，有助于深化对碉楼含义的多元认识。

另外，徐平、徐丹的《东方大族之谜——从远古走向未来的羌人》、霍巍的《西南天地间——中国西南的考古、民族与文化》、王清贵的《北川羌族史略》、伍非百编的《清代对大小金川及西康青海用兵纪要》、张先得的《川西阿坝藏族羌族自治州石房建筑》、李家骥的《群碉觅古》等④也都讨论了碉楼与防御的关系，均认为防御是碉楼的主要功能。

2. 对碉楼的分布、历史内涵与结构、类型的研究。

碉楼分布地域广泛，但目前已发表论文多集中于对川西高原地区碉楼的研究，在地域上显得极不平衡。可喜的是，近年对西藏碉楼的研究也出现起色。夏格旺堆的《西藏高碉建筑刍议》在作者多年的广泛田野调查基础上，对西藏碉楼的分布区域、类型特征、建造年代、族属背景等问题进行了较为全面的探讨，是近年研究西藏碉楼较重要的一篇论文，为认识西藏地区的碉楼提供了新的视野。⑤ 保罗的《从藏东康区住宅形式谈藏族住宅

---

① 参见牟子《丹巴高碉文化》，载《康定民族师范高等专科学校学报》2002 年第 3 期。

② 参见骆明《藏民的石碉房》，载《中国房地信息》2000 年第 1 期。

③ 参见杨嘉铭、杨艺《千碉之国——丹巴》，巴蜀书社 2004 年版。

④ 参见徐平、徐丹《东方大族之谜——从远古走向未来的羌人》，知识出版社 2001 年版，第 118—122 页；霍巍：《西南天地间——中国西南的考古、民族与文化》，香港城市大学出版社 2006 年版，第 256—262 页；王清贵：《北川羌族史略》，中国人民政治协商会议北川县委员会文史资料委员会编印 1991 年版，第 188—191 页；伍非百编：《清代对大小金川及西康青海用兵纪要》，1935 年铅印本；张先得：《川西阿坝藏族羌族自治州石房建筑》，载《古建园林技术》2004 年第 1 期。

⑤ 参见夏格旺堆《西藏高碉建筑刍议》，载《西藏研究》2002 年第 4 期。

建筑艺术的沿革》则从藏族建筑发展的角度论及了碉楼的沿革、特点与建筑
艺术。① 朱普选的《西藏传统建筑的地域特色》从西藏传统建筑角度论及
了碉楼。② 杨永红的《西藏宗堡建筑和庄园建筑的军事防御风格》和
《囊赛林庄园的军事防御特点》则从军事防御建筑的角度谈到了西藏的
碉楼。③

　　对碉楼历史与文化内涵进行深度发掘也是碉楼研究一个重要进展，出现
了一些较有深度的论文。任新建的《"藏彝民族走廊"的石文化》从碉楼的
地域性和分类等角度进行分析，指出在藏彝走廊地带的石砌碉楼同石棺葬文
化带、白石崇拜文化带基本上是重合的，这为我们认识碉楼产生的民族文化
基础提供了新的视角。④ 徐学书的《川西北的石碉文化》一文从石质碉建筑
流行的区域与历史文化背景等方面对石碉文化作了较详细的探讨。⑤ 杨嘉铭
的《四川甘孜阿坝地区的"高碉"文化》也对"高碉"的分布、形状及其
作用，以及"邛笼"与"高碉"的区别与联系进行讨论，其《丹巴古碉建
筑文化综览》也从类型和功能、古碉与民居及其建筑技术、有关传说与民俗
事象等方面对丹巴碉楼建筑的基本面貌作了较全面的论述。⑥ 多尔吉的《嘉
绒藏区碉房建筑及其文化探微》则对嘉绒藏族地区碉房建筑的历史演变、结
构及工艺以及其所蕴含的种种文化事象作了较详细论述。⑦ 马宁、钱永平的
《羌族碉楼的建造及其文化解析》通过对羌碉的建造、形状、规模、类别、
功能等方面的分析，揭示了碉楼所蕴涵的深层次民族文化内涵："作为承载
万物的天与地，也应该和人一样有结合的时候，羌碉就成了人们祈求天地结
合的工具，具有了绝地天通的法力"，并探讨了羌族碉楼的建筑、旅游

　　① 参见保罗《从藏东康区住宅形式谈藏族住宅建筑艺术的沿革》，载《西藏研究》1996 年第 2 期。
　　② 参见朱普选《西藏传统建筑的地域特色》，载《西藏民俗》1999 年第 1 期。
　　③ 参见杨永红《西藏宗堡建筑和庄园建筑的军事防御风格》，载《西藏大学学报》（汉文版）2005
年第 4 期；杨永红：《囊赛林庄园的军事防御特点》，载《西藏大学学报》（汉文版）2005 年第 1 期。
　　④ 参见任新建《"藏彝民族走廊"的石文化》，载（台湾）《历史月刊》1996 年 10 月号。
　　⑤ 参见徐学书《川西北的石碉文化》，载《中华文化综坛》2004 年第 1 期。
　　⑥ 参见杨嘉铭《四川甘孜阿坝地区的"高碉"文化》，载《西南民族大学学报》（人文社科版）
1988 年第 3 期；杨嘉铭：《丹巴古碉建筑文化综览》，载《中国藏学》2004 年第 2 期。
　　⑦ 参见多尔吉《嘉绒藏区碉房建筑及其文化探微》，载《中国藏学》1996 年第 4 期。

价值。①

对碉楼结构、类型及与自然环境关系的研究也受到关注,有不少论著均涉及了这方面的讨论。李绍明、冉光荣、周锡银所著《羌族史》一书指出:羌碉建筑充分地利用了地形,就地取材,施工精巧,且适应当地的气候和扩大空间处理等特性。② 孙吉的《甲居藏寨民居建筑及其与自然环境之关系》一文首先对藏寨建筑的源流和整体特征进行了描述,然后从取材、设计、结构和布局的角度,分析了碉楼独特建筑样态与当地自然环境的关系。③尹浩英的《永驻心灵的丰碑——浅谈桃坪羌碉》则将川西地区的碉式建筑分为三类:一类主要用于防御和观察;一类主要是用于居住的庄房,形式为堡垒式,按层又可分为三层式和两层式;一类是综合性的,将前两类的功能合而为一,即在碉房上建碉楼,既可以住人,也可以存物和守兵防御。④ 张昌富的《嘉绒藏族的石碉建筑》提出可将嘉绒地区的石碉楼分为两类:民居建筑(分民居和官寨)和军事建筑(高碉:用途——烽火台、军事防御、镇邪驱魔)。⑤ 才旦的《藏族建筑艺术浅议》指出藏区的民寨碉楼和寺庙建筑群主要为石碉、土碉和木串楼房、桥梁几大类,其中最具特色且能代表藏族建筑技术成就的是石碉楼和土碉楼。⑥ 庄春辉的《川西高原的藏羌古碉群》详细介绍了松岗直波碉群和土司官寨、卓克基土司官寨、桃坪西羌古堡和黑虎古碉群、布瓦黄土碉群、金川曾达关碉、丹巴古碉群和甲居藏寨的布局、建筑结构和技术等。⑦ 张离可的《羌族民居浅析——黑虎羌碉》以黑虎羌碉为例,介绍羌族民居的发展历程、布局方式、建筑特色,分析羌碉形成的历史、地理原因,并总结了羌碉建筑文化价值。⑧ 韦维的《千碉之国》、林俊华

---

① 参见马宁、钱永平《羌族碉楼的建造及其文化解析》,载《西华大学学报》2006 年第 3 期。

② 李绍明、冉光荣、周锡银:《羌族史》,四川民族出版社 1985 年版,第 360—361 页。

③ 孙吉:《甲居藏寨民居建筑及其与自然环境之关系》,载《阿坝师范高等专科学校学报》2005 年第 4 期。

④ 尹浩英:《永驻心灵的丰碑——浅谈桃坪羌碉》,载《民族论坛》2004 年第 11 期。

⑤ 张昌富:《嘉绒藏族的石碉建筑》,载《西藏研究》1996 年第 4 期。

⑥ 才旦:《藏族建筑艺术浅议》,载《阿坝师范高等专科学校学报》2000 年第 2 期。

⑦ 庄春辉:《川西高原的藏羌古碉群》,载《中国西藏》(中文版)2004 年第 5 期。

⑧ 张离可:《羌族民居浅析——黑虎羌碉》,载《重庆建筑》2004 年第 S1 期。

的《丹巴县特色文化资源调查》、宋兴富等的《丹巴古碉群现状及价值》对丹巴古碉的数量、分布、类型、功能、价值等方面作了详细的介绍，并探讨其历史发展脉络。①

3. 对碉楼建筑及技术的研究。

碉楼建筑独特而类型多样，建筑技术精湛，建筑成就十分突出，既是极富感染力的人文景观，也是古代建筑的"化石标本"，让无数的学者及旅游者为之惊叹，有人将其誉为石砌建筑的千古绝唱。因此，从建筑角度讨论碉楼的论著也为数众多。季富政的《中国羌族建筑》，梦非的《相约羌寨》中的《踏访羌乡看石屋——兼说羌族的建筑艺术》，张世文的《亲近雪和阳光——青藏建筑文化》等书，以及刘晓平的《藏、羌建筑形式在环艺专业教学中的运用》，杨春风、万奕邑的《西藏传统民居建筑环境色彩与美学》，谭建华的《中国西部墨尔多神山下的"千碉之国"——世界建筑艺术遗存》等均着重从建筑学角度对碉楼进行解剖和探讨。另外，周锡银的《独特精湛的羌族建筑》，杨嘉铭的《康巴民居管窥》，管彦波的《西南民族住宅的类型与建筑结构》，周小林、杨光成、吴就良、张玥的《中国碉楼群旖旎的"城堡"》，石峰的《少数民族传统建筑类型及其形成原因》，张国雄的《中国碉楼的起源、分布与类型》，琳达的《"神秘的东方古堡"——桃坪羌寨》，刘亦师的《中国碉楼民居的分布及其特征》，罗徕的《羌族民间艺术与川西北高原文化》，康·巴杰罗卓、泽勇的《从藏族东康区住宅形式谈藏族住宅建筑艺术的沿革》，多尔吉的《嘉绒藏区碉房建筑及其文化探微》，李明、袁姝丽的《浅论丹巴甲居嘉绒藏寨民居》，辛克靖的《风格崇高的藏族民居》，黄禹康的《拂去尘埃看卓克基土司官寨》，陈学志的《卓克基土司及土司官寨——兼谈嘉绒藏族民族建筑的一些特点》，拉尔吾加的《嘉绒藏区的古碉堡》，以及阿坝藏族羌族自治州文物管理所编《阿坝文物览胜》等，也均从建筑特点与技术角度对碉楼进行

---

① 韦维：《千碉之国》，载《中国西部》2005 年第 10 期；林俊华：《丹巴县特色文化资源调查》，载《康定民族师范高等专科学校学报》2006 年第 3 期；宋兴富、王昌荣、刘玉兵、蒋成、陈剑、汤诗伟：《丹巴古碉群现状及价值》，载《康定民族师范高等专科学校学报》2006 年第 4 期。

了探讨。① 前面提到的许多论文也多有从建筑角度对碉楼的讨论。不过，目前对碉楼建筑特点及技术的研究除一些专业性较强的论文研究较为深入外，许多文章仍以客观描述为主，内容雷同和大同小异的情况较多，此方面的研究尚有待进一步深入与突破。

4. 其他相关研究。

青藏高原碉楼依山据险，与自然环境浑然一体，其作为石砌建筑独特的"活化石"，具有十分丰富的历史文化内涵，很大程度上可以说是具有世界价值和人类意义的文化遗产。因此，研究碉楼的世界文化遗产价值也是近年出现的一个新动向，张先进的《嘉绒藏寨碉群及其世界文化遗产价值》及陈颖、张先进的《四川藏寨碉楼建筑及可持续发展研究——丹巴县中路—梭坡藏寨历史与现状》均从此方面作了探讨。②

此外，近年还出版了不少有关碉楼的田野调查报告，为进一步展开碉楼

① 参见季富政《中国羌族建筑》，西南交通大学出版社 2000 年版；梦非：《相约羌寨》，四川民族出版社 2002 年版，第 108—109、112—118 页；张世文：《亲近雪和阳光——青藏建筑文化》，西藏人民出版社 2004 年版，第 184—189 页；刘晓平：《藏、羌建筑形式在环艺专业教学中的运用》，载《阿坝师范高等专科学校学报》2004 年第 3 期；杨春风、万奕邑：《西藏传统民居建筑环境色彩与美学》，载《中外建筑》1999 年第 5 期；谭建华：《中国西部墨尔多神山下的"千碉之国"——世界建筑艺术遗存》，载《中外建筑》2004 年第 6 期；周锡银：《独特精湛的羌族建筑》，载《西南民族学院学报》1984 年第 2 期；杨嘉铭：《康巴民居管窥》，载热贡·多吉彭措《甘孜州民居》，四川美术出版社 2009 年版；管彦波：《西南民族住宅的类型与建筑结构》，载《中南民族学院学报》（人文社会科学版）1999 年第 3 期；周小林、杨光成、吴就良、张玥：《中国碉楼群旖旎的"城堡"》，载《民间文化旅游杂志》2003 年第 6 期；石峰：《少数民族传统建筑类型及其形成原因》，载《贵州师范大学学报》（社会科学版）1999 年第 3 期；张国雄：《中国碉楼的起源、分布与类型》，载《湖北大学学报》（哲学社会科学版）2003 年第 4 期；琳达：《"神秘的东方古堡"——桃坪羌寨》，载《建筑知识》2005 年第 6 期；刘亦师：《中国碉楼民居的分布及其特征》，载《建筑学报》2004 年第 9 期；罗徕：《羌族民间艺术与川西北高原文化》，载《装饰》2004 年第 12 期；康·巴杰罗卓、泽勇：《从藏族东康区住宅形式谈藏族住宅建筑艺术的沿革》，载《西藏大学学报》1995 年第 4 期；多尔吉：《嘉绒藏区碉房建筑及其文化探微》，载《中国藏学》1996 年第 4 期；李明、袁姝丽：《浅论丹巴甲居嘉绒藏寨民居》，载《宜宾学院学报》2004 年第 4 期；辛克靖：《风格崇高的藏族民居》，载《建筑》1994 年第 3 期；黄禹康：《拂去尘埃看卓克基土司官寨》，载《建筑》2006 年第 2 期；陈学志：《卓克基土司及土司官寨——兼谈嘉绒藏族民族建筑的一些特点》，载《西藏研究》1999 年第 1 期；拉尔吾加：《嘉绒藏区的古碉堡》，载《中国西藏》（中文版）1994 年第 5 期；阿坝藏族羌族自治州文物管理所编：《阿坝文物览胜》，四川民族出版社 2002 年版。

② 参见张先进《嘉绒藏寨碉群及其世界文化遗产价值》，载《四川建筑》2003 年第 5 期；陈颖、张先进：《四川藏寨碉楼建筑及可持续发展研究——丹巴县中路—梭坡藏寨历史与现状》，载《学术动态》2005 年第 2 期。

研究提供了比较翔实的资料。卢丁、工腾元男主编的《羌族历史文化研究》是对理县桃坪羌寨的综合调查，提供了桃坪羌寨碉楼的翔实材料。① 郑莉、陈昌文、胡冰霜的《藏族民居——宗教信仰的物质载体——对嘉戎藏族牧民民居的宗教社会学田野调查》则对康定县塔公乡和金川县阿科里乡的碉房结构及所蕴含的宗教内容进行了详细的调查。② 徐君的《梭坡藏族田野考察报告》及郎维伟的《巴底藏族田野考察报告》也均涉及了碉楼的调查。③

　　近年随着藏区旅游业的繁荣，碉楼这一独特文化遗产也吸引了众多旅游者的目光。各类报刊杂志上以通俗文字介绍和描写碉楼的文章也大量涌现，许多文章或出自旅游者之手，或以旅游人群为读者对象，这意味着碉楼这一青藏高原独特文化遗产正在走向大众并已获得广泛的群众基础，碉楼研究也已经不只是专家学者的专利，还有不少旅游者参与其中，这成为近年碉楼研究出现的一个新的特点。

第三节　关于本书的碉楼研究

　　综上所述，目前碉楼研究取得了可喜成绩，特别是最近几年，研究广度、深度以及研究队伍均有较大拓展，成果也日渐丰富。可以预见，随着青藏高原碉楼被列入我国申报世界文化遗产预备名录以及碉楼越来越受到关注，今后的碉楼研究将会更趋活跃，并且会成为藏学领域以及我国民族文化遗产研究领域的重要组成部分。目前学术界对青藏高原碉楼的研究虽取得了可喜成绩，但也存在明显的缺陷与不足，主要表现于以下三方面：

　　1. 对碉楼的研究存在很大的不平衡。目前主要偏重于对川西高原尤其是川西北嘉绒地区碉楼的研究，而对西藏地区的碉楼研究则明显薄弱，这一状况显然不利于对青藏高原碉楼整体和全面的认识。因此，要进一步深化对碉

---

① 参见卢丁、工腾元男主编《羌族历史文化研究》，四川人民出版社2000年版，第101—103页。

② 参见郑莉、陈昌文、胡冰霜《藏族民居——宗教信仰的物质载体——对嘉戎藏族牧民民居的宗教社会学田野调查》，载《西藏大学学报》2002年第1期。

③ 参见郎维伟、艾建主编《大渡河上游丹巴藏族民间文化调查报告》，四川省民族研究所2001年版。

楼的研究，亟须建立碉楼的全局和整体视野，即把青藏高原的碉楼作为一个整体的文化现象来对待和认识，其中尤其要加强对目前关注不够且较为薄弱的西藏高原碉楼的研究。

2. 缺乏对碉楼的全面、系统和综合的调查研究。目前的碉楼研究存在明显的分割性，建筑学者侧重于其建筑的研究，历史学、民族学学者则侧重于从历史与民族文化角度的研究，艺术学者则偏重从艺术角度研究，彼此很少搭界，缺乏相互的整合、借鉴和交叉，这种状况制约了碉楼研究的整体水平。故要在碉楼研究上取得新的突破，尚须要充分整合力量，组成综合团队，对碉楼开展全面、系统和综合的调查研究，形成综合、系统的学术研究成果。

3. 目前碉楼研究的深度尚有欠缺，对其历史文化内涵的发掘还很不充分。由于有关碉楼的文献史籍记载匮乏，且碉楼作为一种物质文化遗存今已丧失实际功用，这些均为碉楼研究带来相当难度。但碉楼不是孤立的文化现象，它与其所在区域的民族、社会及历史、文化紧密相连，所以要深化对碉楼的研究特别是对其历史文化内涵作深入挖掘，不仅需要把碉楼放在当地民族、社会、历史、文化的大背景中来认识，而且需要对碉楼所在区域的民族、社会、历史及文化作更深入的调查与研究，这是碉楼研究需要加强和努力的方向。

从很大程度上说，本书对青藏高原碉楼的研究，正是针对上述青藏高原碉楼研究现状中存在的局限与不足而开展的。同以往的同类研究相比，本书对青藏高原碉楼的研究主要有如下几个特点：

1. 将青藏高原的碉楼遗存作为一个整体的文化现象来加以认识和研究。

迄今为止，对青藏高原碉楼这一特殊文化遗存的研究之所以难以深入，且处于较为肤浅和表层化的认识水平，一个根本原因在于，目前对青藏高原碉楼的认识和研究大多是局部的和区域性的，并且主要以对川西高原地区碉楼的研究为主。而事实上，碉楼在青藏高原地区有着十分广泛的分布，不仅川西高原地区有，在西藏的林芝、山南、日喀则等地区均有分布，同时在滇西北地区也有分布。碉楼既然是分布于青藏高原各地的一个普遍的文化遗存，这就决定了倘若我们要想深入地认识和研究青藏高原地区的碉楼，一个根本的前提，就是我们首先必须将青藏高原地区的碉楼作为一个整体的文化现象来加以看待和研究，而不应人为地将其割裂开来，仅从局部和区域性的角度来认识和研究青藏高原的碉楼。基于此，本书对碉楼的研究首先是建立全局和整体性视野，将青藏高原的碉楼作为一个整体文化现象来认识和探讨。所以，本书的碉楼研究，在地域范围上是以整个青藏高原为对象，不仅包括川、滇西北及藏东的横断山脉地区，同时也包括西藏广阔的碉楼分布地区。这种全局性视野以及将青藏高原地区的碉楼遗存作为一个整体的文化现象来加以看待和研究，是本书之碉楼研究的一个重要特点。

2. 将青藏高原碉楼置于本土历史文化脉络之中，对与之相关的民族、社会及文化的内涵作深入的发掘与探讨。

青藏高原的碉楼作为一种历史的遗存，今已失去实际功用。加之史籍文献对碉楼的记载相对匮乏，所以历史上同碉楼密切相关的民族、社会文化内涵也大量流失。这也正是青藏高原碉楼研究难度所在。所以，长期以来特别是最近20年来，尽管青藏高原碉楼越来越受到人们的广泛关注，有关的研究论文也发表不少，但真正有深度的论文却极少，许多论文主要是单就碉楼论碉楼，并以介绍性和表层的论述为多，而很少将碉楼这一特殊的历史遗存置于青藏高原本土的历史文化及民族社会的背景中来加以深入的讨论和研究，因而也很难对碉楼背后所隐藏的民族、社会及文化内涵进行深度的挖掘与认识。本书认为，欲将青藏高原碉楼的研究进一步引向深入，正确的方向是：彻底克服和避免当前存在的自觉或不自觉地将青藏高原碉楼作为一种孤立的文化现象来看待倾向，而是首先需要将青藏高原的碉楼遗存看作青藏高原整体文化的一个有机组成部分，所以，对青藏高原碉楼的研究，必须将其同青藏高原地区的民族、社会、历史与文化的研究充分结合起来，需要将碉楼置于青藏高原本土历史与文化脉络之中，研究碉楼与当地民族、社会的关联性及社会文化功能，只有这样才有可能深刻认识碉楼这一特殊历史遗存的文化内涵及其社会功能，才有可能将碉楼背后所蕴藏的丰富的社会及文化内涵挖掘出来。

3. 力图从多学科角度对青藏高原的碉楼进行综合研究。

对青藏高原碉楼的研究，不仅涉及建筑学、考古学、环境学等领域的知识，也涉及民族学、历史学、文化人类学、宗教学、民俗学等众多学科领域。所以，对青藏高原碉楼进行多学科领域的交叉及综合研究，同样是碉楼研究能否取得深入的一个关键环节。所以运用多学科的视野、角度和方法来研究青藏高原的碉楼，既是本书力图遵循的一个原则，也是本书为之努力的重要尝试。

第　二　章
青藏高原碉楼的分布、
功能类型与特点

第一节　青藏高原碉楼的分布

从总体看，碉楼主要分布于青藏高原地区的南部和东南部一带。翻开青藏高原的地形图，我们不难发现，碉楼所分布的青藏高原南部和东南部地区，基本上是沟壑纵横、河流众多的高原峡谷地带。由于青藏高原的北部和中部地区，大多海拔较高，地形相对开阔平缓，多呈现典型的高原面环境，并以广袤的牧区和成片且地势开阔的农区为主，所以在青藏高原的北部和中部地区基本上不见碉楼。即便偶有一两座零星的碉楼存在，也多是出于较为偶然的原因所致。一般说来，在当地并不存在修建碉楼的传统。

从大的格局来看，碉楼在青藏高原的分布，主要较密集地存在于以下两个大的区域：一是处于青藏高原东南部的横断山脉地区；二是处于青藏高原南部今西藏自治区的林芝、山南和日喀则等地区。为了叙述方便，兹将对这两大区域中的碉楼分布状况分别加以叙述。

一　青藏高原东南部横断山脉地区的碉楼分布

我们知道，中国的总体地形构造是西高东低，这一基本地形趋势使得中国境内大多数河流、山脉主要呈东—西走向。但在青藏高原的东南部地区却存在一个山脉、河流均呈南—北走向的独特地理单元，这就是闻名于世的横

图 12　康定热么德古碉

图 13　四川省阿坝州茂县白溪八角羌碉

断山高山峡谷地带，也是地理学上通常所称的"横断山脉地区"。① 该区域在地形上的突出特点，乃是由一系列南北走向的山系、河流所构成的高山峡谷区域，因有怒江、澜沧江、金沙江、雅砻江、大渡河、岷江六条大江分别自北向南从这里穿流而过，在峰峦叠嶂的高山峻岭中开辟出一条条南北走向的天然河谷通道，所以，在横断山脉地区形成了典型的"两山夹一川"、"两川夹一山"的沟谷地貌。该区域在行政区划上包括了今四川西部、滇西北和西藏东部。而这一地区，可以说是目前整个青藏高原范围碉楼分布最密集、最广泛的地区。具体而言，在此区域中，碉楼主要分布于今四川阿坝藏族羌族自治州、四川甘孜藏族自治州、四川凉山彝族自治州的木里、冕宁、盐源等县以及云南迪庆藏族自治州和西藏昌都的江达县等地。

(一) 四川阿坝藏族羌族自治州的碉楼分布

近年阿坝藏族羌族自治州对其境内的碉楼情况作了较详细的调查统计。据此统计，目前阿坝藏族羌族自治州境内现存碉楼75座，主要集中分布于岷江上游流域和大渡河上游的大、小金川流域地区。这些碉楼在阿坝州各县的分布情况如下：

汶川县14座。其中威州乡布瓦村5座，克枯乡4座，龙溪乡和草坡乡各2座，绵虎乡1座。

理县6座。其中农家乐乡3座，上孟乡、通化乡和桃坪乡各1座。

茂县17座，其中维城乡和沟口乡各5座，黑虎乡和石达关乡各2座，三龙乡、回龙乡和白溪乡各1座。

马尔康县16座，分别为松岗乡4座，沙尔宗乡3座、梭磨乡、脚木足乡和木尔宗乡各2座，龙尔甲乡、白湾乡和党坝乡各1座。

阿坝县2座，均分布于柯河乡。

小金县5座，其中沃日乡2座，达维乡、两河乡和潘安乡各1座。

金川县14座，分别为俄热乡和阿科里乡各3座，咯尔乡、万林乡各2座，集沐乡、安宁乡、曾达乡和马尔帮乡各1座。

① 参见中国科学院《中国自然地理》编辑委员会《中国自然地理》（总论），科学出版社1985年版，第42、403—405页。

图 14 - 1 四川省阿坝州壤塘县四角双碉

图 14 - 2 四川省阿坝州马尔康县松岗双碉

黑水县麦扎乡 1 座。[①]

阿坝州各县的碉楼分布表详见折页。

另外，松潘县热务沟的红土乡，保留有一座石碉，已残，该碉未见于统计资料。

图 15　西藏山南隆子县土碉

在阿坝藏族羌族自治州境内，除地处岷江上游地区的汶川、理县和茂县三县的 30 余座碉楼分布于羌族地区外，其余的 40 座碉楼分布于藏绒藏族地区。

阿坝藏族羌族自治州境内的碉楼，除汶川县威州乡布瓦村有 5 座碉楼为土碉外，其余均为石砌碉楼。在形制上也以四角碉楼居多。但在茂县、理县和马尔康县也存在五角、六角和八角的碉楼。

（二）四川甘孜藏族自治州的碉楼分布

该州境内的碉楼主要分布于大渡河上游、雅砻江及其支流鲜水河流域、

———————————

① 数据来源于阿坝州政府提供《阿坝州现存碉楼建筑一览表》。

力曲河流域、九龙河流域以及金沙江流域地区。

目前甘孜藏族自治州境内，以地处大、小金川交汇地带的丹巴县境内的碉楼分布最为密集，被誉为"千碉之国"。据 2002 年的调查统计，丹巴现存碉楼 562 座，其中该县的中路乡和梭坡乡又是碉楼分布密度最大，梭坡乡有 175 座，中路乡现存碉楼 81 座。①

除丹巴外，甘孜藏族自治州境内有碉楼分布的县与乡镇还有：

图 16 四川省甘孜州丹巴县梭坡乡莫洛村碉楼

康定县的瓦泽乡、呷巴乡、甲根坝乡、朋布西乡、沙德乡、六巴乡。

道孚县的瓦日乡、少乌乡、扎坝乡、仲尼乡、红顶乡、扎拖乡、下拖乡、亚卓乡。

雅江县的八角楼乡、木绒乡、瓦多乡。

九龙县的呷尔镇、乃渠乡、乌拉溪乡、魁多乡。

新龙县的尤拉西乡、和平乡、洛古乡、博美乡、蔓青乡、乐安乡、如龙

---

① 参见杨嘉铭、杨艺《千碉之国——丹巴》，巴蜀书社 2004 年版，第 89、90 页。

镇、麻日乡。

理塘县的上木拉乡、下木拉乡。

德格县的更庆镇、龚垭乡、白垭乡、约巴乡。

白玉县的河坡乡、播恩乡。

巴塘县的中咱乡。

得荣县的白松乡、茨巫乡。

乡城县的尼斯乡、桑披乡。

稻城县的巨龙乡、木拉乡。

图17　四川省甘孜州道孚县瓦日八角双碉

　　甘孜藏族自治州境内的碉楼主要为石砌碉楼，但也分布有一定数量的土碉。除靠近云南及金沙江流域地区的巴塘、得荣、乡城、稻城等县，雅砻江流域的新龙县也有部分土碉。另外，在金沙江上游的德格、白玉县也有少量土碉存在。该区域碉楼的形制则更为多样化，除四角、五角、六角、八角碉外，在丹巴的蒲角顶还保留有一座十三角碉，这是目前唯一保存完整的一座角数最多的碉楼。

图18　四川甘孜州巴塘县石碉

图19　四川凉山州木里县土碉

（三）四川凉山彝族自治州的碉楼分布

凉山彝族自治州的碉楼主要存在于木里藏族自治县境内水洛河流域的麦日乡、水洛乡，理塘河流域的桃巴乡以及雅砻江边的俅波乡。

　　另在盐源县和冕宁县的泸宁区也有碉楼分布。

　　该区域内的碉楼全部为土碉。

　　（四）云南迪庆藏族自治州的碉楼分布

　　属于青藏高原系统的碉楼在云南境内主要分布于滇西北的迪庆藏族自治州，该州境内现保留有碉楼及遗迹的县和乡镇有：

　　香格里拉县的尼西乡、五境乡、格咱乡、东旺乡、三坝乡。

　　德钦县的佛山乡、奔子栏镇、拖丁乡、霞若乡、羊拉乡。

　　维西傈僳族自治县的巴迪乡、塔城镇、叶枝镇。①

　　该地区的碉楼多分布于村头或重要隘口，军事色彩十分明显。迪庆藏族自治州境内的碉楼均为石砌基座，碉身则为夯土筑成。但现有碉楼的夯土部分大都已破损或残缺，有的只剩下石砌基座的遗址。

图20　云南省迪庆州德钦县佛山乡松丁村碉楼遗址
（图片由迪庆州文物管理所提供）

---

　　① 迪庆藏族自治州的碉楼分布情况，承迪庆藏族自治州文物管理所所长李刚告知。

图 21　果洛州班玛县藏家碉楼

（五）西藏昌都地区

昌都地区虽处于西藏自治区境内，但在地理单元上却属于横断山脉地区。

据西藏自治区文管会提供的资料，西藏昌都地区的碉楼仅见于与四川德格县隔金沙江相望的江达县。但具体面貌不详。

此外，碉楼在青海省境内也有零星分布。青海省的藏区除玉树藏族自治州外，主要属安多地区，且大多为牧区，所以在海西、海南、海北、黄南、乃至玉树五个州境内，目前尚未发现碉楼遗迹。只是在果洛藏族自治州境内与四川阿坝藏族自治州相邻的班玛县境内发现两座四角碉。一座是坐落于班玛县白玛村山上的四角残碉，另一座系坐落于班玛县白马寺附近的四角碉。此外，在班玛县境还存在一些碉房式的民居建筑。

总之，横断山脉地区碉楼分布的最大特点是，碉楼数量最多、分布最密集的地区主要集中在岷江上游、大渡河上游和雅砻江流域地区。该地区的碉楼除极个别如汶川县布瓦寨有土碉外，基本上均以石砌碉楼为主。且碉楼的形态种类十分丰富，从三角、四角、五角、六角、八角、十角、十一角、十

图 22　西藏山南乃东县雍布拉康

三角均有。而在接近金沙江流域的地区，则主要以夯筑的土碉为主，但夯土的碉也多为石砌基座。

二　青藏高原南部西藏林芝、山南和日喀则地区的碉楼分布

青藏高原南部的碉楼主要分布于西藏自治区的林芝、山南和日喀则地区。该地区在地理位置上主要位于雅鲁藏布江以南和喜马拉雅山脉以北的东西狭长的高山峡谷地带。

碉式建筑在西藏出现的年代较早，历史上典籍记载最多的是位于西藏山南乃东县的雍布拉康碉式宫殿建筑。据藏文史籍记载，该建筑兴建于吐蕃雅砻王统第一代赞普聂赤赞普之时。[1] 但是长期以来，西藏地区碉楼的面貌一直鲜为人知，相关研究十分薄弱。现代以来，较早关注西藏境内碉楼的是意大利藏学家杜齐。他在 20 世纪 40 年代数次考察西藏后指出：

---

[1]　参见达仓宗巴·班觉桑布著《汉藏史集》，陈庆英译，西藏人民出版社 1986 年版，第 82 页；五世达赖喇嘛著：《西藏王臣记》，刘立千译注，民族出版社 2000 年版，第 10 页。

为防御目的而设计、在战争期间作为瞭望台或烽火台使用的塔（即碉楼——引者注）可以追溯到很早的时代。早期的汉文资料曾经有过记载，这样的塔遍布（西藏——引者注）各地。塔与塔之间仅相隔十里（576 米）……带有军事设防的住所就是其典型表现形式。还有塔及其它带有防御结构的城堡。在各地，特别是在山顶或山口都可以看到这些遗址。它们控制了小路的入口或整个峡谷。塔有圆形的，更多的是呈方形的。①

这里，杜齐对碉楼建筑的形状、军事防御和瞭望功能均有所阐述，并特别强调碉楼在西藏的分布是相当密集的，而碉楼可以与城堡等建筑相互结合，成为其附属防御建筑，控扼着交通要道和重要隘卡。另一位法国藏学家石泰安在提及碉楼时，明确指出这样的建筑并非游牧民所为，其雏形在 6 世纪就已出现在横断山脉地区，"这种建筑的雏形在 6 世纪时代的附国和吐蕃东部的东女国就已经出现了，即一些高达 9 层的防御塔和住宅，其高度近 25 到 30 米。这些塔经常是八角楼，近代羌族和康巴其他地区的建筑仍保留此特点；同时在工布和洛扎也出现过这类建筑，他们高达 9—10 层，或为八角形，或为方形，墙壁很厚。这样的 9 层塔在 12 世纪初就于工布出现了"。②

西藏境内碉楼建筑的正式勘察与研究始于 20 世纪 80 年代初，伴随着西藏文物普查工作的开展，几处重要的碉楼建筑遗址被发现和详细调查、测绘。相关资料的日趋丰富，促使部分学者开始关注西藏碉楼建筑，如夏格旺堆的《西藏高碉建筑刍议》即是有关西藏碉楼较重要的一篇研究论文。

就目前掌握的资料来看，西藏境内的碉楼建筑遗址主要分布于雅鲁藏布江以南的山南、林芝和日喀则等地高山峡谷区。据夏格旺堆的统计，西藏境内碉楼的具体分布地点包括林芝地区工布江达县雪卡乡秀巴等 5 个点；山南地区隆子县格西村等 3 个点；山南地区加查县诺米村 1 个点；山南地区曲松

---

① 参见杜齐著《西藏考古》，向红笳译，西藏人民出版社 1987 年版，第 26—27 页。

② 参见石泰安著《西藏的文明》，耿昇译，王尧审订，中国藏学出版社 1999 年版，第 133 页。

图 23　西藏山南洛扎县石碉群

县邛多江等 3 个点；山南地区雅堆乡 1 个点；山南地区洛扎县边巴乡等地的十几个点和山南措美县境内的几个点；此外，在日喀则、江孜、聂拉木等地也均有碉楼分布。其中，碉楼建筑最为密集的区域是山南地区的洛扎县及其与措美县交界的边巴乡境内。[①] 2007 年 8 月，课题组先后对碉楼遗存相对集中的山南地区乃东县、隆子县、措美县、错那县部分地区和林芝秀巴等地进行实地调查，搜集到一批重要的图文资料，结合以往文物普查资料和相关文章，依据质材和构造等方面的差别，可将西藏境内碉楼类型分为石碉与土碉两大类。

1. 石碉

石碉的基本特征是以石块或片石砌筑而成，按平面形制可分为方形和长方形。西藏境内的山南、林芝、日喀则等地均有分布。按其有无附属设施或是否与宗堡建筑结合，又可分为单体碉、带附属设施的主楼碉和宗堡式碉楼。石碉的具体分布地点参见下表：

① 参见夏格旺堆《西藏高碉建筑刍议》，载《西藏研究》2002 年第 4 期。

表2

西藏境内石碉主要分布一览表

名称	地理位置	备注
格西村碉楼遗址	山南隆子县三安曲林乡格西村附近	推测建造年代不早于13世纪
曲吉扎巴碉楼遗址	山南隆子县俗坡下乡境内	建造年代大约13—15世纪
列麦第四村碉楼遗址	山南隆子县列麦乡第四村内	始建年代约在13世纪稍后
雪村碉楼	山南隆子县日当镇雪村内	
洛扎碉楼群	山南洛扎县境内，边巴乡最为集中	也有部分土碉，大多建于元代
诺米村碉楼遗址	山南加查县安绕乡诺米村附近	可能始建于13—14世纪之间
邛多江碉楼群遗址	山南曲松县邛多江乡者陇村	
觉拉乡石砌碉楼	山南错那县觉拉乡	
索绒康东碉楼	山南错那县果麦乡拿日雍错西岸	
龙都那热碉楼	桑日县雅鲁藏布江南岸河谷	藏语"龙都康萨"、"贡波"
秀巴、雪卡、娘蒲沟的下巴塘碉楼群遗址	林芝地区工布江达县境内	
岗噶碉楼群	日喀则定日县岗噶镇南	建于清代乾隆年间
聂拉木碉楼群	日喀则聂拉木县琐作乡及门布乡	建于清代乾隆年间
"宗孜"遗址碉楼	山南曲松县机果村以东	始建于13—14世纪
羊孜颇章宫殿遗址碉楼	西藏隆子县列麦乡四村南	建于元代
白玛宗宗府遗址碉楼	沙南扎囊县雅鲁藏布江北岸宗列山	建于清代
桑日宗宗府遗址碉楼	山南桑日县桑日镇东侧	始建于14世纪
卡达宗宗府遗址碉楼	山南桑日县白堆乡拉龙村东	始建于14世纪

续表

名称	地理位置	备注
恰嘎宗宗府遗址碉楼	山南桑日县绒乡驻地西侧	始建于 14 世纪
沃卡宗宗府遗址碉楼	山南桑日县白堆乡白堆村	始建于 14 世纪
顿珠宗遗址碉楼	山南洛扎县拉康乡	推测建造年代为 14—16 世纪，宗周围有各种 形状碉楼 20 余座
赛卡古托寺碉楼	山南洛扎县中南部	大约建于 11 世纪末
达玛宗遗址碉楼	山南洛扎县曲措乡西北	建于清代
多宗遗址碉楼	山南洛扎县城东南	建于 14 世纪
当巴宗遗址碉楼	山南措美县当巴乡	建于 13 世纪
当许宗古堡遗址碉楼	山南措美县城南约 1.5 公里处	建于元代
贡塘王城遗址碉楼	日喀则吉隆县城东南	约建于 13 世纪
协嘎尔宗宗府遗址碉楼	日喀则定日县协格尔镇北侧	建于清代
白朗宗宗府遗址碉楼	日喀则白朗县嘎东镇白学村	建于 14 世纪
杜琼宗宗府遗址碉楼	日喀则白朗县杜琼乡杜琼村	建于清代
雅桑寺碉楼群	乃东县亚堆乡雅堆村	
疆巴林碉楼①	山南扎囊县城东南	
日吾其寺碉楼②	日喀则昂仁县多白区	
白居寺碉楼③	日喀则江孜县西	建于 15 世纪
扎西岗寺碉楼④	阿里噶尔寺扎西岗区	
波密石碉	林芝波密县	
江达石碉	昌都江达县	

① 参见索朗旺堆、何周德《扎囊县文物志》，西藏人民出版社 1986 年版。
② 参见西藏文管会文物普查队《西藏昂仁日吾其寺调查报告》，载《南方民族考古》第 4 辑，四川科学技术出版社 1991 年版。
③ 参见觉囊达热那他著《后藏志》，佘万治译，西藏人民出版社 2002 年版；杨永红：《西藏建筑的军事防御风格》，西藏人民出版社 2007 年版。
④ 参见李永宪、霍巍、更堆《阿里地区文物志》，西藏人民出版社 1993 年版。

图 24　西藏山南措美县玉麦土碉群

2. 土碉

土碉是利用黏土夯筑而成的碉楼。西藏境内的土碉大多分布于山南、拉萨等地区，特别是山南地区的措美、隆子县等。土碉一般建于河流沿岸台地与交通要道沿线，常常密集排列，数量较多，规模较大。但是因易受雨水侵蚀，土碉的保存程度较石砌碉楼差。以往学术界主要侧重于西藏的石砌碉楼，对土碉的关注不够，严重缺乏相关的考古调查报告与研究。2007 年 8 月，课题组重点对山南隆子县、措美县等地的土碉进行实地勘察，依据现有资料来看，西藏地区的土碉分布如下表。

表 3　　　　　　　　　西藏境内土碉主要分布区域一览表

名称	地理位置	备注
俄西村土碉	隆子县日当镇俄西村土碉	
波嘎村 1 号土碉群	措美县措美镇波嘎村	
波嘎村 2 号土碉群	措美县措美镇博嘎棍巴附近	
台巴土碉群	措美县措美镇乃西村台巴组	
尼木土碉	拉萨尼木县	有的平面形制呈圆形
定日县岗嘎土碉群	日喀则	

第二节　青藏高原碉楼建筑的类型与功能

一　青藏高原碉楼建筑的类型

图25　四川甘孜州道孚县石碉

碉楼建筑是青藏高原上的一种特殊建筑，它或融于某个建筑体系之中，或以独立的建筑形式存在，从而成为世界屋脊建筑的一大奇观。

碉楼建筑类型大体有三种分类方法：一是按建筑材料分类；二是按形态分类；三是按所有者分类。下面将三种类型分而述之。

（一）按建筑材料分类

青藏高原碉楼从使用的建筑材料上大致可分为：石砌碉楼（石碉）、夯土碉楼（土碉）、石砌夯土相结合的碉楼（土石碉）三大类。古碉从使用的建筑材料上大致可分为石碉、土碉、土石碉三类。

1. 石砌碉楼（石碉）

此类碉楼外部和

图26　四川甘孜州丹巴县石碉

内部墙体用片（块）石砌筑，内部楼层和楼梯使用木材。石砌碉楼分布范围较为广泛，在四川省的甘孜藏族自治州和阿坝藏族羌族自治州、西藏自治区的林芝地区和山南地区均有分布，是青藏高原碉楼建筑的大宗。其中又以四川省甘孜州的丹巴县和西藏山南地区的洛扎县分布最为密集。丹巴县梭坡乡有石碉84座、中路乡有石碉21座、蒲角顶有石碉29座。而洛扎县雄曲河流域沿河谷两侧阶地或台地现存碉楼群遗址数十处，仅单体碉楼达200余座。[①]

图27　四川甘孜州乡城县土碉

图28　西藏山南地区隆子县土碉

①　参见国家文物局主编《中国文物地图集·西藏自治区分册》，文物出版社2010年版，第303页。

图 29　四川阿坝州汶川县布瓦土石碉

2. 夯土碉楼（土碉）

此类碉楼外部和内部墙体用生土夯筑，内部楼层和楼梯使用木材。这类碉楼相对要少一些，夯土碉楼主要分布在四川省阿坝藏族羌族自治州的汶川县，以及甘孜藏族自治州的乡城县、稻城县、得荣县、白玉县、德格县和凉山彝族自治州的木里藏族自治县，云南省境内的碉楼几乎全部为土碉，主要分布在迪庆藏族自治州的香格里拉县、德钦县、维西傈僳族自治县等部分地区，西藏自治区阿里古格王朝的都城遗址和山南地区的措美、错那、隆子等县也有土碉分布。

图 30　西藏山南地区措美县乃西村特巴土石碉

3. 石砌夯土相结合的碉楼（土石碉）

这种混合结构的碉楼极为罕见。此类碉楼又可分为两种，一种是上下混合结构，碉墙分上下两层，石砌墙在下，生土夯筑墙在上，内部楼层以木材分隔，目前仅见于四川省甘孜藏族自治州新龙县的格日和阿坝藏族羌族自治州汶川县的布瓦。另一种则是内外混合结构，碉墙分内外两层，外层为生土夯筑，内墙为石砌，仅见于西藏山南地区措美县的波嘎和乃西村特巴组，以及四川省甘孜藏族自治州德格县的龚垭乡喇格村。

（二）按形态分类

现存青藏高原碉楼按形态可分为四角碉楼、五角碉楼、六角碉楼、八角碉楼、十二角碉楼、十三角碉楼六种类型。

1. 四角碉

四角碉楼是青藏高原上最为古老、分布最广、数量最多的一种碉楼造型。土碉和土石结合的碉全为四角，而石碉也以四角碉为大宗。

图31　四川阿坝州汶川县布瓦四角土碉　　图32　四川甘孜州康定县四角石碉

图 33　西藏山南地区措美县四角土石碉　　　图 34　四川甘孜州丹巴县梭坡乡五角碉远景

　　四角碉又可分为正方形四角碉和矩形四角碉两大亚类。正方形四角碉多分布于横断山脉区系类型内，矩形四角碉多分布于喜马拉雅山脉区系类型内。从考古发现以及青藏高原居住建筑的早期形式分析，四角碉是古碉建筑最原初的形式，而其他形体类型的碉楼都是在四角碉的基础上发展起来的。从这个意义上讲，四角碉应为母体类型。

　　四角碉楼的平面通常呈方形或近方的"回"字形，立面呈由底向上逐渐内收的方锥形。据统计，四角碉的底部边长一般约 5—8 米、墙厚约 0.70—1.10 米，碉楼高度低者十余米、高者可达 50 米左右，其中以高 20—35 米者居多。

　　2. 五角碉

　　五角碉是在四角碉基础上发展起来的一种特殊变形的碉楼。此类碉楼多因建碉地点为斜坡地，为增强碉楼临坡地下方一面墙体的受力强度，将该面墙体缝中线部位砌出一道突出墙面约0.10—0.40米的角以支撑墙体中部。五角碉楼在平面上呈"山"字形。五角碉由于外墙面三面皆平，惟一面凸起一角，形如人鼻梁，所以在民间又常称之为"鼻碉"。

图35　四川甘孜州丹巴县梭坡乡五角碉近景

目前这类碉楼数量很少，仅川西嘉绒藏区存有6座。其中四川省甘孜藏族自治州境内仅存1座，位于丹巴县梭坡乡。阿坝藏族羌族自治州境内还存5座，分别为马尔康县的沙尔宗五角碉、白湾五角碉、汶川县克枯乡的大寺村磊底五角碉和茂县的沟口乡水磨村敖盘五角碉、嘉合寨维城乡后村五角碉。

3. 六角碉

六角碉外部造型平面呈正六角形，角与角之间呈内凹的弧形，六个角明显突出，立面呈下大上小的六棱柱形，碉楼的内部平面呈圆形。六角碉楼通常较高大，一般低者20余米、高者30余米，内部分隔为9—13层。碉楼底部每边边长（角两侧边）3.50米、墙厚0.70—1米。

目前这类碉楼数量很少，仅阿坝州境内存几座。比较有代表性的为金川县周山绰斯甲土司官寨六角碉、茂县黑虎乡黑虎六角碉和大寨子六角碉。

4. 八角碉

八角碉外部造型平面呈正八角形，且外部八角突出，内部呈圆形，立面呈下大上小的八棱柱形，底部每边边长（角两侧边）多在2米左右，结构与六角碉相同。八角碉楼的高度低者20余米、高者达43.20米。碉楼内部按高度分隔成9—13层。

图 36   四川阿坝州金川县境内的六角碉

图 37   四川阿坝州茂县黑虎乡六角碉

图 38   四川阿坝州马尔康县松岗直波八角碉

图 39   四川甘孜州康定县境内的
朋布西八角碉

图40　西藏林芝工布江达县的秀巴乡十二角碉　　图41　四川阿坝州茂县黑虎乡十二角碉

在四川省甘孜藏族自治州的丹巴、八角碉是平面对称星形碉楼中数量较多的碉楼类型。道孚、康定、雅江、九龙、巴塘等县和阿坝藏族羌族自治州的金川、马尔康、小金、茂县以及凉山彝族自治州木里藏族自治县皆有分布。其中代表性的古碉有康定县朋布西乡八角碉，丹巴县梭坡乡莫洛村八角碉，马尔康县松岗镇直波村八角碉，道孚县瓦日乡八角碉，茂县黑虎乡小河坝村杨氏八角碉，凉山彝族自治州木里藏族自治县俾波乡大铺组八角碉等。值得注意的是，八角碉的分布范围大致与木雅文化圈重合。

5. 十二角碉

十二角碉楼外观呈现出12面12棱柱的几何状体，内部为准曼荼罗造型，碉楼底部墙体厚约2米。十二角碉楼的高度在20—30米之间。

目前这类碉楼数量很少，仅存几座，主要分布于西藏林芝地区工布江达县境内。此外，在四川省阿坝藏族羌族自治州茂县黑虎鹰嘴河也有十二角碉。工布江达县的秀巴乡的十二角碉，据当地人的一种说法，其造型的平面形状是按佛教坛城设计的。

图42　四川甘孜州丹巴县的蒲角顶十三角碉楼

6. 十三角碉

十三角碉是现存角数最多的碉楼，建筑难度最大。此种碉楼极为少见。四川甘孜藏族自治州丹巴县境内蒲角顶聂尕寨的十三角碉号称世界之最，是目前整个青藏高原唯一保存较为完好的十三角碉，原高60余米，现残存20余米。在阿坝州壤塘县蒲志西乡也有一座，较残。

另据零星的口碑和简短的文字记载，20世纪下半叶在横断山地区还存在过三角碉和十六角碉，但目前已无所存。据四川省甘孜藏族自治州丹巴县彭建忠先生介绍，20世纪70年代，他曾和陈隆田先生一道，在该县革什扎乡大寨村一个叫"安安"的陡崖边，看到过一座已经废弃的三角残碉。该碉的剖面为等边三角形，边长约为10米，边墙略为内敛而呈弧形，残高约6米，今已不存。据传在甘肃境内曾有过三角碉，但遗存地及遗存状况均不详。21世纪初，周小林在丹巴县考察碉楼建筑时，听当地人说在丹巴县东谷乡牦牛村曾有一座十六角碉楼，但前往实地考察时了解到，此碉已毁于"文化大革命"期间。

从碉楼的横剖面来看，现存的四角碉平面呈"回"字形，五角碉平面呈"山"字形，十二角碉内部呈准曼茶罗造型，六角、八角乃至十三角的碉内部则呈圆形。

从碉楼的数量来看，现存各种形态的碉楼以四角碉为最多，四角以上的碉楼以八角碉的数量相对较多，其余五角、六角、十二角、十三角数量都很少。而三角碉和十六角碉则只在历史上存在过，现已绝迹。

图43 十三角、八角、五角、四角碉立面与平面示意图

从碉楼建筑类型的地域分布看，西藏碉楼的形态相对单一，主要为四角碉类型，而四川碉楼的形态则呈现出多样性。西藏的碉楼大多为矩形四角碉，仅在林芝的工布江达县秀巴村有五座十二角碉。四川碉楼的大宗仍是四角碉，但与西藏碉楼多为矩形不同，此地区的四角碉楼多为正方形，横剖面积较小，但高度较高。此外，四川还分布有不少的八角碉和零星的五角、六角、十二角、十三角碉。就自然地理分布来看，横断山地区最东面的岷江流域主要为四角碉，以西的大渡河流域碉楼形态最为多样，四角、五角、六角、八角、十三角碉均有，而雅砻江流域则多八角碉，再往西金沙江流域的碉楼又以四角碉为主。

（三）按所有者分类

青藏高原碉楼按所有者可分为家碉、寨碉、土司官寨碉、宗堡碉四类。

1. 家碉

家碉又称"角楼"，以户为单位，依房而建，较矮小，一般与居住的寨

图44　甘孜州丹巴中路乡家碉

图45　西藏山南地区隆子县的家碉

图 46　四川省甘孜州丹巴县蒲角顶寨碉

楼相连。

　　修建家碉时的所有支出多由一户人家承担，碉楼的所有权归建碉户。家碉平时为家庭的储藏室，存放粮食、肉类等，战时用于防御。

　　家碉的特征是其与住房紧密相连，但比住房为高。

　　在地处大小金川流域的嘉绒藏区，过去还有一种风俗：当地凡家中生下男孩后，就会开始备石取泥，筹建碉楼，若男孩长大成人，家碉还没有修好，就无法娶妻。这至少可以说明家碉在人们生活中的重要性。

　　2. 寨碉

　　寨碉是一个部落、一个自然村落或几个相邻的自然村落，为了抗击外来的武力进攻，由部落首领、寨首或土司头人组织所属臣民建造的碉楼。修筑寨碉的所有支出由集体共同承担，碉修好后由部落首领、寨首或土司指派辖区内的属民坚守。

　　寨碉以村或部落为单位，是一个村寨共同拥有的碉，多为单体独立，较高大，一般建于村口或村旁的高处，既是村寨的标志，又用于抵御入侵者。

图47　四川省甘孜州丹巴县中路乡寨碉

图48　小金沃日土司官寨碉楼

寨碉多数是一碉多能，有的既是防御碉，又是烽火碉、瞭望碉、要隘碉。

3. 土司官寨碉

土司官寨碉建于官寨主体建筑的一侧，与官寨主体建筑连为一体，为土司、土舍、上屯守备、千总、大头人等各级土司、土官修建，因而一般建于土司官寨、守备衙署内或附近。土司官寨碉为四川特有的一种碉楼，与四川藏区独特的土司制度相对应，尤以土司密集的嘉绒藏区为多。比较有代表性的有小金县的沃日土司官寨碉、马尔康县的卓克基土司官寨碉。

土司官寨碉遇警时可作为军事

图 49　卓克基土司官寨碉楼

防御的堡垒，平时则作为土司权力地位的象征，并且是土司祭祀自然神灵和占卜的神坛。

　　在修筑土司官寨碉时，多同时修建两座碉楼互相呼应，两座碉楼或位于官寨左右，或分布于官寨前后，或一座碉楼在官寨旁、另一座碉楼在官寨外扼守往来的交通要道。每当遇有外敌来攻，土司官寨碉便作为土司及其家眷临时避难、储藏贵重物资的场所。土司官寨碉内往往储藏可供食用数月的粮食，个别的土司官寨碉楼还有陶水管由外部将水引入碉楼内，以便土司及其家眷、护卫士兵有足够的时间在碉楼内坚守到敌人撤退。

　　土司官寨碉的高低、大小，往往与土司的等级、势力大小相对应。当远望高耸的土司官寨碉的时候，往往可根据碉楼的高低、大小就能对该土司的等级、势力大小作出判断。

　　4. 宗堡碉

　　元朝末年，西藏山南的帕竹地方政权崛起、取代萨迦地方政权后，在卫藏地区大力推行"宗"的行政建制，兴建专门供宗本（即地方长官）行使行政权力的宗堡。"宗"在藏语里有"城堡"之意，宗堡建筑是明代西藏新兴的一种建筑形式，"宗"即为地方行政机构所在地。①

宗堡碉为西藏地区特有的碉楼类型。许多宗堡由古碉楼、防护围墙乃至地道、水网共同组成防御体系，古碉仅为其防御体系的一个组成部分而已，如江孜宗堡碉即是如此。

二 青藏高原碉楼建筑的功能

青藏高原碉楼的主要功能是用于军事防御和宗教，此外亦有一些其他功能。

（一）军事防御功能

青藏高原上的许多碉楼都有明显的军事防御功能。现存的碉楼除极个别在底层开设碉门外，大多都在2—4层设置碉门，碉门距地表往往高达5—10米以上。碉楼的中、上部各层，则于不同方向的墙面上错位开设通风、瞭望、射击孔。可见军事防御是碉楼的一大重要功能。

青藏高原碉楼是在两大因素的共同作用下产生的。一是自然环境因素，碉楼所在多是地形险恶的高山峡谷地区；二是社会历史因素，在这样的地区，族群部落纷立，而且相互之间经常发生争斗，为抵御外来侵扰，保证自身安全，具有较强防御性的碉楼建筑遂应运而生。

在喜马拉雅山脉藏族发祥地山南地区，早在两千多年以前，就形成了一个众多"邦国"的局面。据《汉藏史集》载："从猴崽变成人类，并且数量增多以后，据说统治吐蕃地方的依次为玛桑九兄弟、二十五小邦、十二小邦、四十小邦。"② 关于遍布西藏境内的各小邦的情况，《敦煌古藏文写卷》P·T·1286中称："'在各小邦境内，遍布一个个堡寨。'可见堡寨的兴起是小邦时代的一个突出特点。从'小邦喜欢征战残杀'记载来看，堡寨的产生最初可能是应战争的需要，其作用在于防范敌对小邦的进攻，故应带有明显的军事要塞性质，且最初的堡寨可能大多修筑于山岗之上。"③

---

① 参见杨永红《西藏建筑的军事防御风格》，西藏人民出版社2007年版。
② 参见达仓宗巴·班觉桑布著《汉藏史集》，陈庆英译，西藏人民出版社1986年版，第81页。
③ 参见石硕《吐蕃政教关系史》，四川人民出版社2003年版，第27页。

图 50　西藏日喀则白朗县土碉

　　而横断山脉地区在历史上更是族群众多，纷争不断。从汉代的西南夷各部落到元明清的各土司之间都时常爆发冲突和战争，民间的冤家械斗也常有发生。所以区内建筑碉楼的习俗，一直沿袭到清中叶，随着"两金川之役"的平息和热兵器的出现，即冷兵器时代结束以后，延续千年的碉楼建筑才逐渐退出了历史舞台，成为历史的遗存。

　　在羌族地区，也有碉楼是战争的有效防御工事的说法。"西北羌人汉代沿岷江河谷南下，而汉文化又溯岷江北上，在岷江这条各民族频繁交汇、活动剧烈的大走廊里，战争不可避免，导致了碉楼的发生。"①

　　用于军事防御的碉楼在青藏高原上最为常见，根据其用途又可分为两类。一类为战碉，大多建于要隘、交通要道、关口、渡口等处。通常修筑得又高又大，门开得特别高，不仅能容纳守卫的人和大量的石块、箭镞等武器，粮食、柴、草、水也要储备其中，村里的老弱妇孺和牲畜都能藏在里

---

①　参见季富政《中国羌族建筑》，西南交通大学出版社 2000 年版，第 241 页。

图 51　四川省甘孜州康定加格维石碉瞭望（射击）孔

面，能够凭此碉进行较长时期的抵抗。在冷兵器时代，碉楼坚不可摧，易守难攻。一个部落、一个土司或一个村寨区域内，由若干座家族碉楼和村寨碉楼有机地组合在一起，便成为抵御外来侵扰的一个完整的军事防御体系，一座古碉就是一个火力点，若干古碉便形成一片火力网，其防御性和战斗性均能得以充分体现。

还有一类军事防御碉楼主要用于通讯警戒，包括烽火碉、哨碉、瞭望碉等。这些碉楼一般都建于一些视野良好的高山山岭、山脊、半山、河湾台地上的要道旁。一旦发现敌情，守碉者便会在碉顶部点燃烽火，众多碉楼首尾呼应，数十公里之外亦清晰可见，可迅速将敌情按照约定的信号传达给下一座碉的守碉者，以通知人们作好相应的防御准备，避免因遭突然袭击而措手不及。若有战事发生，这些碉楼便成为第一道防线，直接投入军事防御战之中。

碉楼建筑的军事防御功能，在不同地区有一定的区别。在西藏除了单体独立的古碉或古碉群外，在许多地方，由碉楼、防护围墙乃至地道、水网共同组成防御体系，碉楼在防御体系中，多起瞭望（烽火）的作用，如一些王宫、宗堡等大致如此。西藏阿里地区的古格王城和多香故城中的古碉就属于此类。在西藏隆子、错那、措美的碉楼主要集中在两水、三水汇合的谷岔口，或是要道冲口。

图 52　西藏山南措美乃西村
特巴组碉楼射孔

在四川藏区，用于军事防御的碉楼主要是单体独立的寨碉。一种寨碉为修在视野开阔的要隘口、山冈上的瞭望碉和烽火碉。"倘若发现紧急情况，便可以烽火为号，以便及时通报，避免因遭突然袭击而措手不及；抑或可向友邻寨落发出求救信号，及时予以援救；若有战事发生，烽火碉和要隘碉便成为第一道防线，直接投入防御战之中。"① 另一种寨碉则是在村寨内的要道口或是人口密集的中心区修建的战碉，这些战碉与众多家碉互为掎角，组成一道极其坚固的防线。在冷兵器时代，依碉固守，其主要武器是使用弓箭和投掷石块来抗击进犯之敌。此外还有与住宅连体的家碉，主要为维系家庭安全、防盗贼而建，在战时亦可用于防御。

羌族村寨碉楼的防御功能既与邻近藏区有所不同，而在其内部各地的功能也存在差异性。例如理县桃坪羌寨，寨内仅有两座碉楼，碉楼周围均为碉式民居，属于典型的堡寨式建筑群，"从宏观俯视到微观聚焦。桃坪羌寨以主碉为轴心，扇形向左右弧射，呈半八卦状，由低到高，最后汇聚古碉，形

---

① 参见杨嘉铭、杨艺《千碉之国——丹巴》，巴蜀书社 2004 年版，第 95 页。

图53   四川省阿坝州茂县黑虎碉

成以主碉为中心的扇形群体建筑……再看寨间通道，通道设在各家房下，四通八达，数米左右一掩体，设箭洞。每转弯处有屯兵之所，可藏兵数十。通道沿壁有通气孔、照明洞，有仅通1人的防守口……水沟随通道而设，每家门口一水口，其他全封闭，极具环保，使来犯之敌又无法用水。同时寨口水源入寨空间序列，集中了磨房、汲水处等，集灌溉寨外田野，牲畜饮水，湿润空气，消防等功能为一体。"① 据当地村民讲，每当遇有战事或紧急情况，村寨民居的顶层平顶只要搭设简易天梯，即可互通。由此看来，桃坪羌寨的防御体系是由碉楼、民居、巷道、平顶和水网组成的，碉楼在整个防御体系中处于核心地位，主要起观察、瞭望和指挥作用，同时也可参与到防御战之中。

茂县的黑虎羌寨与曲谷、三龙、赤不苏、维城等黑水河流域的羌寨，被认为是羌族文化保存较好的地方。"黑虎鹰嘴河羌碉建在险峻的山脊梁上，左边是百丈悬崖，右边是陡峭山坡，易守难攻。杨氏将军官寨坐落在寨右下

① 参见彭代明、唐广莉、刘小平《浅谈黑虎、桃坪羌寨的战争功能与审美》，载《阿坝高等师范专科学校学报》2002年第2期。

台地上，由七座高数丈碉楼和其他附属建筑组成，这座官寨周围有宽约 1.7 米，深约两米的防护壕沟，围绕全部碉楼，供护兵巡逻护寨和御外敌之用。"① 据季富政先生考证，黑虎羌寨的碉楼最初均"由哨碉逐渐组群发展而来"。后形成以杨氏将军宅碉（文中称之为碉楼民居）为核心的碉楼群。这种防御体系与桃坪羌寨的防御体系在结构布局上也有一定区别。在村寨内的要道口或是人户密集的中心区，往往建有一些军事防御碉楼，这些碉楼与众多种类的碉楼共同组成一道极其坚固的防线。

图 54　西藏山南洛扎县米拉日巴九层殿

（二）宗教功能

青藏高原碉楼的宗教功能，大致可分为三种：第一种是藏传佛教噶举派所建的"米拉日巴九层殿"；第二种为经堂碉；第三种为风水碉。

1. "米拉日巴九层殿"

公元 11 世纪，噶举派第二代祖师米拉日巴为其师玛尔巴在西藏山南洛扎县的赛卡古托寺修建了形若城堡的"九层公子堡"。② 这种碉式佛殿后来不仅在西藏，在其他藏区都有所建，通称"米拉日巴九层殿"。

---

① 参见彭代明、唐广莉、刘小平《浅谈黑虎、桃坪羌寨的战争功能与审美》，载《阿坝高等师范专科学校学报》2002 年第 2 期。

② 有一种说法：米拉日巴是玛尔巴的儿子达尕弟建筑的。

图55　四川省甘孜州丹巴县中路乡经堂碉

在今甘肃甘南藏族自治州的合作县，四川省阿坝藏族羌族自治州壤塘县，以及四川省甘孜藏族自治州色达县等地均建有这种碉式佛殿，其层数、结构均沿袭公元11世纪模式。

2. 经堂碉

经堂碉是专供礼佛的经堂或是作为僧人修行的场所。

只有极少数地区建有经堂碉，比较有代表性的为小金县沃日的经堂碉和丹巴县中路乡的两座经堂碉。此外，在金川县境内的日秀山岩有一组古碉，曾经是僧人修行坐静之所。

3. 风水碉

往往在一个村寨，或是一个土司辖区内，"还有一种用于镇邪的风水碉。由于嘉绒藏族地区盛行原始自然崇拜，相信在某些特定的地方存在危害人富的地下厉鬼、妖魔，如果这种地方位于村落内或村寨附近，人们便于其地修建一座高大的古碉楼用以镇邪，使地下厉鬼、妖魔不能出来危害人间。这种风水碉目前仅发现八角碉一种，数量较少，皆为清代中晚期修建"。①

风水碉数量较少，往往一个村寨，或是一个土司辖区内只建一座风水碉楼。

---

①　徐学书：《藏羌石碉研究》，载《康藏研究通讯》2001年第3期。

图56 四川省阿坝州茂县黑虎乡雄碉　　　图57 四川省甘孜州康定县拉哈村雌碉

（三）其他功能

1. 民俗功能

在四川甘孜藏族自治州的丹巴中路乡、九龙县等地，民间均流行有雌雄碉的说法。

雄碉，俗称公碉，在碉上有类似男子生殖器状物凸出其间，楼身的楞角为一条密实的直线。雌碉，俗称母碉，其楼身楞角线条亦是一条直线，只是在这条线上每隔一定的距离，就会有一道凹槽，凹槽四角连通横贯碉身一周，类似女性百褶裙的线条。

还有一种区分碉楼性别的方法是通过木梁的位置来区别。雌碉的木梁露在外面，时间长了会发黑，所以雌碉的楼身上有一道一道的黑色痕迹。而雄碉的木梁在内部，不外露，因而没有痕迹。

2. 划定边界的功能

发挥此种功能的碉楼通常称为"边界碉"，一般建在部落与部落、土司与土司或是村寨与村寨之间自然分领地交界的重要地点，作为界标，以避免边界争端或纠纷。

　　3. 纪念功能

　　有些碉楼是为了纪念某一较为有影响的功勋而修建的。如汶川瓦寺宣慰司官寨的碉楼即为纪功碉。

第三节　青藏高原碉楼建筑的基本特点

　　青藏高原的碉楼作为一种区域性和民族性较强的特殊建筑形式，它最初从民居建筑中脱胎，并一直受民居建筑的影响，从而具备了民居建筑的基本特点。但是，作为一种特殊建筑，其特质又十分明显。它不仅在我国防御性建筑中独树一帜，而且在世界同类型建筑中也堪称不朽之作。

　　归纳起来，青藏高原碉楼建筑具有以下显著特点：

一　历史悠久，历时性跨度大

　　有关青藏高原碉楼建筑的文献记载，大致可以上溯到汉代。据《后汉书·南蛮西南夷列传》记载岷江上游地区的冉駹夷部落时称，"冉駹夷者，武帝所开，元鼎六年以为汶山郡。……皆依山居止，累石为室，高者至十余丈，为邛笼。"可见，横断山区系类型碉楼建筑出现的时代应不晚于东汉时期。清代中叶以后，碉楼作为防御功能建筑正式退出历史舞台，成为一种历史遗留，因此，如果我们把青藏高原碉楼建筑的萌芽形态大致确定在东汉，那么碉楼建筑存在的时间跨度大约为1900—2000年，可谓源远流长。

二　分布广泛，历史遗留颇丰

　　青藏高原碉楼建筑的分布十分广泛。从大高原的东部岷江流域一直向西延伸至喜马拉雅山脉北端的狮泉河、象泉河一带，在长达近3000公里的高山峡谷之中。如此长的分布线，在世界碉楼建筑中，可算是绝无仅有的。依现行行政区划而言，在今西藏的六地一市中，除那曲地区外，其中阿里、山南、日喀则、林芝、昌都五地区和拉萨市均有分布。在今四川省藏羌地区的32个县中

（甘孜藏族自治州 18 县、阿坝藏族羌族自治州 13 县、凉山彝族自治州木里藏族自治县），除石渠、色达、红原、若尔盖、阿坝等 5 个牧区县和 1 个以汉族为主体的泸定县外，其余 26 个县境内，均有碉楼分布。此外，在云南迪庆藏族自治州境内，也有一定数量分布。估计碉楼建筑在青藏高原上的分布范围和幅员面积大约在 70—80 万平方公里左右。在如此广袤的土地上，特别是在一些核心地区内，曾经都是碉楼建筑的孕育之地。今天，人们都能领略到碉楼的风采。例如今四川甘孜藏族自治州丹巴县，素有"千碉之国"的美誉。

图 58　四川省甘孜州丹巴县梭坡乡莫洛村石碉

据口碑和有关文献记载表明，丹巴高碉在明代和清中叶以前为鼎盛时期，其数量曾多达 3000 余座。1938 年 6 月，上海著名记者、摄影家庄学本先生在丹巴考察期间，对丹巴的高碉文化十分敏感，他在中路，认真调查了那里高碉的基本情况。在《丹巴调查报告》中写道："（丹巴中路）住处多为独院，间隔很近，每一幢房屋均紧靠碉楼……"碉楼众多，亦为丹巴之特色。曾在中路杨村长碉楼上统计村中碉楼，在视线之内者有八十七个，此外隐藏在坡下和沟中未见到者计有二十五个，总数约一百十二个。全村户口一百六十一家，平均有碉楼房屋占十分之七。碉楼高度，最高者的一百三十尺左右，对径约二十尺，形状多为四角，亦有八角者。碉

图 59 四川省阿坝州理县碉楼

楼在大小金川特别多，东迄岷江，相连如林。①

据 2003 年丹巴县文化旅游局最新统计资料表明，全县现有碉楼遗存 632 座，是整个青藏高原上碉楼分布最密集的县份之一。

红音女士在《阿坝州碉楼初探》中，对阿坝藏族羌族自治州境内的碉楼进行了统计，文中称：

在历史长河中，自然和人为的因素也使碉楼的数量倍减。一些碉楼因年久失修而倒塌，一些碉楼被人为炸毁，或被取石建房。尽管我们失去了不少碉楼，但全州仍有几百座碉楼。据不完全统计，到 2006 年 6 月阿坝州境内大约有 680 余座碉楼（含残缺碉楼）。其中茂县 247 座、马尔康 198 座、金川 129 座、汶川 53 座、壤塘 21 座、理县 20 座、小金 12 座。另有部分县也有少量分布。阿坝州境内还有许多地方，虽然已经没有碉楼，但因历史上曾经有碉楼而以碉楼命名，如芦花、达雍、八棱碉、碉楼等。有的地方还有许多有关碉楼的传说……类似的传说至今流传在金川县集沐乡一个叫代学的村寨里。在离这个村寨不远的山脚下，有九个四角碉楼遗址，当地人传说以前这里的一户村民因生了九个儿子所以建了九座

_____

① 参见杨嘉铭、杨艺《千碉之国——丹巴》，巴蜀书社 2004 年版，第 89 页。

碉楼。①

在西藏境内的碉楼密集区，碉楼遗存丰厚的实例也不乏有之。2007 年 8 月，我们在山南措美县考察时，在离措美县城不远的玉美村，亲眼目睹了近 1 公里长的小河两岸，分布着 30 余座土碉。在山南洛扎县的边巴乡是西藏碉楼遗存最为密集的地区，据赵慧民《谜一样的藏南碉楼》介绍，在该乡山谷南坡，其数量多达 107 座之多。虽然，我们无法确切知道在青藏高原上碉楼遗存的具体数字，但是可以根据目前已知的数据推断，应至少不低于 2000—2500 座。

三　强烈的环境依存性

前面已经多次提到，青藏高原碉楼建筑是高山峡谷地区的一种特殊建筑。这种建筑与当地的民居建筑一样，有着强烈的环境依存性。

（一）碉楼建筑对环境的强烈依存性首先表现为因地势而建

喜马拉雅区系类型和横断山区系类型是青藏高原上地形最复杂的地区，雪山巍巍、沟谷纵横是其典型的环境特征，在这样特殊的自然环境内，无论是民居还是碉楼建筑，当地的人们都不刻意去改变环境，而是顺势而建。《后汉书·西南夷列传》在记述碉楼时所称的"依山居止"便是最好的诠释和注脚。那些高耸、挺拔的碉楼或立于山梁，或是山间的台地，或是河畔的台地，与环境相融并互相衬映，显得格外协调和壮美。

（二）其次体现在就地取材上

青藏高原上的藏、羌民族建筑的一个突出特点，是就地取材，碉楼建筑亦不例外。其主要原则是有土则土，有石则石。许多地方的碉楼建筑与当地民居在建造时，都是根据当地天然建材而决定材质和结构。若在同一地方，土与石头兼具，那么依建筑者们自身传统习惯而定。碉楼建筑不会像寺庙、宫殿、宗堡建筑那样，建筑者可以不惜代价，从很远的地方去取材。如此便使得碉楼建

① 参见红音《阿坝州碉楼初探》，《阿坝藏学》2007 年第 1—2 期。

图60 康定县朋布西乡八角双碉

筑的用材充分保持了与环境的协调和统一。前面已经提及，在喜马拉雅区系类型与横断山区系类型中，虽然地貌特征是大致相同的，但是植被条件却存在明显差异。所以，在碉楼建筑的内部结构和布局上，各系统就存在差异，在喜马拉雅区系类型木材奇缺的地方，碉楼内部楼居平面多采用有间隔结构类型，以克服木材缺乏的不足。而在横断山区系类型中，大多数地方森林资源丰富，碉楼建筑用材可供选择的余地大，绝大多数碉楼内部平面多采用无间隔结构类型。应当说是就地取材在结构上的具体体现。在历史上，无论哪个历史时期，碉楼建筑用石、用土均系天然材料，无二次加工，不会对生态环境构成威胁。

（三）碉楼建筑的色彩，从来就保持了当地环境的色彩

无论是藏族的还是羌族的碉楼，无论是西藏的还是四川的碉楼，无论是喜马拉雅区系类型的还是横断山区系类型的碉楼，一应如此。它的装饰十分特别，完全就是靠技术来实现的，比如收分、多角、平整的墙面等。这种外观古

老、朴实、庄重的效果，是一种生态美的体现。

从一定意义上讲，碉楼建筑对环境的依存性，恰恰构成了它的生态特点，用今天的话来讲，是一种环境高度协调统一的"绿色"建筑。

四 类型的多样性

纵观当今世界防御性碉楼建筑，大多为圆形或方形两类。在欧洲的一些城堡体系中，多见圆形碉楼。在国内，福建的土楼群中，也仅见圆形和方形两种外形形体类型；在贵州黔中安顺地区的屯堡建筑中，仅有四方形碉楼类型；在广东开平的众多碉楼中，尽管在结构上和顶部装饰上变化多端，但从形态类型来看，亦基本为方形。再从藏、羌地区的民居建筑来审视，除方形建筑外，很难看见有其他形态的建筑。为什么青藏高原上的碉楼，从外形形体来区分，竟多达9种类型，特别是从五角至十三角的碉楼就有5种之多。笔者认为，这是由多方面因素所促成。归纳起来，大致有4方面的原因，一是一种技术性的发散。青藏高原号称"世界屋脊"，境内山脉纵横，是一个石头的王国。休养生息在这个区域内的民族（含早期的族群），对石头不仅有特殊的感情，日久天长还产生了特殊的认识，先民总在不断探索如何将那些天然的石块用活，并达到极致，于是在碉楼建筑上进行探索，使用何种方法，才能将其修得更高、又稳固？结果发现在碉楼的角上做文章，效果极佳。外形形体角越多的碉，的确比四角碉楼的稳固性更好。这种匠心，经过不断总结、传承，从五角、六角，一直到十三角。在农村，身怀这种绝技的工匠往往会受到人们的尊敬，而工匠自身也会以此为荣耀。二是一种审美的满足。前面已述，藏、羌地区的碉楼自从它诞生以来到寿终正寝的相当长历史时期内，从来都是"赤身实体"的大地本色，如果要使它让人看起来美观，以满足人们的审美需求，就必然需要从两个方面来作文章。一方面是将万千不规则的乱石，经过工匠眼手的高度协调，摆放得如同砖块一样自如，使墙面出奇的平整；另一方面，砌筑碉楼角的技术要求高，把所有的角都砌得既笔直、角度又准确。青藏高原上的碉楼让人称绝，不能不说这是一个要素。三是为了满足结构性需要。青藏高原作为世界上最年轻的高原，是自然灾害的多发区，尤其是地震灾害频繁，对建筑物损害最大。当时工匠通过多年的总结，通过加强建筑物结构支撑点，可以增强建筑物的稳定性，提高抗震性能。确定加强建筑物结构支撑点最理想的方法就是增加转角的数量。确实多角的碉楼在地震中的抗震性能就是要比四角碉强得多。四是一些隐示性功能的体现。碉楼建筑角的多少，成为当地人们权力与财富的一种外化标志。道理很简单，一方面在古代藏、羌社会中，等级观念是十分强烈的。另一方面，角越多的碉修建难度越大，周期越长，成本越高，一般平民百姓是难以承受的。

人们把青藏高原的碉楼建筑看成是一个谜，或许，我们对形体类型多样性的回答，是这个谜的部分谜底。

五　精湛的技艺和高技术含量

碉楼建筑长期以来在藏、羌先民的苦心经营下，成为区内建筑造型文化的典范。其技艺的提升，总是在代代相传的过程中不断升华、不断提炼和总结，首先是使许多施工技术达到了相当高的水平，其具体表现如下：一是充分应用了收分技术；二是在砌石技术上展示出了高超的反手砌筑技艺；三是在夯筑技术上，创造性地应用了大板夯筑的板模技术；四是合理采用了找平技术和加筋（含平筋和竖筋）技术。其次是在建筑力学原理的运用上，巧妙地、合理地将压强、三角形稳定性、圆形驳壳等力学原理、特别是石材的压力特征的把握和运用上。关于石材压力特征的把握和运用，填补了中国民族建筑史上的一项空白。我国著名建筑学家梁思成先生在《中国建筑史》中总结了我国建筑（主要指内地建筑）用石方法失败的原因。他认为有两点原因："（1）匠人对于石质力学缺乏了解。盖石性强于压力，而张力曲力弹力至弱，与木性相反，我国古来虽不乏善于用石之哲匠，如隋安济桥之建造者李春，然而通常石匠用石之法，如各地石牌坊、石勾栏等所见，大多凿石为卯榫，使其构合如木，而不知利用其压力而垒砌之，故此类石建筑之崩坏者最多。（2）垫灰之恶劣。中国石匠既未能尽量利用石性之强点而避免其弱点，故对于垫灰问题，数千年来，尚无设法予以解决之努力。垫灰材料多以石灰为主，然其使用，仅取其黏凝性，以为木作用胶之替代，而不知垫灰之主要功用，乃在于两石缝间垫以富于黏性而坚固耐压之垫物，使两石面完全接触以避免因支点不匀而发生之破裂。"①青藏高原碉楼建筑的建造者们，充分把握了石材压力性强的特点，用最原始的

---

① 参见梁思成《中国建筑史》，百花文艺出版社 1998 年版，第 17 页。

天然（片、块）石材和黏土，用极其简单的工具，凭着对石头与黏土之间的关系的理解，建造了高耸云际、千年不倒的碉楼建筑，堪称天才的杰作、中国石文化之史书。

第四节　关于"碉"与"碉房"的区分

在青藏高原碉楼的研究论著及介绍文章中，常有一个与碉楼相关的词，即"碉房"。对于"碉房"一词，目前尚无统一认识，学术界也缺乏明确定义，故人们的理解也各有千秋。有人曾这样来定义碉房："聚居的藏民以农业为主，有固定的居所。住宅用乱石堆砌厚墙，内部以密排木梁构成楼层，高度从两层到四、五层不等，外形下大上小，平屋顶，女儿墙，立面开窗很少，外观封闭给人以碉堡之感，故称'碉房'。"[1] 有人则将"碉"与"碉房"完全混同，称："一般的碉房高二、三十米，也有高达四、五十米的，全部是用一片片石头垒起。"[2] 或将碉房的概念无限放大，称："藏族民居俗称'碉房'，规模小者如羌族的'邛笼'，而布达拉宫也可视为碉房中的巨制者"。[3] 还有学者称："碉楼式住宅由来已久，新石器时代西藏卡若文化遗址中房屋建筑的结构承重方式就有碉房式、擎檐碉房式两种。后来被藏、羌、彝、纳西等族采用。古代呼之为'雕'，古羌语的对音为'邛笼'，泛称为碉房、碉楼、邛笼。"[4] 可见，人们对"碉房"一词的使用相当随意，对其含义的理解也相当混乱。那么，应当如何认识和理解"碉房"一词的内涵？"碉房"究竟是"碉"还是"房"？它与"碉"之间有怎样的区别与联系？这些均是目前青藏高原碉楼研究中亟待正视和澄清的问题。"碉房"一词并非出自近代或今人，而是缘自古人，是古人在记述川西高原地区建筑时创制和使用的一个词，所以，要搞清楚"碉房"一词的确切内涵，首先需要对古人境语中的"碉房"面貌以及"碉

　①　参见张立新《藏族碉房》，载《北京房地产》1995年第9期，第48页。
　②　参见骆明《藏民的石碉房》，载《中国房地信息》2000年第1期，第43页。
　③　参见刘亦师《中国碉楼民居的分布及其特征》，载《建筑学报》2004年第9期，第53页。
　④　参见管彦波《西南民族住宅的类型与建筑结构》，载《中南民族学院学报》（人文社会科学版）1999年第3期，第50页。

图61　四川省甘孜州道孚县扎巴碉楼与碉房

房"与"碉"的区别作一梳理。

有关碉房的记载，最早可以上溯至唐代。在《新唐书·南蛮传下》中有如下一段记载：

黎、邛二州之东，又有凌蛮。西有三王蛮，盖莋都夷白马氏之遗种。杨、刘、郝三姓世为长，袭封王，谓之"三王"部落。叠甓而居，号雕舍。[①]

"三王蛮"既在"黎、邛二州"之西，其地当在川西高原的大渡河中游一带。甓者，砖也，"叠甓"指其居所乃以砖砌筑。最值得注意的是"雕舍"一词。这里使用的是"雕"而非"碉"。从史籍记载看，将高耸人造建筑称作"雕"目前仅见于两处：一是上述唐李贤注《后汉书》中对"邛笼"的诠释；另一处则是此处所引"叠甓而居，号雕舍"。在唐以后基本不见使用"雕"一

① 参见《新唐书·南蛮传下》，中华书局1975年版，第6323页。

字来指高耸的人造建筑，而普遍使用"碉"一字。由此看来，表明此条记载产生的时间应较早，可能是取自唐人的原始记录。① 将"黎、邛二州之西"即大渡河中游地区的"叠甓"而建的房屋称作"雕舍"，显然是言其房屋较高，具有碉之性质。"雕舍"一称，虽在用字上有所不同，但其内涵却与后来"碉房"完全相通。故《新唐书·南蛮传下》中的"雕舍"一词，是我们目前可以追溯到的有关"碉房"的最早记录，也是"碉房"一词的前身和雏形。

需要指出的是，从《隋书》和《北史》明确记载川西高原地区碉楼，以及唐人李贤注《后汉书》之"邛笼"之后，到宋、元两代，文献史籍中除经常提到一些与碉相关的地名如"碉门"、"千碉"外，罕有对川西高原地区碉楼的记载。这或许与宋代于大渡河"玉斧划界"、元代蒙古势力对川西地区控制较强以致造成中原地区人士较少进入该地区有较大关系。直到从明代开始，随着明王朝对西南少数民族地区经营与控制的加强，史籍文献中才较多出现有关川西高原地区碉楼的记载。事实上，"碉房"一词主要流行于明代，在明人的语境中使用最为频繁，并主要出现在记录明王朝与西南少数民族部落战事的史籍文献中。

如《明史·何卿传》记：

> 四川白草番为乱，副总兵高冈凤被劾。兵部尚书路迎奏卿代之。卿再莅松潘，将士咸喜。乃会巡抚张时彻讨擒渠恶数人……毁碉房四千八百，获马牛器械储积各万计。②

《明史·李应祥传》亦载：

> ……是役也，焚碉房千六百有奇，生擒贼魁三十余人，俘馘以千余计。自是群番震惊，不敢为患，边人树碑记绩焉。③

---

① 《新唐书》虽为北宋时重修，但因后朝修史多依据前朝遗留的奏折、实录、档案等原始记录，故从使用"雕"一词来看，此条记载来自唐朝原始记录的可能性较大。

② 参见《明史》卷211《何卿传》，中华书局1974年版，第5590页。

③ 参见《明史》卷247《李应祥传》，中华书局1974年版，第6398页。

《明史·四川土司列传》也记：

> （弘治）十三年，番贼入犯松潘坝州坡抵关，势益獗。命逮指挥汤纲
> 等，而敕巡抚张瓒调汉、土官兵五万，……赭其碉房九百，坠崖死者不可
> 胜计，诸番稍靖。①

《明史·五行志》记载：

> 弘治元年八月壬寅，汉、茂二州地震，仆黄头等寨碉房三十七户，人
> 口有压死者。②

对于上述记载中提及的"碉房"，一些学者乃将其理解为"碉楼"，并以
此作为当地碉楼数量庞大之证据。③

以上记载多记述明朝在川西高原东部即岷江上游松潘一带平定当地少数民
族部落反叛及地震情形。值得注意的是，记载中均提及了平定叛乱中焚毁当地
碉房，且数量庞大，如"毁碉房四千八百"、"焚碉房千六百有奇"、"赭其碉
房九百"等等。这些记载中提到的"碉房"具体是何面貌，它们与碉是一种
什么关系，我们尚不清楚。不过，从其所记"碉房"数量如此巨大来看，记
载中所言"碉房"当理解为"房"而非"碉"似较妥当。所谓"碉房"一
称，可能有两层含意：一是指房屋形体较高，某些具有碉楼之性质；其二，房
屋为石砌，与当地碉楼相类。这从明人刘文征编纂于天启年间（1621—1627）
的《滇志》中对丽江府的描述可得到印证：

> 雪销春水，遥连西蜀之偏；鳞次碉房，直接吐蕃之宇。语天堑则金
> 沙、黑水，论地利则铁桥、石门。荒服裔夷，于焉树塞；西方佛地，是为

---

① 参见《明史》卷311《四川土司列传·松潘卫》，中华书局1974年版，第8029页。
② 参见《明史》卷30《五行志》，中华书局1974年版，第496页。
③ 参见任浩《羌族建筑与村寨》，载《建筑学报》2003年第8期；陈波《作为世界想象的"高楼"》，
载《四川大学学报》（哲学社会科学版）2006年第1期。

图 62　四川甘孜州新龙县格日土石碉

通衢。土司之富，国家无所利焉；自守之虏，门户借之扃矣。①

　　这里提到的"鳞次碉房"显然指"房"，而非"碉"。由此可见，"碉房"
在明人的语境中已得到比较广泛的使用，但其含义只是指具有碉之性质的
"房"，而非指"碉"本身。但在明人的语境中，也同时存在着"碉"。如《明
实录》记："新招抚大八棱碉锁么等五十五寺寨寨首贾僧结等。"②这里的"大
八棱碉"虽是作为地名出现，但显然是以当地存在的八角碉楼为标志而产生的
一个地名。由此可见在明人的语汇中同时存在着"碉"与"碉房"两个词，
前者指碉楼，后者则指碉楼分布地区具有碉楼性质之房屋。明人语汇中有关
"碉"和"碉房"的区分，还可由《天下郡国利病书》卷六六"四川"条引
《寰宇记》的记载得到进一步印证：

---

　　①　参见刘文征《滇志》，古永继点校，云南教育出版社 1991 年版，第 70 页。
　　②　参见（明）董伦等撰，中研院史语所校《明实录》卷 98《武宗实录》，台北：中研院史语所 1984
年再版，第 2057 页，据国立北平图书馆红格钞本微卷影印。

　　威茂，古冉駹地……叠石为礌以居，如浮图数重，门内以梯上下，货藏于上，人居其中，畜圈于下，高至二三丈者，谓之鸡笼，十余丈者，谓之碉。①

　　这段记载提供了一个明确的区分"碉"与"碉房"的标准：即高"十余丈者谓之碉"；"高二三丈者谓之'鸡笼'"。所谓"鸡笼"，即指"碉房"。不过，在宋人王象之的《舆地纪胜》中"鸡笼"一词乃作"笼鸡"，该书在谈及茂州沿革时云：

　　其村皆垒石为礌以居，如浮图数重。下级开门，内以梯上下，货藏于上，人居其中，畜圈于下。高二三丈者，谓之笼鸡，后汉书谓之邛笼；十余丈者谓之碉。亦有板屋、土屋者。自汶川以东，皆有屋宇，不立碉礌；豹岭以西，皆织毛毯，盖屋如穹庐。②

　　在这段记载中乃作"笼鸡"，而非"鸡笼"。《大清一统志》"茂州"条中也有类似记载：

　　叠石为礌；以居，如浮图，高二三丈者谓之笼鸡，十余丈者谓之碉。亦有板屋土屋者。③

《四川通志》亦载：

　　其俗垒石为礌；以居，如浮图，高二三丈者谓之笼鸡，十余丈者谓之碉。房间有板屋土屋。④

---

　　① 参见顾炎武《天下郡国利病书》编纂委员会编《四库全书存目丛书·史172·史部·地理类》，齐鲁书社1996年版，第642页。
　　② 参见王象之《舆地纪胜》卷149，中华书局1992年版，第4012页。
　　③ 参见《嘉庆重修一统志》卷450《茂州》，中华书局1986年版，第20802页。
　　④ 雍正《四川通志》卷38《风俗·直隶茂州》，乾隆元年增刻本。

从《舆地纪胜》、《大清一统志》和《四川通志》三书均作"笼鸡"来看，所谓"鸡笼"当系"笼鸡"之讹。明人何以将"高二三丈"的"碉房"称作"笼鸡"，"笼鸡"一词由何而来？目前尚不清楚。但从背景来看，"笼鸡"很可能与《后汉书》指称碉楼的"邛笼"一词相类似，是川西高原地区语言对"碉房"的称呼。但由于历史变迁与族群流动，"笼鸡"一词具体是出自今川西高原哪一种民族或族群语言，目前尚无法确定。

清代很大程度仍延续了明代将川西高原碉类建筑划分为"碉"和"碉房"的习惯。如清人刘声木对瞻对碉类建筑有如下描述：

> 瞻对距四川打箭炉七日程……其地万山重迭，路径崎岖。番民咸于山中凹处最为险要者倚山为室，或数十百家，聚一处，多则数千家。俗名其室曰碉楼，又有大碉、小碉之称。建筑极坚固，全系以大石堆成，厚有至寻丈者，俨如城垣。上开小孔，可以望远，其意原欲用以避火器，探敌情。每碉之中，皆有兵器。[1]

这段记载中提到的"俗名其室曰碉楼，又有大碉、小碉之称"，显然当包括"碉房"与"碉"两种，从字义判断，"大碉"很可能指"碉房"，"小碉"则可能是指碉楼。这一点可由乾隆初征瞻对之役的奏报中将当地碉楼分为"战碉"和"住碉"而得到印证。据战报奏称，乾隆初征瞻对之役共焚毁战碉、碉楼760余座，[2]战报中将瞻对的碉楼划分为"战碉"和"住碉"两种：

> 其高大仅堪栖止者，曰住碉，其重重枪眼，高至七、八层者，曰战碉。各土司类然，而瞻对战碉为甚。[3]

---

① 参见刘声木《苌楚斋随笔续笔三笔四笔五笔·三笔》卷七《瞻对情形》，刘笃龄点校，中华书局1998年版，第609—610页。

② 参见程穆衡《金川纪略》卷一，载《金川案、金川六种》，《西藏学汉文文献汇刻》第3辑，西藏社会科学院西藏学汉文文献编辑室编印1994年版，第259页。

③ 参见《西藏研究》编辑部《清实录藏族史料》，乾隆十一年十二月丙子条，西藏人民出版社1982年版，第569页。

很明显，"住碉"乃指当地人"栖止"之所，即"碉房"；而"重重枪眼高至七、八层者"的"战碉"，则显然专指碉楼。因"战碉"主要为作战之用，故清朝廷在瞻对之役后的善后事宜中特别规定："嗣后新定地方，均不许建筑战碉，即修砌碉房，亦不得高过三丈，违者拆毁治罪"，① 并令当地统辖土司每年差土目分段稽查，严禁修筑"战碉"，仅留"住碉"居住。"战碉"一词在后来征金川之役中也多被使用，如张广泗在向朝廷的奏陈中写道：

> 臣自入番境，经由各地，所见尺寸皆山，陡峻无比，隘口处所，则设有碉楼，累石如小城，中峙一最高者，状如浮图，或八九丈十余丈，甚至有十五六丈者，四围高下，皆有小孔，以资瞭望，以施枪炮。险要尤甚之处，设碉倍加坚固，名曰战碉。②

由上可见，明清以来，史籍中普遍出现了有关川西高原地区"碉房"的记载。但从记载看，明清时代的史家很清楚地将当地具有碉之性质的建筑分成了两种：即"高二三丈者谓之笼鸡，十余丈者谓之碉"，"碉房"与"碉"主要是按其高度来加以区别。到清代，亦曾从战事的角度将两者分别称作"住碉"和"战碉"，从"其高大仅堪栖止者，曰住碉，其重重枪眼高至七、八层者，曰战碉"记载看，两者的区别除高度外，还增加了另一个重要因素，即是否供人居住。从这一角度说，"住碉"与"战碉"称呼似更能反映两者在性质上的差异。因此，无论从"高二三丈者谓之笼鸡，十余丈者谓之碉"，还是从"住碉"与"战碉"的区分来看，明清时代史家对川西高原地区"碉房"与"碉"区分以及两者的差异是十分清楚的。

但从清代开始到民国时期，由于对"碉房"的内涵及与"碉"的区分已不甚了解，一些文献中开始出现将"碉"与"碉房"相混淆的记载。一

---

① 参见《西藏研究》编辑部《清实录藏族史料》，乾隆十一年六月戊子条，西藏人民出版社1982年版，第558页。
② 参见来保等《平定金川方略》卷3，全国图书馆文献缩微复制中心1992年版，第67页。

图 63　四川省甘孜州道孚县扎巴碉房

种情况是将"碉"混同于"碉房"，如清人陆次云《峒溪纤志》说："松潘，古冉驰地，积雪凝寒，盛夏不解。人居累石为室，高者至十余丈，名曰碉房。"这段文字即将"高者至十余丈"的"碉"称作"碉房"。因对"碉房"与"碉"不加区分，《清实录》中还出现这样的记载："查口外番夷，均住碉楼，随处各成寨落，栖身拒敌皆于此。其碉房枪眼，高下俱可放枪。每碉数人防守，兵便难过"。① 按此记载，则势必得出当地人"均住碉楼"的错误印象。清人笔记《永宪录》卷二中记："按乌思藏王居人挤座。累石巢居。高十余丈。亦曰碉房也。"《啸亭杂录》在谈到金川时亦记："其番民皆筑石碉以居。"② 这一类误导流弊甚广，以致在民国时期著作中还出现这样的记载："西康的居民，大部分属西番，……夜晚的时候，又有碉房可居。你知道碉房是一种什么东西呢？原来碉房又叫碉楼，形状很像一座方塔，愈上愈窄，最高的有十多丈。四面陡削，几乎没有着脚的地方，但是番人上去

---

　　① 参见《西藏研究》编辑部《清实录藏族史料》，乾隆三十七年二月甲戌条，西藏人民出版社1982年版，第1569页。

　　② 参见（清）昭梿撰，何英芳点校《啸亭杂录》卷4《金川之战》，中华书局1980年版，第97页。

下来，却是极其灵便。无事的时候，他们就作为住宅，一旦有警，则又改作炮台，可以在碉眼内攻击敌人。碉房既然建筑得如此高大，自然不是普通一班人之所能有，所以还是住在帐幕中的居多。"① 说明民国时期一些人已完全不清楚古人所言"碉房"的内涵，故出现"碉房又叫碉楼"及称当地人均住"碉楼"的误载。

综上所述，对古人所言"碉房"一词，我们可以得出如下几点认识：

"碉房"一词主要使用于明、清时代，是其时中原史家对川西高原碉楼分布地区多层结构石砌住宅的一个特定称呼，又被称作"笼鸡"。一般来说，碉房多为三层，即古人所云"货藏于上，人居其中，畜圈于下"之结构。碉房是碉楼分布地区相对于"碉"并同"碉"具有某些共同特点的一种住宅形式。古人对"碉房"与"碉"的区分是十分清楚的。在古人眼中，区分"碉房"与"碉"的标准主要有两个：一个是高度，即"高二三丈者，谓之笼鸡"（碉房），高"十余丈者谓之碉"；另一个则是住人与否，"货藏于上，人居其中，畜圈于下"者为"碉房"，不住人者则为"碉"。故到清代。随着同川西高原碉楼地区战事增加及对碉楼认识的深化，清人又从是否住人及战事的角度进一步将"碉房"与"碉"分别称作"住碉"和"战碉"，对碉房，即"其高大仅堪栖止者，曰住碉"；对"碉"即"其重重枪眼高至七、八层者，曰战碉"。这是对"碉房"与"碉"更明确的一种区分。

到近代特别是民国时期，由于时代变迁，人们对古人所云"碉房"的内涵已不甚了解，加之一些人士并未实地到过青藏高原地区，所以文献中开始出现将"碉房"与"碉"相混淆的记载，以致出现了"碉房又叫碉楼"，甚至得出当地民众"均住碉楼"的认识。其实，这种错误一定程度上在今人的相关论述仍然得到延续，所以，一些学者或按字面意思望文生义地来解释"碉房"，或将"碉房"与"碉"混为一谈。事实上，在青藏高原地区，碉楼一般是不住人的，也不作为住宅来使用。在过去传统社会中，碉楼除在发生战事时作防御掩体使用外，平时还有一个重要功能，即作为祭神的场所。如生活在鲜水河流域的扎巴藏人即将与房屋相连的四角碉称作"拉康"（此词非扎巴语，为藏语之借词，系"神堂"之意），为"经堂"、"神殿"之

---

① 参见刘如虎《青海西康两省》，商务印书馆1933年版，第29页。

意。这种与房屋相连的碉楼多是"将整栋碉楼作为祭祀和设置佛龛用，其除僧侣外绝不准外人进入"。[1] 就此而言，将"碉房"与"碉"相混淆，必导致对当地文化的严重误解与歪曲。

作为青藏高原地区一种特有的住宅形式，碉房主要为三层结构、"高二三丈"，它的产生除了适应自然环境和气候条件等因素外，尚有着深厚的文化基础。我们知道，在佛教传入前，藏地曾经历了一个漫长的苯教流行的时代。一般认为，苯教在藏地的发展经历了笃苯、伽苯、局苯三个阶段。"笃苯"被认为是藏地本土最早最古老的原始宗教。[2]《土观宗派源流》在谈到"笃苯"时云："当时的笨教，只有下方作镇压鬼怪，上方作供祀天神，中间作兴旺人家的法事。"[3] 也就是说，在"笃苯"的观念中，宇宙乃被分为上、中、下"三界"，上方为"天神"所居；中间为"人"所居，下方则为"鬼怪"所居。这种宇宙观在藏地民间可谓根深蒂固，即便是在"伽苯"和"局苯"阶段，它仍然作为"底层"文化而有着深远的影响。其实，我们不难发现，多为三层结构的"碉房"，其空间结构同苯教中的"三界"观念乃呈完全对应的关系。在汉地史实对碉房"货藏于上，人居其中，畜圈于下"的描述中，"货藏于上"只是看到了表面，其实"碉房"上层最重要的功能乃是供祀，将一切供祀神与佛的法物、供品及活动均置于房屋上层，这是藏地民居的一个普遍规律。凡为多层结构的房屋，其顶层不仅设置有经堂，房顶插有经幡，同时祭神焚香（当地俗称"熏烟烟"）的炉灶等也均置于房顶。[4] 这种将一切祭神及与信仰相关的神圣事物置于房屋上层的做法，正与苯教中"上方作供祀天神"相吻合。而碉房的"人居其中"和"畜圈于下"则分别同"中间作兴旺人家的法事"、"下方作镇压鬼怪"的苯教观念相对应。所以，碉房的空间布局结构中乃蕴涵了藏地古老的宇宙观。

从广泛的意义上说，虽然青藏高原地区凡三层结构及其以上的房屋均可

---

[1]　参见刘勇、冯敏等《鲜水河畔的道孚藏族多元文化》，四川民族出版社 2005 年版，第 36 页。

[2]　刘立千认为"笃苯"之含义"意为涌现本，指本土自然兴起的苯教，即原始苯教。"参见土观·罗桑却季尼玛著，刘立千译注《土观宗派源流》，民族出版社 2000 年版，第 342 页。

[3]　同上书，第 194 页。

[4]　参见恰白·次坦平措著《论藏族的焚香祭神习俗》，达瓦次仁译，载《中国藏学》1989 年第 4 期。

称作"碉房",但"碉房"毕竟是一个缘自古人的词汇,是相对于"碉"而产生的概念,它主要是指在青藏高原碉楼分布地区与"碉"相对应且具有某种"碉"之性质的独特住宅建筑形式。所以,今天我们使用此概念时至少需要注意两点:一是我们应当充分认识并遵从古人所言的"碉房"一词的内涵,而不宜望文生义地来加以理解;二是"碉房"既然是相对于"碉"而产生和存在的一个概念,我们在使用此概念时就必须明了古人对于"碉"与"碉房"的区分,而切忌将"碉"与"碉房"混为一谈。我们注意到,一些学者在有关青藏高原碉楼的论著中常使用"高碉"和"古碉"一词①,这或许是为了更好突出碉楼的特点,以避免"碉楼"与"碉房"之间的混淆。但我们认为,只要充分了解古人所谓"碉房"的内涵及其与"碉"的区分,使用"碉楼"一词来指称"碉"或许更为清晰、明了。

---

① 采用此提法的文章见于夏格旺堆《西藏高碉建筑刍议》,载《西藏研究》2002 年第 4 期;杨嘉铭《四川甘孜阿坝地区的"高碉"文化》,载《西南民族学院学报》(哲学社会科学版),1988 年第 3 期;杨嘉铭《丹巴古碉建筑文化综览》,载《中国藏学》2004 年第 2 期。

第 三 章

青藏高原碉楼的区系类型:
横断山区系类型

第一节 青藏高原碉楼的两大区系
类型的划分及特点

青藏高原碉楼的分布范围较为广阔,由川西高原向西延伸至西藏南部的喜马拉雅山脉地区。从总体格局来看,碉楼主要集中于青藏高原东南部和南部沿河流两岸的高山峡谷区域,形成两大碉楼分布带。其范围恰好与青藏高原的横断山脉高山峡谷区和喜马拉雅高山峡谷区大致对应。为进一步认识和研究青藏高原碉楼,我们将青藏高原的碉楼划分为横断山区系类型与喜马拉雅区系类型两大类。

横断山区系类型碉楼分布在岷江、大渡河、雅砻江、金沙江、澜沧江和怒江六江流域的广大农牧混合区域,即东起岷江,西抵伯舒拉岭,北界昌都、甘孜至马尔康一带,南抵云南迪庆的山区。其中,岷江、大渡河、雅砻江流域的碉楼分布最为密集,数量最多。因石材资源充足,横断山区系类型碉楼以石砌碉楼为主,在四川稻城、乡城、得荣、巴塘、木里、新龙、云南德钦、中甸等地区及岷江上游汶川等羌族地区也有少量土夯碉楼,土碉的建筑结构与石碉相同,系仿照石碉而建。

喜马拉雅区系类型碉楼分布于雅鲁藏布江及其支流流域、喜马拉雅山脉

图64　四川省甘孜州道孚县扎巴碉楼

北麓的河谷地带，尤其以西藏山南地区碉楼分布最为集中。喜马拉雅区系类型的碉楼可分作石碉与土碉两类，数量均较多，有时交错分布或混杂于同一地区。石碉在西藏山南洛扎县、隆子县、加查县、错那县和日喀则的聂拉木县等地均有分布。土碉则集中分布在山南措美县、隆子县等地，这与当地缺乏充足的石材有关。

处在同一区系类型范围内的碉楼结构与建筑特点存在着极大的一致性，但是两大区域内碉楼的构造与建筑特征各具特色。具体表现在建筑形态、平面形制、内部构造及特殊的建筑特征等方面。

一　横断山区系类型的主要特征

（一）碉楼建筑平面形制多样，以各类多角碉为突出特征

横断山区系类型碉楼建筑平面形制丰富，以四角方形为主，而且大多是正方形四角碉，但是同时存在着三角、五角、六角、八角、十二角、十

图65　四川省甘孜州丹巴县中路乡碉楼

三角、十六角等多种形态的碉楼。多角碉楼以石砌碉楼居多数。各类多角碉楼数量不等，八角碉居多，其余类型的多角碉数量有限或已不存。各种多角碉楼分布区域有别，大渡河中上游流域类型最为多样。多角碉是在四角方形碉楼基础上衍生而来的特殊形体碉，外部角呈向外突出状，构成数条角脊，平面形制多为规整的、比例匹配的多角形。

（二）多数碉楼内部为单室，无间隔

横断山区系类型多数碉楼内部空间较为狭窄，不分隔间，为单室。多角碉单室平面形制略有不同，内部造型相对统一。四角碉单室平面形制为方形，十二角碉为曼陀罗造型，六角、八角碉为圆形。碉楼内部单室以木制楼板相隔，分为多层，借助独木梯上下楼，愈向上层，空间愈狭小。

（三）从外部造型来看，碉楼碉体普遍高大、瘦长

横断山区系类型碉楼依山就势而建，墙体瘦削，碉体高大，平均高度往

往至二三十米。现存最高者当属金川马尔邦乡与曾达乡交界处曾达关金川河西岸半坡处的一座石碉，高达 49.5 米，墙体厚 0.9 米，是目前已知保存较好的最高碉楼。

（四）碉体占地面积大多较小

横断山区系类型的四角碉楼底层占地面积普遍不大，底座较小，长、宽有限，且大致相等，横剖面内外呈方形。现存最高的碉楼——"金川碉王"底边仅 3 米。碉体偏大、底层面积较大的碉楼一般为多角碉。

二 喜马拉雅区系类型的主要特征

（一）碉楼墙体的特殊建筑构造——凹形竖状槽

碉楼墙体修筑凹形竖状槽是喜马拉雅区系类型碉楼的突出特点之一。以西藏山南措美县乃西村台巴组石砌碉楼为例，该碉为片石混合黏土砌筑而成。整体平面形制为四角矩形。从立体视角来看，整个碉体呈扁平状。每层墙面设有若干射击孔或瞭望孔。门仅开于碉楼正面下方，木制，较低矮，呈长方形。碉体正面的中部向碉体内凹，自上而下形成一道长条形的

图 66 西藏山南措美县波嘎土碉的隔墙残迹

竖状槽,向下直通碉门。从碉楼底部通达临近顶部的长方形缺口处,以短横木为顶,没有延伸至碉楼顶部。凹形竖状槽内墙面上用横木间隔为多个隔层,每隔层间以片石垒砌,并留开有正方形窗口,现已用石块堵塞。据实地调查得知,此凹形竖状槽的作用在于防御,门开于凹形竖状槽下方,是碉楼唯一的入口。一旦外敌攻碉,需由此门进入碉内。守碉者可由凹形竖状槽墙面开设的窗口处向下投放石块抵御,使碉楼易守难攻。类似的凹形竖状槽也同样见于土碉中,如山南隆子县日当镇俄西村的土残碉,一面留有一条竖长条形的缺口,可进出碉楼。依据实地勘察,此缺口原应搭建有木质结构,构成一条贯通上下的凹形竖状槽,与台巴组石碉相仿。门开于下方,守碉者可由上方投掷石块等。具有凹形竖状槽的碉楼在山南地区较为普遍,尤其以洛扎县、隆子县、措美县最为集中,其数量占一半左右,是喜马拉雅区系类型碉楼的代表性建筑构造。

(二)碉楼内部有间隔,分为多个单室

喜马拉雅区系类型的碉楼内部结构较为独特。无论是石砌碉楼,还是夯土碉楼,大部分碉楼内部均筑有间隔,每层或垒砌石块,或夯筑短墙,或用木桩搭建间隔,形成多个单室。碉楼内部修筑间隔,一方面是由于碉楼内部楼层面积较大,需要间隔为多室,以分其力,有助于碉楼的加固。更为重要的是,当地的生态环境较为恶劣,木材极为匮乏,用楼层内部砌筑间隔的方式可以弥补这一缺陷。

(三)碉楼建筑形态以四角碉为主,不少碉楼的碉体呈扁形

喜马拉雅区系类型范围内绝大多数碉楼的平面形制以四角形居多。其中,土碉基本上均为矩形四角碉。多数夯土碉楼和部分石砌碉楼的长、宽区别明显,碉体较为扁平,正面宽大,形成颇具地域性特征的扁形碉体类碉楼。

(四)碉楼碉体相对低矮,墙体厚重,底层占地面积大

就内部空间与高度而言,喜马拉雅区系类型的土碉内部空间普遍宽阔,碉体占地面积较大,墙体厚重,可至 1.5 米。由于夯土建筑不易高筑,除极个别的特例外，土碉普遍较低矮。石砌碉楼高于土碉，一般高十余米。

三　横断山区系类型与喜马拉雅区系类型的主要划分标准

两大区系类型碉楼之间具有许多显著的共性，但是根据相关考古资料、研究成果和实地勘察结果，结合两大区系类型碉楼的主要特征分析，可以看出，两者在建筑构造及其特点上具有明显的差异，这是我们划分青藏高

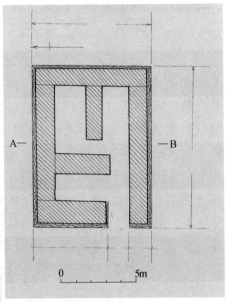

图67　西藏山南隆子县列麦乡
羊孜碉楼平面线图

原碉楼两大区系类型的主要标准。

（一）碉楼平面形制的多样性与单一性

依据考古发现及青藏高原早期建筑形式的分析可以看出，四角碉应是青藏高原碉楼的母体类型，也是最为常见的碉楼类型。在四角碉中，依据边长又可区别为正方形四角碉和矩形四角碉两个亚类。正方形四角碉大多分布于横断山脉区系类型内。矩形四角碉多分布在喜马拉雅区系类型中，而且为扁形碉体碉楼。但是

图68　措美县乃西村台巴组石碉

图69　西藏山南措美县乃西村特巴组石碉

在四角碉的基础上，横断山区系类型碉楼衍生出各种多角碉，有着极为丰富的几何状平面形制，与喜马拉雅区系类型碉楼中较为单一的矩形四角碉形成较大的反差。

（二）内部建筑构造主要区别——隔间

两者内部建筑构造最大的不同之处在于有无隔间。喜马拉雅区系类型碉楼内部每一层均普遍筑隔墙，与碉体相连，成为多个单室相隔的内部构造。这种内部建筑构造广泛应用于夯土碉与石砌碉楼，表现出强烈的地域性建筑特色。这与横断山区系类型绝大多数碉楼内部为单室、不分隔间的构造差别较大。

（三）碉楼外部造型上的诸多差别

凹形竖状槽是划分喜马拉雅区系类型碉楼与横断山区系类型碉楼的主要标准之一。作为喜马拉雅区系类型碉楼的独特建筑构造，凹形竖状槽从外部造型上直接将两种类型碉楼鲜明地区分开来。此外，碉楼碉体的高度、底层占地面积等因素也是区系类型划分的参考标准。从整体来看，喜马拉雅区系类型碉楼远达不到横断山区系类型碉楼的普遍高度，但其底层

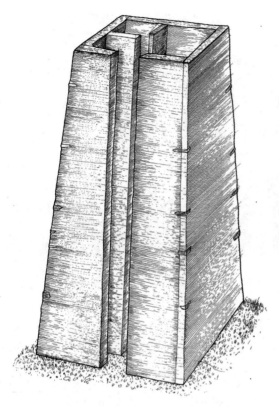

图70　西藏山南隆子县日当镇
俄西村土碉线图

则较为宽厚。

　　青藏高原碉楼两大区系类型的差异性是多重因素造成的，也是值得深入探讨的重要问题，这不仅涉及青藏高原传统建筑模式的演变轨迹，而且关联到隐含在两大区系类型碉楼背后的一系列社会、文化内涵。根据目前的资料，我们尚难以对青藏高原碉楼为何形成两大区系类型及其差异的原因作出全面、明确的论断。但是两大区系类型分布范围内的地理环境与文化传统、政治发展模式的不同，可以在一定程度上揭示出部分缘由。

　　就地质地貌与自然环境而言，青藏高原两大区系类型所处的高山峡谷区差别较大。横断山脉高山峡谷区的地质地貌极为复杂，河谷深切，地表破碎，石材丰富。境内山川南北纵贯，峡谷高差悬殊，气候有明显的垂直变化，植被覆盖率较高，木材资源丰富。藏南喜马拉雅山脉高山峡谷区，特别是西藏山南地区，大多为藏南较为开阔的河谷地带，地势相对平坦，气候较干燥，植被覆盖率低，木材资源匮乏，生态环境十分脆弱。地理环境的差异极大地影响两大区域内碉楼的构造与建筑特点，如碉楼建筑材料的选择，碉体的高度、厚度，有无隔间等，而碉楼构造及建筑特点的地域性差异恰好与两大高山峡谷区的地理范围相对应。因此，地理环境是造成两大区系类型碉楼差别的不可忽视的因素。

　　另一方面，碉楼的建筑构造与两大区系类型范围内不同的社会文化传统与政治发展模式息息相关。在横断山区系类型碉楼分布范围内，多角碉，如八角碉、十三角碉因较为独特，而被认为暗含着宗教神圣性。碉楼的高度与多角碉是权力与财富的一种象征，即高度低矮和角数量的多少与权力、财富呈对应关系。修建多角碉无疑是显示社会和经济地位的最为直接的方式。这是横断山区系类型各类多角碉产生的社会文化基础之一。而喜马拉雅区系类型碉楼，尤其是大量石砌碉楼与宗堡、寺院建筑相互组合，共同构成防御严密的建筑体系。这可能与卫藏地区政治权力的发展模式及其相对集中有关。明代以降，作为地方一级的行政单元，宗政府成为地方性的政治中心，防御体系的构筑是宗堡建筑的重要组成部分。而且，卫藏地区的寺院往往集政教于一体，进而演变为地方性的权力中心，使寺院有足够的能力构建其军事防御体系。因而，卫藏地区碉楼的防御功能得到不断完善。西藏山南地区碉楼修筑凹形竖状槽的目的便在于有效增强防御能力。

青藏高原碉楼划分为横断山区系类型与喜马拉雅区系类型，是根据两者的空间结构、建筑特征诸方面的不同，这主要是着眼于两大区系类型碉楼总体面貌的差异。就具体区域来讲，不同区域内碉楼之间存在着许多不可忽视的重要差别。尽管如此，两大区系类型的划分对于我们从宏观上认识和把握青藏高原碉楼的主要类型特征，并继续深入研究青藏高原碉楼将大有裨益。

第二节 横断山区系类型的碉楼

一 大渡河上游的丹巴碉楼

丹巴地处青藏高原东南边缘，属岷山、邛崃山高山区，是川西高山峡谷区的一部分。行政区划上，其位于四川省西部、甘孜藏族自治州东部，东与阿坝州小金县接壤，南和东南与康定县交界，西与道孚县毗邻，北和东北与阿坝州金川县相连。地理位置为北纬 30°29′—31°29′，东经 101°17′—102°12′。东西最宽约 87 公里，南北最长 105 公里，面积 4721 平方公里，县城所在地章谷镇海拔约 1870 米。县境地势西高东低，海子山海拔 5820 米，为全县最高点；东南方大渡河海拔 1700 米，为全县最低点。境内峰峦重叠，高山对峙，峡谷深邃，沟谷众多，大金川由北向南，先后纳革什扎河、东谷河，在县城汇合而折向东流，纳小金川后始称大渡河，由县东南方出境。

根据 2000 年第五次人口普查统计，全县总人口为 55753 人，其中约 60% 为藏族，30% 为汉族，3% 为羌族，其他 7% 为蒙古族、回族、侗族、苗族、满族、壮族、朝鲜族等民族。辖 1 镇、14 乡，即章谷镇、巴底乡、巴旺乡、聂呷乡、革什扎乡、边耳乡、丹东乡、东谷乡、水子乡、格宗乡、梭坡乡、东女谷乡、岳扎乡、半扇门乡、太平桥乡。

（一）"千碉之国"及其研究

丹巴县因碉楼遗存众多且分布密集，素有"千碉之国"的美誉。据文献记载，"千碉"之名最早见成书于唐初的《隋书·崔仲方传》记：

> 后数载，转会州总管。时诸羌犹未宾附，诏令仲方击之，与贼三十余战，紫祖、四邻、望方、涉题、千碉、小铁围山、白男王、弱水等诸部悉平。

会州指今茂县，小铁围山在今宝兴，千碉有可能即指丹巴地区，此处所言诸部皆在今川西地区。可见，早在隋唐时期，中原人士即已认识到川西高原某区有众多碉楼分布。

20 世纪初，一个叫舍廉艾的法国天主教神甫发现丹巴碉楼后兴奋不已，他拍下了第一张丹巴古碉的照片并寄往法国参加 1916 年在里昂举行的摄影展。自此以后，丹巴碉楼开始为国外人士所知晓。新中国成立前，一些学者如任乃强等人曾亲赴丹巴对碉楼进行过专门考察。20 世纪八十年代以来，随着文物抢救与保护以及旅游热的兴起，外界对丹巴碉楼愈加神往与关注。

丹巴是目前石碉楼分布最集中、数量最多的地方①，可能正是基于此，人们将历史上的"千碉"之名赋予了它。据检索，目前以丹巴"千碉"为名的论文与专著有：杨嘉铭、杨艺的《千碉之国——丹巴》（巴蜀书社 2004

---

① 参见谭建华《中国西部墨尔多神山下的"千碉之国"——世界建筑艺术遗存》，载《中外建筑》2004 年第 6 期；牟子《丹巴高碉文化》，载《康定民族师范高等专科学校学报》2002 年第 3 期。

年版)、邱镇尧的《千碉王国看碉楼》(《传承》2008 年第 3 期)、刘明祥的
《千碉之国——莫洛村》(《小城镇建设》2006 年第 9 期)、周晓的《千碉之
国——丹巴》(《四川党的建设》2006 年第 10 期)、谭建华的《中国西部墨
尔多神山下的"千碉之国"——世界建筑艺术遗存》(《中外建筑》2004 年
第 6 期)、耿直的《"千碉之国"的诱惑》(《民间文化》2002 年第 1 期)、
韦维的《千碉之国》(《中国西部》2005 年第 10 期),等等。鉴于丹巴碉楼
的分布、数量以及形制的典型性,故将其作为横断山区系类型的一个代表性
区域加以描述、讨论。

(二) 碉楼数量

那么,丹巴碉楼的数量究竟有多少呢?该问题实际上可分为两个层面:
一是历史上丹巴地区大致有多少座碉楼?二是丹巴现存的碉楼数量到底有
多少?

杨嘉铭、杨艺在《千碉之国——丹巴》一书中曾依据庄学本所著《丹
巴调查报告》,对清代丹巴碉楼数量作过如下推测:

> 据《丹巴县志》载,清康熙年间丹巴居民户数为 4283 户。如果按
> 照庄学本先生在丹巴中路考察时高碉与人口户数比来计算,丹巴高碉数
> 在当时应在 3000 座左右,平均 1.1 户人家就有一座高碉。[1]

韦维则指出:"据说全盛时有近万座之多"[2],但不知其依据何在。比较
而言,杨嘉铭所做推测似更为可信。今丹巴地区长期流传着过去生子即建碉
的传说,表明丹巴历史上平均每户当有碉一座。不过,对丹巴碉楼历史数量
的实证考察尚存在以下几点难度:一、丹巴之称系由丹东革什咱、巴底、巴
旺三个土司的辖地而得名,历史上并不存在区划严格的丹巴地区。二、历史
上,丹巴碉楼有废弃有重修,因此碉楼的数量应该是一个动态的变化过程。
三、在改革开放以前并无人对丹巴的碉楼数量进行系统的清理。因此,目前

---

① 参见杨嘉铭、杨艺《千碉之国——丹巴》,巴蜀书社 2004 年版,第 89 页。
② 参见韦维《千碉之国》,《中国西部》2005 年第 10 期。

关于丹巴过去碉楼的具体数量只是推测而已。

图 71　四川省甘孜州丹巴县梭坡古碉群

图 72　四川省甘孜州丹巴县革什扎沟民居与四角宅碉

对于今天丹巴碉楼的数量，目前学界存在这三种说法：一种意见认为丹巴现存碉楼数量有 343 座；一种意见认为丹巴境内现有古碉 562 座；还有一种意见认为丹巴境内现有古碉 346 座。前一种意见以杨嘉铭[①]、陈颖、张先进等人为代表，其依据应为 1989 年丹巴县政府对境内存碉情况的普查资料[②]。当时，县政府曾把留存的 343 座古碉列为第一批县级文物保护项目，其中中路、梭坡两乡古碉群最密（中路乡存四角、八角碉 77 座，梭坡乡保存四角、五角、八角、十三角碉共 116 座）[③]。而根据甘孜州文化局的调查，丹巴"现存古碉及遗址总数为 562 座"。韦维也持该观点，他认为丹巴"现境内古碉 562 座

图 73　四川省甘孜州丹巴县中路四角碉

（包括 79 座遗址），其中梭坡乡 175 座（包括 25 座遗址），中路乡 88 座（包括 8 座遗址）。"[④] 持最后一种意见的是牟子，他说："丹巴现有高碉 346 座，高碉遗址若干"。

以上学者的分歧之处在于：有些碉是完整存在，有些碉则是部分遗留，有些是古碉遗迹，因此各自统计的标准不一，则导致碉楼数量的不一致。但

①　参见杨嘉铭《丹巴古碉建筑文化综览》，载《中国藏学》2004 年第 2 期。

②　《丹巴县志》记："八十年代，据文化馆的不完全统计，全县存古碉166 座"。参见四川省甘孜藏族自治州丹巴县志编纂委员会《丹巴县志》，民族出版社 1996 年版，第 591 页。

③　参见陈颖、张先进《四川藏寨碉楼建筑及可持续发展研究——丹巴县中路—梭坡藏寨历史与现状》，载《学术动态》2005 年第 2 期。

④　参见韦维《千碉之国》，载《中国西部》2005 年第 10 期。

今丹巴境内尚存三百多座较完整的碉自可肯定。

（三）碉楼分布及其特征

作为横断山区系类型的典型碉楼分布区域之一，丹巴碉楼分布的重要特征之一便是沿河谷两侧的村寨与山峦分布。今丹巴境内大、小金川与革什扎河、东谷河、大渡河两岸皆交错分布着碉楼与嘉绒民居。这正如杨嘉铭所指出的那样："顺大渡河而下，古碉延伸至与康定孔玉区交界的格宗乡。溯小金河而上，一直延伸到与小金接壤的太平桥乡。逆大金河而上，一直延伸到与金川县毗邻的巴底乡。在沿大金河的两条重要支流革什扎河和东谷河的两岸的村寨和山峦，现在依然可以看到无数的古碉遗迹。"①

分布密集是丹巴碉楼分布的另一个重要特征。据丹巴县文化旅游局实地调查以及牟子的考察，梭坡乡有四角、五角、八角、十三角的高碉116座，其中不到一平方公里范围内的梭坡村寨就有高碉82座，不到一平方公里内的蒲角顶村寨有高碉34座；中路乡现有四角、八角高碉77座，其中66座高碉集中在不到1平方公里的中路村寨。② 杨嘉铭还发现，丹巴碉楼的密集可能与明正土司的统治有密切关联。③

此外，丹巴碉楼分布还有一个重要特征，即碉楼与民居皆依山势而建，错落有致，布局自由、结构松散，体现了人工建筑与自然环境的高度和谐。有学者在对中路、梭坡藏寨聚落进行考察后，认为"中路、梭坡藏寨聚落的最大特点是依山就势，自然散落在高山深谷旁的山坡台地上。聚落中的建筑由碉楼民居与高碉组成，……每个村中各户建筑相互独立，或几户相邻而建，或依山就势、高低错落保持一定距离，布局自由，聚落结构较为松散。……成为高山峡谷地带自然和谐的生态家园。"④ 这是非常正确的。可能正是基于这一点，丹巴藏族村寨2005年被《中国国家地理》评

---

① 参见杨嘉铭《丹巴古碉建筑文化综览》，载《中国藏学》2004年第2期。

② 参见牟子《丹巴高碉文化》，载《康定民族师范高等专科学校学报》2002年第3期；杨嘉铭《丹巴古碉建筑文化综览》，载《中国藏学》2004年第2期。

③ 参见杨嘉铭《丹巴古碉建筑文化综览》，载《中国藏学》2004年第2期。

④ 参见陈颖、张先进《四川藏寨碉楼建筑及可持续发展研究——丹巴县中路—梭坡藏寨历史与现状》，载《学术动态》2005年第2期。

图74　四川省甘孜州丹巴县蒲角顶四角碉

为中国"最美的乡村古镇"。

　　值得注意的是，"大渡河猴子岩水电站对丹巴古碉群文物现状及保护价值影响专题研究"课题组在对梭坡乡（宋达村、呷拉村、泽周村、莫洛村、左比村、泽公村）、中路乡（克格依村、基卡依村、呷仁依村、波色龙村）海拔1900—2900米范围内现存较完整古碉的调查统计发现：

　　　　古碉较集中分布于海拔2300—2700m之间，占总数的八成以上。海拔2100m以下七处，均位于莫洛村，最低为1959.8m，与猴子岩水电站库区淹没线1852m相距107.8m，梭坡乡东风村境内有一座高28米的四角碉，海拔仅为1880m。①

_____

　　①　参见甘孜州文化局《大渡河猴子岩水电站对丹巴古碉群文物现状及保护价值影响专题研究》（征求意见稿），2004年4月打印稿。

表4   丹巴碉楼海拔分布示意图

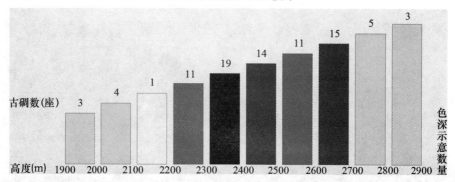

据以上调查，可知丹巴地区的碉楼主要分布在海拔2300—2700米之间的区域，2900米可能是丹巴碉楼分布的一个上限，表明碉楼的分布受到海拔高度的限制。据《丹巴县志》，丹巴的耕地主要分布在海拔1700—3600米之间，可分为三个带区：（1）干热河谷两熟区，耕地分布在海拔2200米以下；（2）两年三熟区，耕地分布在海拔2200—2600米之间；（3）一年一熟

图75   四川省甘孜州丹巴县梭坡乡
莫洛村石碉

图 76　四川省甘孜州丹巴甲居组合碉

区，分布在海拔 2600—3600 米之间。[①] 一般说来，干热河谷两熟区要种植玉米、小麦，可见该区域并非丹巴藏族的传统耕作区域。一年一熟区只能种植春小麦、青稞、胡豆、豌豆或一季冬麦，亩产低，而且该区易受霜、低温、冰雹等自然灾害影响，产量不稳定。相比较而言，两年三熟区才是丹巴藏族传统上赖以生存与发展的农作区域。该区域有以下几点需要引起注意：

一、两年三熟区的农作区域基本上与丹巴碉楼的集中分布区域相重合，即都位于两千二三百米至两千六七百米之间；

二、该区域正位于高出河床 500—600 米以上的山前二级台地缓坡上，人类生存发展空间较大，既无山洪之虞，亦距水源较近；

三、目前丹巴所发现的重要古遗址及石棺葬分布区基本上都位于 2200—2700 米之间。[②]

由此可见，丹巴碉楼的发展与传统农业的发展有着直接的对应关系。益

---

① 参见四川省甘孜藏族自治州丹巴县志编纂委员会《丹巴县志》，民族出版社 1996 年版，第 194 页。

② 参见陈剑《大渡河上游史前文化寻踪》，载《中华文化论坛》2006 年第 3 期。

希汪秋通过对中路乡产粮区的考察，发现其大多位于海拔 2895 米以下区域。[①] 前已指出，2900 米正好是丹巴碉楼分布的海拔上限。不仅如此，丹巴碉楼的分布与该区域古遗址、遗迹亦相重合。

（四）碉楼的形制与高度

从外形上来看，今丹巴地区现存碉楼有四角、五角、八角、十三角，其中以四角为主。如据牟子调查，梭坡乡有四角、五角、八角、十三角高碉共 116 座。[②] 杨嘉铭通过实地调查后指出："丹巴高碉中现有四角、五角、八角、十三角四种类型。"[③] 不过，除以上四种类型的碉外，丹巴地区在过去还存在其他多种类型。如据彭建忠介绍，他与陈隆田于 1970 年在革什扎乡大寨村一个名叫安安地方的一陡崖边看到过一座废弃的三角残碉，今已不存。[④] 至于五角碉楼，杨嘉铭指出原有 3 处（中路、宋达、梭坡各 1 座），现仅存梭坡一座；周小林则认为现存 5—7 座，[⑤] 其具体数量有待进一步核实。中路原有六角碉 2 座，今已不存。此外，周小林在丹巴县考察碉楼时，闻说在丹巴县东谷乡牦牛村曾有一座十六角碉楼，惜毁于"文化大革命"期间。从现有青藏高原高碉及其遗存类型与类型传说看，计有四角、五角、六角、八角、十二角、十三角、十六角不等，而丹巴地区除十二角这一类型外（此种类型可见于西藏林芝工布江达县境内的秀巴碉楼），其他各种类型均有。这足可说明，丹巴地区历史上是青藏高原区域碉楼类型最丰富的地区。

若从建造碉楼的材料类型看，今青藏高原地区碉楼的建筑材料大致可分为三类：一是石砌外部墙体，内部楼层用木，今丹巴碉楼主要属此类型；一

---

① 参见益希旺秋《中路藏族聚落环境调查》，郎维伟、艾建主编：《大渡河上游丹巴藏族民间文化考察报告》，四川省民族研究所 2001 年版，第 83 页。

② 参见牟子《丹巴高碉文化》，载《康定民族师范高等专科学校学报》2002 年第 3 期。

③ 参见杨嘉铭、杨艺《千碉之国——丹巴》，巴蜀书社 2004 年版，第 93 页。

④ 据说该碉剖面为等边三角形，边长约 10 米，边墙略为内敛而呈弧形，残高约 6 米。参见杨嘉铭、杨艺《千碉之国——丹巴》，巴蜀书社 2004 年版，第 93 页；周小林《周小林碉楼建筑艺术随笔》（5），http：//www.youduo.com/forum/viewthread.php? tid = 17093&extra = page%3D1。

⑤ 参见周小林《周小林碉楼建筑艺术随笔》（5），http：//www.youduo.com/forum/viewthread.php? tid = 17093&extra = page%3D1。

图 77 四川省甘孜州丹巴巴底古碉与民居

是泥夯外部墙体,内部楼层用木,今四川甘孜藏族自治州的乡城、得荣、巴塘以及西藏自治区的山南等地多属此类型;一是石砌、泥夯外部墙体相结合,内部楼层用木的泥石混合碉,杨嘉铭在金沙江畔白垭乡发现1例。①

对于丹巴碉楼的高度,历来诸家没有一个统一的说法。杨嘉铭认为,丹巴碉楼"高度低者15米,多数在15—35米之间,高者达40余米。"② 西南交通大学《中路梭坡藏寨碉群》保护规划组在中路、梭坡两地曾实测古碉高度最高值为42.8米。③"大渡河猴子岩水电站对丹巴古碉群文物现状及保护价值影响专题研究"课题组通过调查,认为:"碉高一般为20余米,最高者可达60余米。古碉内一般有10余层至20余层"。④ 牟子认为,碉楼"最矮的也有20几米,最高的可达到50余米,一般在三四十米左右的居多"。⑤ 据

① 参见杨嘉铭、杨艺《千碉之国——丹巴》,巴蜀书社2004年版,第93页。
② 参见杨嘉铭《丹巴古碉建筑文化综览》,载《中国藏学》2004年第2期。
③ 同上。
④ 参见甘孜州文化局《大渡河猴子岩水电站对丹巴古碉群文物现状及保护价值影响专题研究》(征求意见稿),2004年4月打印稿。
⑤ 参见牟子《丹巴高碉文化》,载《康定民族师范高等专科学校学报》2002年第3期。

说，法国女士芙瑞塔在梭坡左比村用仪器测出一高碉高 67 米。[1] 由于丹巴现存碉楼建造历史较长，日久月深自然会风化不少，而且由于多为危楼致实测难度大，故对于丹巴碉楼最高的到底有多高尚需进一步核实。

（五）丹巴碉楼的建筑技术

丹巴碉楼属于石砌外部墙体、内部楼层用木类型，其建材大多就地取材。20 世纪任乃强先生曾对碉楼建筑技术作出如下描述：

> 康番各种工业，皆无足观。惟砌乱石墙之工作独巧。"番寨子"高数丈、厚数尺之厚墙，什九皆用乱石砌成。此等乱石，即通常山坡之破石乱砾，大小方圆，并无定式。有专门砌墙之番，不用斧凿锤钻，但凭双手一把，将此等乱石，集取一处，随意砌叠，大小长短，各得其宜；其缝隙用土泥调水填糊，太空处支以小石；不引绳墨，能使圆如规，方如矩，直如矢，垂直地表，不稍倾畸。并能装饰种种花纹，如褐色砂岩所砌之墙，嵌雪白之石英石一圈，或于平墙上突起浅帘一轮等是。砂岩所成之砾，大都为不规则之方形，尚易砌叠。若花岗岩所成之砾，尽作圆形卵形亦能砌叠数仞高碉，则虽秦西砖工，巧不敌此。此种乱石高墙，且能耐久不坏。曾经兵燹之处，每有被焚之寨，片椽无存，而墙壁巍然未圮者。余于丹巴林卡南街，见一供守望用之碉塔，……据土人云，已百余年，历经地震未圮，前年丹巴大地震，仅损其上端一角，诚奇技也。[2]

杨嘉铭、杨艺在《千碉之国——丹巴》一书中也对丹巴碉楼的修建技术做过如下的描述：

> 各种碉的建筑技术基本相同。均先发掘取表土至坚硬的深土层，基础平整后便开始放线砌筑基础，基础一般采用"筏式"基础，即整个基

① 参见杨嘉铭、杨艺《千碉之国——丹巴》，巴蜀书社 2004 年版，第 105 页。
② 参见任乃强《西康图经·民俗篇》，西藏古籍出版社 2000 年版，第 252—254 页。

础遍铺石块，然后加添黏土和小石，使基础形成一个整体，以避免地基的不均匀沉陷和增大地基的承载力。地基的宽窄和基础的厚度，视其所建高碉的大小和高度而定。其建筑墙体用的材料全部取自当地的天然石料和黏土，木材亦砍伐自当地附近的山林。修建高碉时，砌筑工匠仅依内架砌反手墙，全凭经验逐级收分。在砌筑过程中，一般砌至 1.40—1.60m 左右，即要进行一次找平，然后用木板平铺作墙筋，以增加墙体横向的拉结

图 78　四川省甘孜州丹巴中路五角碉

力，避免墙体出现裂痕。在墙体的交角处，特别注意交角处石块的安放，这些石块，既厚重、又硕长，俗称"过江石"，以充分保证墙体石块之间的咬合与叠压程度。在砌筑过程中，同时还要注意墙体外平面的平整度和内外石块的错位，禁忌上下左右石块之间对缝。细微空隙处，则用黏土和小石块填充，做到满泥满衔。①

综合以上对丹巴碉楼修建技术的描述，我们可以发现以下几个重要

① 参见杨嘉铭、杨艺《千碉之国——丹巴》，巴蜀书社 2004 年版，第 102 页。

事实：

第一，丹巴碉楼系就地取材，多系乱石堆砌叠筑而成，反映了丹巴藏族掌握了高超的石砌技术。故任乃强先生叹曰："若花岗岩所成之砾，尽作圆形卵形亦能砌叠数仞高碉，则虽秦西砖工，巧不敌此"、"诚奇技也"。杨嘉铭指出："修建高碉时，砌筑工匠仅依内架砌反手墙，全凭经验逐级收分"，可见在叠砌碉楼过程中经验最为重要，反映这种技艺当系代代传承而来。"各种碉的建筑技术基本相同"，也说明丹巴碉楼的建筑技术已经非常成熟、完善。

图79　四川省甘孜州丹巴巴底土司官寨碉

第二，丹巴碉楼需建立在牢固的地基之上，地基系"遍铺石块"，所建碉如愈高愈大，则地基愈宽愈厚。之后每砌到一定高度（1.40—1.60米），即找平后"用木板平铺作墙筋，以增加墙体横向的拉结力，避免墙体出现裂痕"。此外，在交角处要特意安放又大又重的"过江石"以保证"墙体石块之间的咬合与叠压程度"。

第三，石块与石块之间忌"上下左右石块之间对缝"，必须是错位相叠，

"其缝隙用土泥调水填糊,太空处支以小石"或"细微空隙处,则用黏土和小石块填充,做到满泥满衔",以此可保证碉楼的一体性与稳固性。因此,丹巴地区的碉楼能历经地震与战火而能巍然未圮。

（六）丹巴碉楼的几个重要特征

与青藏高原其他区域的碉楼相比,丹巴的高碉尚具有以下几个特别之处:

第一,碉楼的楼门一般开在两层以上,底部基脚一般是用巨石填砌成实心。在《丹巴高碉文化》一文中,牟子在谈到丹巴碉楼的占地、高度之后,特别指出:"高碉墙体极其深厚,丹巴高碉与其它碉楼不同的地方是所有碉楼的楼门都开在两层以上,底部基脚一般都是用巨石填砌的实心。"[1] 这种在碉楼底层用巨石填实的做法究竟是为了碉楼坚固,还是出于战争防御目的?尚有待进一步调查、探讨。

第二,碉楼既是丹巴藏族男子从出生、成长至成年的见证,也是丹巴女子成年仪式的见证,这一点基本上不见于青藏高原除嘉绒以外的其他碉楼分布区。丹巴地区过去凡生男孩即备石、泥、木准备建碉,此后男孩每长 1 岁便修碉 1 层,直至 18 岁在建好的碉下举行成丁仪式。女孩 17 岁成年,也需在古碉下举行成年礼。[2]

第三,丹巴碉楼的功能内涵十分丰富,除外界通常认为的以户为单位修建的家碉以及用于军事防御的战碉外,尚有瞭望碉、哨碉、烽火碉、土司官寨碉、寨碉、界碉、风水碉、要隘碉、房中碉、经堂碉、阴阳碉、姊妹碉、公碉、母碉等名称。[3]

第四,在丹巴地区,围绕着碉楼演绎了许多传说与故事。如"乾隆打金川的传说"、"求偶建碉的传说"、"阴阳碉的传说"、"墨尔多神山仙洞的传说"、"岭岭甲布建十三角碉的传说"、"两个大力士比武的传说"、

① 牟子:《丹巴高碉文化》,载《康定民族师范高等专科学校学报》2002 年第 3 期。

② 杨嘉铭:《丹巴古碉建筑文化综览》,载《中国藏学》2004 年第 2 期。

③ 杨嘉铭、杨艺:《千碉之国——丹巴》,巴蜀书社 2004 年版,第 94、95 页。

"丹巴生子建碉的传说"，等等。这些传说与故事中蕴藏着丰富的民族学、民俗学内涵，从一个侧面反映了丹巴碉楼文化的丰富性。除传说、故事外，丹巴碉楼还与许多民俗事象有密切关联，这一点将在第六章中予以详细论述。这表明丹巴的碉楼文化具有浓厚的原生性、民间性等特点。

第五，丹巴碉楼与当地民居建筑有着相当紧密的关系，如两者的修建技术相同、建材相同、平民之碉与居室相连。此外，丹巴民居建筑普遍较高（一般为四层），且顶部为象征建造高碉位置的"拉吾则"。《千碉之国——丹巴》在"丹巴高碉与民居及其建筑技术"一节中对此已有详细论述，此处不赘。

二　岷江上游汶川布瓦羌寨的土碉群

布瓦碉楼群①位于四川省汶川县威州镇克枯乡布瓦村，地处岷江以西与杂谷脑河汇合之处的高山地带，可俯瞰汶川县城（图80）。

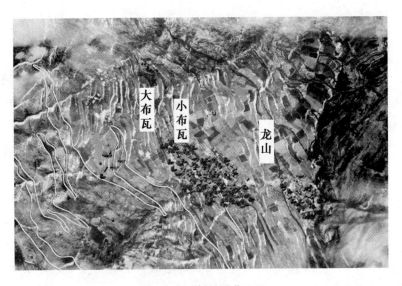

图80　布瓦村地理位置图

———————

① 参见陈剑《震中汶川考古新发现》，"跨社会体系：历史与社会科学叙述中的区域、民族与文明"研讨会发言稿；庄春辉《川西高原的藏羌古碉群》，载《中国西藏》2004 年第 5 期。

布瓦村下辖四个村民小组,以分布海拔高度自下而上分为三个小地理单元:大布瓦(一、二组)、小布瓦(三组)、龙山(四组)(图81)。

图81　布瓦村寨鸟瞰图

布瓦村境内共发现黄土及石结构碉楼、残碉楼、碉楼遗址49座,依山傍势,呈南北分布。早期碉楼遗址多分布在北部,中期多分布在一组和四组,晚期分布在二、三、四组。整个群碉分布,东西长4000米,南北宽3000米。

黄土碉楼及遗址45座,多位于大、小布瓦及龙山的寨内,均为四角碉,碉身为黄泥土夯筑。现存较完整的黄土碉有5座,分布在布瓦村中东西长200米,南北宽150米的范围内。5座黄土碉通高不一,从18米到20米不等。土碉外墙无任何装饰,每面都笔直如削。碉体平面呈长方形,底边长4.5米,宽1.64米,墙厚0.74米,整体下大上小,略带收分。黄土碉层数从7层至9层不等,内置木质楼架分层。每碉第一层底部东墙中部开一门,高1.8米,宽0.9米,第四层东墙中部及第五层南墙上各开有一道小门,高

图82 布瓦黄土碉远景

图83 布瓦黄土碉近景①

1.4 米，宽 0.8 米。每层均开有 1—2 个竖长方形或小三角形的瞭望或射击孔，孔高 0.2—0.3 米，宽 0.1—0.2 米，顶有木质斗拱建筑以蔽风雨（图82、图83）。

石砌碉楼及遗址 4 座，位于龙山村寨边缘的山脊之上，具有界碉性质。其中八角碉和六角碉已毁，五角碉和四角碉尚存，为明、清时所建成。此种碉均用石块或石片为材料，用小石块揳缝，黄色黏土掺合草为黏合剂，搭成上小下大、高四米到数十米不等的截顶锥体。碉墙下宽上窄，内直外斜，略带收分，逐层垒砌，内置横梁隔成数层，横梁同时亦起支撑拉扯的墙筋作用。

2008 年，布瓦群碉在"5·12"汶川大地震中受到严重损坏。为科学、系统地推进布瓦群碉的灾后维修工作，汶川县文物管理所、成都文物考古研究所、阿坝藏族羌族自治州文物管理所联合组成"布瓦黄泥群碉及民居村寨"田野考古调查及勘探工作队。2009 年 4 月 29 日至 5 月 16 日，考古工作队入驻布瓦村，对布瓦碉楼群开展了详细勘察，并绘制出详细的大布瓦村碉楼分布图，经调查

---

① 图82、图83 来源于《周小林建筑艺术随笔》，友多—搜狐博客 http://youduowawa.blog.sohu.com/。

共发现大布瓦村碉楼 22 座。其中较完整的碉 3 座,编号为 BW 甲 DL1—3;
残碉 9 座,编号为 BW 乙 DL1—9;仅存遗址的碉 10 座,编号为 BW 丙
DL1—10(图84)。

图 84　大布瓦村碉楼分布图

工作队还对大布瓦编号为 BW 丙 DL—7 和 BW 丙 DL—10 的两座碉进行
解剖发掘,清理出碉楼基槽、活动地面、覆盖叠压地层等:

1. BW 丙 DL—7

BW 丙 DL—7 位于大布瓦村南部,碉楼北面、西面与东面均有房屋,南
面为空地(图84)。

整座碉楼仅北壁仍残存黄土碉体,其第一层中部开有门洞,高 1.4 米,
宽 0.8 米,顶有木质斗拱。地下挖有基槽,深约 0.5 米。自槽底至门洞一半
高处用石块砌成碉楼基础,石基露于地表者高约 1 米,其上方为黄土碉体,
碉体残高约 3 米。碉体中部尚有一宽一窄两处木质斗拱,居于右者较宽,位
置亦较低。北壁左下角尚有一后期隔墙(图85)。

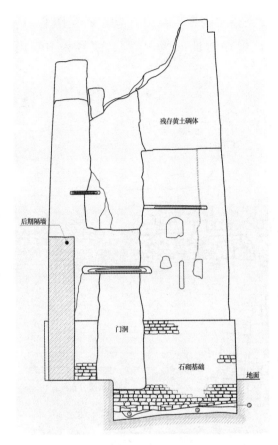

图 85　BW 丙 DL—7 北壁立面图 A–A

东、南、西三面均无墙体，仅清理出活动地面和覆盖叠压地层。东壁叠压层为七层（图86），南壁叠压层有三层（图87），西壁叠压层为五层（图88）。

2. BW 丙 DL—10

BW 丙 DL—10 位于大布瓦村最北处的空旷地带（图84），西面为菜地，南面为果园，东面为空地，北面靠山（图89）。

该碉楼在地震中大部分碉体垮塌，仅碉楼北壁残存碉墙。残存碉体高约 3 米，碉墙为黄土夯成，厚约8—10厘米。垮塌碉体堆积的夯土块几乎覆盖了残存碉楼的一半。地下亦有基槽，亦用石块砌成碉楼基础，砌于内层的石块较小，砌于外层的石块相对较大。石基露于

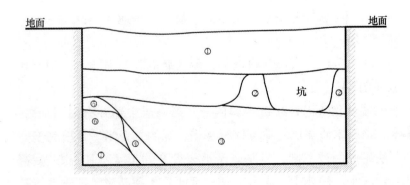

图 86　BW 丙 DL—7 东壁立面图 B–B

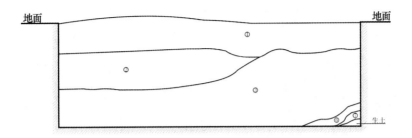

图 87　BW 丙 DL—7 南壁立面图 C – C

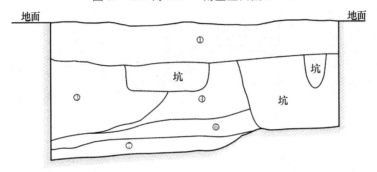

图 88　BW 丙 DL—7 西壁立面图 D – D

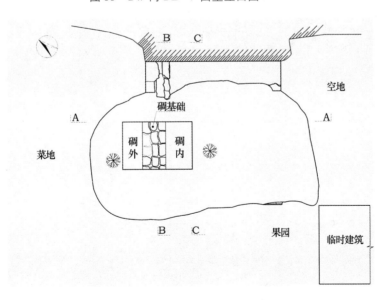

图 89　BW 丙 DL—10 平面图

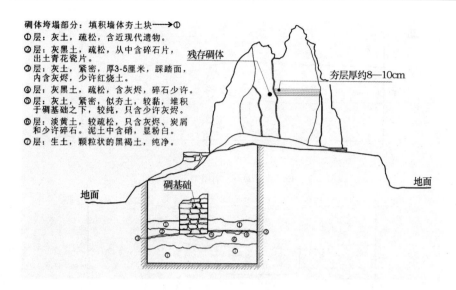

碉体垮塌部分：填积墙体夯土块──▶①

①层：灰土，疏松，含近现代遗物。

②层：灰土，疏松，从中含碎石片，出土青花瓷片。

③层：灰土，紧密，厚3-5厘米，踩踏面，内含灰烬，少许红烧土。

④层：灰黑土，疏松，含灰烬，碎石少许。

⑤层：灰黑土，紧密，似夯土，较黏，堆积于碉基础之下，较纯，只含少许灰烬。

⑥层：淡黄土，较疏松，只含灰烬、炭屑和少许碎石。泥土中含硝，显粉白。

⑦层：生土，颗粒状的黑褐土，纯净。

图 90   BW 丙 DL—10 北壁立面图 A–A

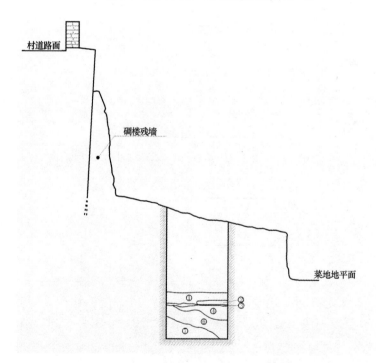

图 91   BW 丙 DL—10 平面图

地表者全部被垮塌碉体覆盖。工作队还清理出北壁地下有七层覆盖叠压地层。（图90）

东壁墙体几乎全部垮塌，仅高出菜地地面少许，工作队清理出其地下覆盖叠压地层为六层（图91）。西壁夯土墙体亦垮塌，其地下覆盖叠压地层为四层（图92）。

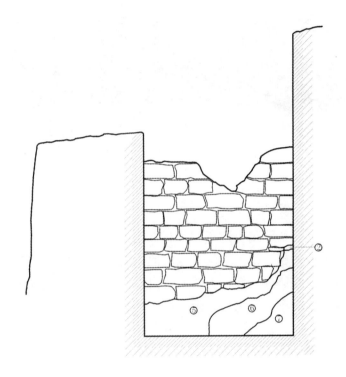

图92　BW丙DL—10平面图

根据出土的青花瓷片、陶片分析，此两座碉楼的修建年代不晚于清代前期。

三　林芝碉楼

林芝地区地理位置独特，地处横断山脉高山峡谷区与喜马拉雅山脉高山

图 93　林芝秀巴碉楼远景①

峡谷区之间，主要属于西藏雅鲁藏布江及其支流流域。受印度洋暖湿气流影响，林芝的自然环境优越，植被丰茂，地质地貌复杂，与横断山脉高山峡谷区的地理环境具有较强的一致性，而同米拉山以西的喜马拉雅高山峡谷区差别较大。林芝碉楼以石砌碉楼为主，碉体高大瘦长，平面形制多样，尤以多角碉著称，碉内无隔间，层与层之间以木制楼板相隔，在建筑风格、构造等方面均与横断山区系类型碉楼相类似，因此，我们将林芝的碉楼归入横断山区系类型。

　　林芝碉楼以工布江达县巴河镇秀巴村②遗址为代表，③秀巴村位于由工布江达县县城往巴松措行驶路口的八号大桥以东近 2 公里处的尼洋河谷二级阶地上。

---

　　① 图 93、图 94 来源于《周小林建筑艺术随笔》，友多—搜狐博客，http：//youduowawa. blog. sohu. com/。
　　② 或称"须巴"。
　　③ 参见夏格旺堆《西藏高碉建筑刍议》，载《西藏研究》2002 年第 4 期；李烨《阅读西藏》，甘肃民族出版社 2008 年版。

秀巴碉楼共有 5 座，是一处分主楼与附属建筑的高碉群遗址。主楼高碉的周围建有数个套房式的附属建筑，这些建筑估计为与主楼相配套的多功能设施。其中 3 座碉楼呈品字形分布，每座碉之间相隔约 30 米，另外两座碉相隔较远，约为 50 米。（图 93、图 94）

图 94　林芝秀巴碉楼远景

五座碉均为片石垒砌而成，外观呈多棱柱状。外墙无任何装饰，每面都笔直如削。（图 95、图 96）最高的碉楼有 28 米，矮的也有 8—10 米。

碉楼的平面形制为准曼荼罗造型，墙体内外形成 12 个角。底部四边长宽 4.6 米，每边中间部位向外延伸宽 0.8 米、进深 1.2 米的长方形凹口。墙体厚约 2 米。

碉楼第一层一墙中部开一门，门洞离地约 0.3 米，高约 1.4 米，宽约 0.9 米，顶部横嵌一块木板为门楣。大人进入碉楼须躬身跨入。（图 98、图 99）

图 95　林芝秀巴碉楼近景

图 96　林芝秀巴碉楼瞭望（射击）孔

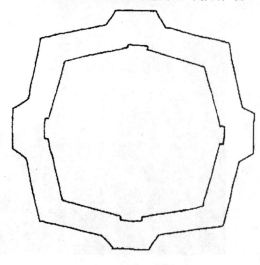

图 97　秀巴碉楼平面示意图

碉楼内部中空，无顶，光线从顶部照射下来，内墙上有嵌板的痕迹。（图100）碉楼一般都有 9—10 层，每层高度在 2.5—3 米不等。楼层之间以椽木相隔。每层均开有 1—2 个竖长方形的瞭望或射击孔（图96）。

此外，在其西北去往巴松措的途中，久玛乃（Skyumagnas）、噶拉（Sgala）等三处共有 5 座高碉。其形制特征基本与秀巴碉楼相同。其中，噶拉碉楼位于林芝工布江达县雪卡乡东噶拉村孜央山南麓，呈东西两处分布，自东向西依次编号为 1—6 号。碉楼系石块砌筑，四面设瞭望孔、射击孔，平面形制呈坛城状，高 5—40 米。2 号碉楼门宽 1.2 米，12 角，底部南北长 8.8 米，东西 9.2 米，第 2 层以上层高约 2.6 米，共高 35 米。[①]

①　参见西藏自治区文物局编印《西藏自治区志·文物志》（上），2007 年铅印版，第 713 页。

图98　林芝秀巴碉楼入口

图99　林芝秀巴碉楼入口

图 100　林芝秀巴碉楼内部

图 101　林芝石碉群

四 康定县的碉楼

康定①位于四川省甘孜州东部，地处青藏高原东缘川西高原山地与东部盆地西缘山地接触地带的大雪山中部，为青藏高原东缘川西高原与东部盆地西缘山地的过渡带和连接内地与藏区的交通门户。康定县境地貌分为东部高山峡谷区、西北丘状高原区、西部高原深谷区，立曲河自南向北流贯全境。碉楼主要分布于康定西部山原地带的瓦泽乡、贡噶山乡、朋布西乡、沙德乡、呷巴乡境内，少量碉楼分布在康定西北部丘状高原区如贡嘎山乡，尤以朋布西乡和呷巴乡最为集中。碉楼所在地理位置海拔在 3100—3800 米，大多修筑于明清时期。据四川大学俞利康文化遗产研究所以碳 14 测定，康定碉楼的时间最早可至公元 1030 年。碉楼分布区内居民绝大多数为木雅藏族。因康定碉楼群建筑保存相对完整，一直以来备受国内外考古、历史与建筑学界的关注。

目前，康定境内发现的碉楼共 32 座，26 座保存相对完整，其余 6 座，即格日底西北碉楼、措雅东北碉楼、塔拉上村碉楼、自弄东南碉楼、自弄东北碉楼已损毁严重，无法辨明平面形制。碉楼以四角碉与八角碉为主，尤其以八角碉最具特色，八角碉内部平面多呈圆形，亦有少量圆形碉和六角碉，②如措雅东南碉楼为直径 10 米的圆形碉。

碉楼的具体分布范围如下：贡嘎山乡有碉楼 5 座。2 座位于上木居村，其余 3 座合称色乌绒碉群，分别位于色乌绒 2 村的挪登组以及六伍组的东南和东北。5 座碉楼均为八角碉，损毁严重，只剩残墙基址；沙德乡有碉楼 2 座。1 座位于沙德乡拉哈村，为四角碉，保存较为完整。另外 1 座为八角碉，名为俄巴绒一村碉楼，损毁严重，只剩残墙基址；朋布西乡境内碉楼分布最为密集，共计 10 座。日头碉群有八角碉 5 座，主体保存完整。其余 5 座分别为日头东北碉楼（四角碉，保存较差）、日头西北 1 号碉楼（八角碉，保存较差）、日头西北 2 号碉楼（碉楼损毁严重，形状不明）、日头西碉楼（八角

---

① 本部分内容主要参阅四川省文物局《关于推荐康定古碉群为第七批全国重点文物保护单位的报告》，2009 年 11 月。《康定古碉群地理位置示意图》、碉楼平面示意图及《康定县境内碉楼一览表》均出自该报告。

② 四川省康定县志编纂委员会：《康定县志》，四川辞书出版社 1995 年版，第 433 页。

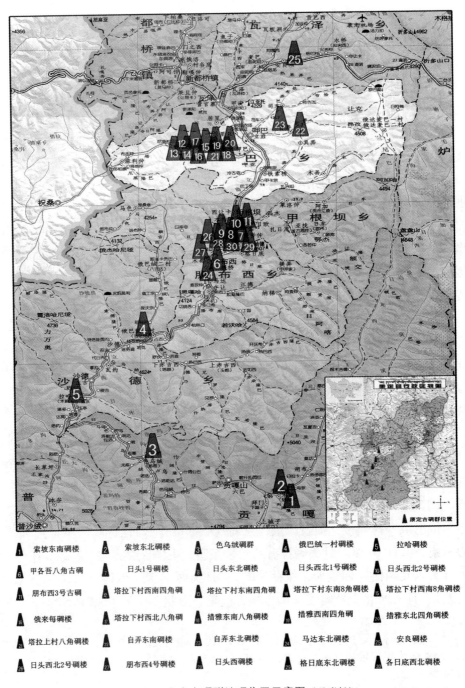

图 102　康定古碉群地理位置示意图（见彩插）

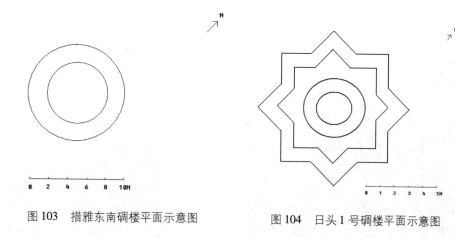

图 103　措雅东南碉楼平面示意图

图 104　日头 1 号碉楼平面示意图

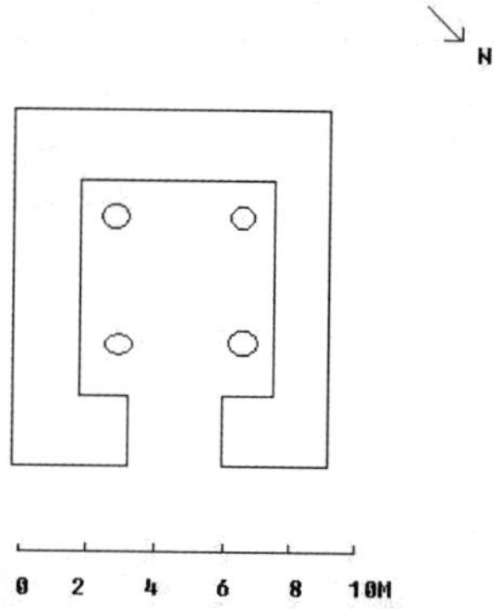

图 105　安良碉楼平面示意图

碉，保存一般）、格日底东北碉楼（四角碉，保存一般）；呷巴乡有 8 座碉
楼。八角碉 4 座，分别为塔拉下村东南八角碉、塔拉下村西南八角碉、塔拉
下村西北八角碉、措雅东南碉楼，损毁情况均较为严重。另外有 4 座四角
碉，分别为塔拉下村西南四角碉（主体尚存）、塔拉下村东南四角碉（保存
较好）、俄来每碉楼（保存较好）、措雅西南碉楼（主体尚存）；瓦泽乡仅有
碉楼 1 座，即安良四角碉，保存较好。

碉楼均修筑于各村寨住宅群中，基本为木石结构建筑，就地取材，以块
石、片石、黄泥、木材等砌筑而成。楼层大多平顶，以小圈木铺垫，其上用

图 106　康定拉哈碉楼内部

图 107　康定拉哈碉楼

图 108　康定热么德八角碉

图 109　康定加格维八角碉

木柴密集平铺,木柴上用枝丫,再铺上黄泥,逐层夯打坚实,约厚尺许,并留有洞槽引流雨水。碉内可登梯而上,木质楼板多已朽坏,仅留残迹。[①] 部分八角碉顶部有一圈木制屋檐。碉楼门开于下方或碉身中下部,或方形,或长方形,距地表较高,需借助木梯攀缘而上。有的碉门低矮,仅容一人躬身进碉;有的碉门为木制,并配备门闩。墙体设有上窄下宽的楔形或长条形射孔和方形小窗。八角碉门窗多设于两角相交的夹缝处,门梁以内嵌于碉体内的双横木搭建而成。部分碉楼如呷巴乡塔拉下村俄来每四角碉、塔拉下村东南四角碉屋顶为汉式飞檐,开有雕花木窗,体现出藏汉建筑风格相互融合的地域性特色。康定碉楼底部宽度不等,底边最长者可达 20 米,如色乌绒碉群中的挪登四角碉;底长最窄者仅 5 米,如格日底东北四角碉。

此外,朋布西乡双子塔碉是现今我国唯一保存完整的连体双子碉楼。碉楼直径约 11 米,高 30 米,16 条边等长。经碳 14 检测,碉楼修筑年代已大约 800 年。

表 5　　　　　　　　　　　　康定县境内碉楼一览表

序号	名称	年代	地点
1	索坡东南碉楼	明清	康定县贡噶山乡上木居村索坡组东南 150 米处
2	索坡东北碉楼	明清	康定县贡噶山乡上木居村东北 100 米处
3	色乌绒碉群	明清	康定县贡噶山乡色乌绒二村
4	俄巴绒一村碉楼	明清	康定县沙德乡俄巴绒一村西北
5	拉哈碉楼	明清	康定县沙德乡拉哈村
6	甲各五八角古碉	明清	康定县朋布西乡甲根桥村东南
7	朋布西 1 号古碉	明清	康定县朋布西乡日头村东
8	日头东北碉楼	明清	康定县朋布西乡日头村东北
9	日头西北 1 号碉楼	明清	康定县朋布西乡日头村西北 100 米处
10	朋布西 2 号古碉	明清	康定县日头村东北,立曲河上方约 200 米处

---

① 　四川省康定县志编纂委员会:《康定县志》,四川辞书出版社 1995 年版,第 433 页。

序号	名称	年代	地点
11	朋布西 3 号古碉	明清	康定县朋布西乡日头村东北，立曲河上方约 205 米处
12	塔拉下村西南四角碉	明清	康定县呷巴乡塔拉下村西南
13	塔拉下村东南四碉	明清	康定县呷巴乡塔拉下村东南，南距塔拉河 约 15 米
14	塔拉下村东南八角碉	明清	康定县呷巴乡塔拉下村东南
15	塔拉下村西南八角碉	明清	康定县呷巴乡塔拉下村西南
16	俄来每碉楼	不详	康定县呷巴乡塔拉下村西南，俄来每西南
17	塔拉下村西北八角碉		康定县呷巴乡塔拉下村西北
18	措雅东南八角碉	明清	康定县呷巴乡塔拉下村，措雅东南
19	措雅西南四角碉	明清	康定县呷巴乡塔拉下村，措雅西南
20	措雅东北四角碉	明清	康定县呷巴乡塔拉下村，措雅东北
21	塔拉上村八角碉	不详	康定县呷巴乡塔拉上村西北
22	自弄东南碉楼	明清	康定县呷巴乡自弄村东南
23	自弄东北碉楼	不详	康定县呷巴乡自弄村东北
24	马达东北碉楼	明清	康定县朋布西乡马达村
25	安良碉楼	明清	康定县瓦泽乡安良村东
26	日头西北 2 号碉楼	明清	康定县朋布西乡日头村西北 130 米处
27	朋布西 4 号碉楼	明清	康定县朋布西乡村西，目秋山山腰 150 米处
28	日头西碉楼	明清	康定县朋布西乡日头村西，目秋山山腰 155 米处
29	格日底东北碉楼	明清	康定县朋布西乡格日底村东北
30	格日底西北碉楼	明清	康定县朋布西乡格日底村西北

第　四　章

青藏高原碉楼的区系类型：
喜马拉雅区系类型

第一节　西藏山南地区的碉楼

　　喜马拉雅区系类型的碉楼主要
集中分布于雅鲁藏布江以南、喜马
拉雅山脉以北的区域。在行政区划
上主要包括今西藏山南地区和日喀
则两个地区。

　　西藏山南地区是喜马拉雅区系
类型的主要分布区域之一。就目前
掌握的资料来看，山南地区的碉楼
主要集中分布在洛扎县、措美县、
隆子县、加查县、乃东县、曲松县
等地。2007 年 8 月，课题组重点对
碉楼建筑较为集中的山南隆子县、
措美县、错那县等地进行实地考
察，获得一批重要的图文资料。结
合相关文物普查资料和研究成果，
根据材质和构造诸方面的不同，山

图 110　山南乃东县雅桑寺石碉

图 111　山南乃东县雅桑寺石碉内部

南地区的碉楼可被分为石碉与土碉两大类型。

　　石砌碉楼在山南地区分布广泛。有关的文物普查资料与研究成果相对较为丰富。山南石碉基本特征是以石块或片石掺加黏合剂砌筑而成，只是有的石碉砌筑时使用的黏合剂较少。按照石碉有无附属设施或是否与宗堡等建筑相结合，可分为单体碉、带附属设施的石碉、宗堡附属碉等类型。单体石碉建筑自成一体，不附属或带有其他建筑设施。带有附属建筑设施的石碉一般与房屋、护墙、围墙等建筑组合。宗堡附属碉为宗堡或寺院建筑的附属防御建筑。

　　具体而言，单体石碉和带有附属建筑设施的石碉星罗棋布地排列于河流沿岸、交通要道和关隘处，或者坐落于村寨内部、寺院、宗堡周围。如雅桑寺石碉群位于乃东县亚堆乡雅堆村附近。以雅桑寺为中心，在东、南、西、北、西北五个方向沿着雅桑河两岸共建有石砌碉楼40余座，拱卫护持雅桑寺，具有明显的军事防御功能。[1] 山南洛扎县拉康乡顿珠宗宗山周围依山建有各种形状的碉楼20余

---

① 参见杨永红《西藏建筑的军事防御风格》，西藏人民出版社2007年版，第28—30页。

座。① 山南乃东县昌珠区
热炯寺附近米拉则山瞭望
台遗址上的单体石砌碉楼
则是作为瞭望之用的望
楼，平面形制为圆形，直
径3米，现仅存2.5米高
的残墙。②

　　石碉平面形制一般为
四角矩形，碉楼立体形态
为扁平状，也有的石碉平
面为方形，内部大多铺设
木质楼板或横木，设有射
孔或瞭望孔、采光亮窗，
上下楼层以木梯连通，少
量用石砌石阶。如隆子县
俗坡下乡碉楼，又被称作
"曲吉扎巴碉楼"，平面呈
近长方形，顶部不存，残
高7层35米，层高4—5
米，墙厚1米，各层皆有

图112　隆子县列麦乡第四村碉楼

宽0.8米、高1.5米的亮窗，层间原以枋木铺设楼板。除窗户外在南北两面
的墙上还设有竖长条形的射孔或瞭望孔，上下孔交错排列。该县格西碉楼残
高4层9米，平面形制为方形，东面辟门，墙厚1.6米，四面皆有三角形射
击孔，各层之间残存铺设楼板的木梁痕迹。③

　　石碉顶部结构分为有屋檐装饰和无屋檐装饰两类，无屋檐装饰类碉楼
居多数。有屋檐装饰的石碉以隆子县列麦乡第四村碉楼（亦称"羊孜碉

---

①　参见西藏自治区文物局编印《西藏自治区志·文物志》（上），2007年铅印本，第706页。

②　参见索朗旺堆主编《乃东县文物志》，西藏人民出版社1986年版，第77页。

③　参见国家文物局主编《中国文物地图集·西藏自治区分册》，文物出版社2010年版，第307页；
西藏自治区文物局编印《西藏自治区志·文物志》（上），2007年铅印本，第696页。

楼”）最为典型。该碉楼现存 7 层，高约 15 米，顶部已塌毁。碉楼内部砌筑两道短墙，墙厚 1 米或 1.5 米，将碉内分割为面积不等的单室。顶部檐部一周装饰边玛草，屋檐角有圆木雕狮一对。各楼层之间原有建筑结构为木梁格架，上置木枋，其上再铺设木质楼板或石板。各层间皆有木梯上下通达，现仅存梁、枋残段及柱孔，余皆残毁。最上三层有亮窗，以便通风采光。上部各层墙面上辟有略呈三角形的射孔或瞭望孔若干，外窄内宽，上下交错。①

　　隆子县列麦乡“羊孜碉楼”线图如下：

图 113　“羊孜碉楼”线图（一）　　　　　图 114　“羊孜碉楼”线图（二）

　　① 参见霍巍、李永宪、更堆《错那、隆子、加查、曲松县文物志》，西藏人民出版社 1993 年版，第 56—57 页。

图 115 "羊孜碉楼"线图（三）　　　　图 116 "羊孜碉楼"线图（四）

图 117 "羊孜碉楼"线图（五）　　　　图 118 "羊孜碉楼"线图（六）

　　隆子县日当镇"雪村碉楼"线图如下：

图 119　"雪村碉楼"线图（一）　　　　图 120　"雪村碉楼"线图（二）

图 121　"雪村碉楼"线图（三）　　　　图 122　"雪村碉楼"线图（四）

图 123　洛扎县德乌穷村带防御槽的碉

　　墙体筑有凹形竖状槽是山南地区石碉的主要特征之一。以洛扎县石碉为例,[①] 洛扎县碉楼是目前已知的喜马拉雅区系类型碉楼数量最多的一处,主要分布在喜马拉雅北坡的洛扎雄曲河流域,西起河流上游的洛扎县扎日乡曲措村,向东经吉堆、次麦、生格乡、拉康镇、边巴乡及洛扎雄曲河支流的色乡,东达措美县境的乃西乡一带,沿河谷两侧的阶地或谷坡长达百余公里。

---

　　① 文中洛扎县石碉插图均系霍巍教授提供,谨表谢意。

图 124   山南洛扎县石碉

现存碉楼群遗址数十处，单体碉楼遗迹二百余座。其中，边巴乡最为集中，
共有大小碉楼 107 座。[①] 目前，有关洛扎县碉楼的公开发表资料和研究尚不
多。据现有资料来看，洛扎县绝大多数石碉是比较规则的片状石块掺杂黏土
砌筑墙体，大部外壁平整，石面呈深褐色。现存碉楼一般为 5—9 层，残高
5—22 米，墙厚 0.5—1 米，平面形制为规整的方形或长方形，底层面积多为
30—100 平方米，最大者在 150 平方米以上。碉楼或单独建造或成群分布，
群碉之间距离多在百米之内。碉楼每层用木相隔，楼板用木平铺而成。底层
或碉楼外多堆放大量砾石。墙体四面开有三角形射击孔或瞭望孔若干，呈长
方形，内宽外窄。有的碉楼内部遗存有残断的木梯，估计上下通达的主要工
具是木梯。有的碉楼之间紧邻，构成组合式碉楼群。有的碉楼墙面内外涂抹
泥土。有的两碉相连，组成连体碉。少数碉楼内有直接开挖于地面的水井。
部分单体碉楼或群碉外建有与之相连的石砌护卫墙。[②] 根据立体结构的不同，
洛扎碉楼又可分为有顶部屋檐和无顶部屋檐两种，屋檐全部用石块砌建。在

---

①　参见赵慧民《谜一样的藏南碉楼》，载《文物天地》2002 年第 6 期。
②　参见国家文物局主编《中国文物地图集·西藏自治区分册》，文物出版社 2010 年版，第 303 页。

墙的一面有一道从底部通向临近顶部的凹形竖状槽，下方与底部开设的门相连，如洛扎县德乌穷村的建筑构造与措美县乃西村台巴组带有凹形竖状槽的石碉相同。碉楼顶部筑有石砌的突出屋檐。

此外，部分单体石碉建筑构造较为独特，碉楼底部深挖储藏室，且多开入口。桑日县龙都那热石碉依山而建，平面呈方形，内立木柱架梁，边长7.4米，原高三层。底层东部辟门，东南角下方有深2米、面积约2.4平方米的储藏室。第二层西墙另开小门，可通山上。一、二层每面墙壁上开有三角形射孔。[①]

带有附属建筑的石碉与单体石碉稍有区别，但是主碉楼的特征与单体石碉相同，附属建筑与封闭的城堡建筑不同，依附于中心碉楼周边或一旁。[②]隆子县日当镇的雪村碉楼是一处典型的碉房组合式建筑。主碉楼平面呈四角方形，构造与单体石碉无多大差别，开设有宽大的采光亮窗。碉楼底层斜角处另筑一石砌房屋，与中心碉楼联为一体，其上另筑附楼，已塌陷。曲松县邛多江乡者陇村碉楼遗址大致呈南北一线排开的分布着三处碉楼，由南向北分别编号为D1、D2、D3，三处碉楼略有不同，其中，D2碉楼由主楼及附楼组成，总高12米，墙厚0.8米。楼门辟于东面。楼内平面为长方形，往上逐渐窄小，共4层。距地表0.4米的墙上设有凸出于墙面的石脚蹬，每层楼有4—5级。楼面用石板铺设，留有长方形石洞，可上通下达，洞口处备有石板，可封闭洞口。碉楼东南西三面自下而上设有射孔和瞭望孔。附楼紧靠主楼北墙，仅存西北两壁墙体，平面呈"L"形，残高5—8米。西墙长2.7米，有上下两个方形射孔。[③]加查县安绕乡诺米村石碉为木石结构，碉楼外墙体有两道护墙连接，一道位于北侧，呈南北走向，长4米，墙体由石片砌成，厚约0.9米，上有两个射击孔。第二道筑于南侧并向西延伸至悬崖边缘，石墙厚0.7米，辟有3个射击孔。两道护墙现存高度为4—8米之间。碉

————————

①　参见国家文物局主编《中国文物地图集·西藏自治区分册》，文物出版社2010年版，第294页。

②　参见夏格旺堆《西藏高碉建筑刍议》，载《西藏研究》2002年第4期。

③　参见霍巍、李永宪、更堆《错那、隆子、加查、曲松县文物志》，西藏人民出版社1993年版，第182—185页。

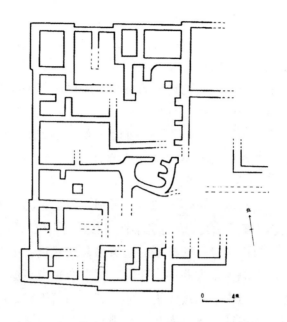

图 125　西藏曲松县邛多江乡者陇村 D3 碉楼群示意图
图片来源：《错那、隆子、加查、曲松县文物志》

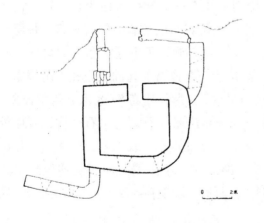

图 126　西藏加查县安绕乡诺米村

四边形圆角碉平面示意图

图片来源：《错那、隆子、加查、曲
松县文物志》

楼墙体用片石垒砌而成并用泥浆作为黏合剂。西、北墙体平面为方形，东、南墙体为内方外圆，墙体厚 1—1.3 米，底层面积约 17 平方米，高 4 层，每层高 3—4 米，现存 12 米，门道辟于北墙底层正中，宽 1 米。各层间皆有铺设楼板的圆木、木枋痕迹，每层墙体设 3—5 个射击孔，各层射孔有逐层增多趋势。射孔有竖长方形与竖长三角形两类。①

　　与宗堡等建筑相结合的附属石碉在西藏境内是普遍存在的石碉建筑类型，为宗堡或寺院建筑的附属防御设施，与宗堡、寺院建筑有机结合起来，联为一体，成为其不可分割的重要组成部分。最初，西藏境内所有宗政府驻地建筑围墙四角都筑有宗碉，如江孜县江孜宗宗府，扎囊县囊赛林庄园及白玛宗宗府遗址，桑日县桑日宗宗府遗址、恰嘎宗宗府遗址、卡达宗宗府遗址、沃卡宗宗府遗址，曲松县宗孜遗址，隆子县颇章宫殿遗址等。② 此类碉楼大多依宗堡或寺院位置，建造于地势险峻的山腰或山顶，平面形制大多为方形，具体样式各具一格。有的筑造于宗堡或寺院建筑的四围，以护墙或城垣与主体建筑连接起来，且另有独立碉楼建筑，如洛扎县多宗遗址建在山顶平台处，平台边沿建一周围墙，四面各建有一座碉楼，在最南端的山嘴上建有一座半圆形碉楼。洛扎县曲措乡达玛宗碉楼地处山丘顶部，为平面呈南北向椭圆形的围墙建筑，围墙内侧由 27 个大小相近的碉楼连接而成。碉楼及围墙残高 6 米。围墙南端辟门，北端和南部各有残高 7—8 米的独立碉楼，占地面积分别为 100 平方米；③ 有的或建有围墙，四角筑有角楼、碉楼，围墙内有中心碉楼，如山南措美县当巴乡当巴宗政府建筑以碉楼为中心，碉楼高 3 层，外观为 5 层，残高 13 米，呈平面正方形，碉楼四面设射孔。碉楼四周建有仓库、兵营、监狱等设施；有的或多座碉楼构成组合式碉楼群，如曲松县邛多江碉楼群遗址之 D3 碉楼，是一处城堡式碉楼群遗址。建筑群四角各建有角楼，中央设有中心碉楼。北墙正中的碉楼平面呈正方形，内有隔墙，现存 4 层，残高 9 米。南端建筑亦有角楼及中间碉楼，西南角楼保存较好，内有隔墙使其平面呈"日"字形，墙体残高 8 米，现存 4 层。各角楼与碉楼的墙体上均开有密集的射孔和瞭望孔，形制大小不一；有的依山势，以碉楼与护墙构成要塞式城堡。如隆子县机果村"宗孜"遗址呈南北向一线排

　　① 参见国家文物局主编《中国文物地图集·西藏自治区分册》，文物出版社 2010 年版，第 306 页；西藏自治区文物局编印：《西藏自治区志·文物志》（上），2007 年铅印本，第 693—694、695 页。
　　② 参见杨永红《西藏建筑的军事防御风格》，西藏人民出版社 2007 年版；魏青《江孜宗堡建筑初探》，《建筑史论文集》第 17 辑，清华大学出版社 2003 年版；国家文物局主编《中国文物地图集·西藏自治区分册》，文物出版社 2010 年版，第 286、292、293、303、307 页。
　　③ 参见国家文物局主编《中国文物地图集·西藏自治区分册》，文物出版社 2010 年版，第 303 页。

列，四道护墙依山势从北到南层层增高，扼守北面通道。遗址中部为大小不一的 2 座碉楼，北侧一座较小，内部面积十余平方米，墙垣残高 6—7 米，由南墙往东延伸出护墙一段，残长 5 米，高 3—5 米。南侧碉楼稍大，建在高于遗址其他建筑物的山峰上，内有东西向不封闭的隔墙一道，形成平面"日"字形结构，内部面积约 25 平方米。碉楼于南面辟门，设有石阶数级。墙体残高 4—9 米，四面均辟有射孔或瞭望孔。①

此类型碉楼的内部构造与单体石碉相同，但是又具有某些独特之处。其高度较单体碉楼相对低矮，具有碉楼向碉堡转变的趋势。平面形制有的是圆形或半圆形，如洛扎顿珠宗遗址碉楼、多宗遗址碉楼。有的碉楼内部仍有隔墙，分为多室。宗堡式碉楼的建造主要为军事防御之用，因此墙面密布射击孔和瞭望孔，与其他建筑共同构成严密的城防体系，其防御功能十分显著。

土碉是利用黏土夯筑而成的碉楼。夯筑建筑曾在拉萨、日喀则、昌都等地广为流行，民间传统的打夯技术相当成熟，能够建造五至六层的高层建筑。② 山南地区的土碉集中分布于措美县、隆子县等地。

隆子县境内雄曲河两岸，河谷开阔，土地肥美，分布着较多的土碉和石碉。土碉尤其以日当镇俄西村夯土碉楼为典型代表。俄西土碉残高 4 层，每层 4 米，墙体均系就地取材，夯土筑成，平面形制呈四角方形，边长 10 米。墙体厚 1.5 米，一面留有竖长条形缺口，由土碉底部上通至碉顶，推测碉底原开有小门，上方搭建有木质结构，构成木制防御槽，现木料已腐朽无存。碉楼内部左侧筑有二道贯通上下的短隔墙，墙厚 1.4 米，均系夯筑，将碉内分为多个单室，单室之间原开有长方形木门。墙面整齐排列柱洞，应为楼层铺设楼板所留。墙体两侧设有射击孔或瞭望孔，呈方形。土碉一旁有残存墙垣，推测曾筑有附属或其他建筑。距土碉 1000 米处有一残碉。类似构造的土碉在俄西村较多。

---

① 参见霍巍、李永宪、更堆《错那、隆子、加查、曲松县文物志》，西藏人民出版社 1993 年版，第 183—184 页；西藏自治区文物局编印《西藏自治区志·文物志》（上），2007 年铅印本，第 695、699—700、709 页。

② 参见木雅·曲吉建才《藏式建筑的历史发展、种类分析及结构特征》，载《建筑史论文集》第 11 辑，清华大学出版社 1999 年版。

措美县乃西乡土碉与俄西土碉构造相同，墙体上开有竖长条形缺口，为防御槽残迹。土碉内部砌筑隔墙，墙面有涂抹泥土的痕迹，并筑有壁龛。

图 127　隆子县乃西乡土碉

距措美县措美镇不远的玉麦、客约一带的沿河两岸，也分布着较为密集的土碉群。其构造与俄西土碉略有差别，平面形制均为四角方形。土碉内部筑有隔墙，分为多室。内侧墙面排列柱洞，开有壁龛。外侧墙面整齐排列有突出的木柱。墙体设有射击孔或瞭望孔，呈长方形。

图 128　隆子县日当镇土残碉及碉内隔墙

部分土碉为加固碉体，墙体内镶筑若干片石。

措美县措美镇波嘎村 1、2 号土碉群是另一处重要的土碉密集分布区。其中，位于博嘎棍巴（寺庙名称）附近的波嘎村 2 号土碉群，地处当许雄曲西岸。该地土碉最高可达 30 米以上。土碉的内部构造与俄西土碉相似，内有隔

图 129　措美县玉麦村土碉

图 130　措美县玉麦村土碉

墙，平面为四角方形，只是其建筑质材为土、石混合，下部为石块混杂黏土砌筑墙体，上部为生土夯筑，大致各占一半高度。有的则在生土夯筑层上方另以石块砌筑，属于较为特殊的土、石混合碉楼类型。措美镇台巴组的土碉与之相仿，该地共有石碉、土碉 15 座。其中的一处残碉建筑颇为独特，墙体一侧为石块混合黏土砌筑，另一侧则是土夯筑成。石砌墙体的上方残存有土夯筑部分。

依据对山南地区隆子与措美两地土碉构造的观察，土碉的分布规模较大，往往密集排列于河流沿岸台地上。土碉多为单体碉，也有部分土碉与宗堡相连。如措美县当许戍堡遗址外墙四角各建有夯土碉楼 1 座，现存高 7 米，夯墙厚 1.2 米。① 大多数土碉为四角方形，与石碉相同之处在于碉楼内

① 参见国家文物局主编《中国文物地图集·西藏自治区分册》，文物出版社 2010 年版，第 301—302 页。

图 131　措美县波嘎村土碉

部均设有隔墙，分为多室，只是土碉内部以夯筑土墙作为间隔，另用木桩搭建间隔和防御槽，木桩已腐朽不存。多数土碉的建筑面积大于石碉，墙体较厚。但土碉较为矮小，这与夯土建筑的牢固程度大多难以与石砌碉楼相比有关。而且当地植被覆盖率低，缺乏充足的建筑木材，而木材可起到加固高层建筑的作用。此外，部分土碉旁建有围墙、房屋等附属设施。

第二节　西藏日喀则地区的碉楼

日喀则地区碉楼的分布较为分散，土、石碉皆有。大多数碉楼与清代两次廓尔喀战事直接关联。第二次廓尔喀之战期间（1791—1792 年），清军统领福康安奏称："自济咙进攻，贼匪恃其山势峻险，河流汹涌，遍处叠立战碉、木栅"。① 这表明当时战碉的数量在吉隆一带是相当可观的。现今，残存于定日县和聂拉木县一带的碉楼，修筑的年代较晚，大多与此次战事有关。其修筑者系来自尼泊尔和川西嘉绒藏区的土兵。如在定日县岗噶一带约 20 平方公里范围内分布大小碉楼遗迹 20 余处，夯土筑成，平面形制大多呈方形，残高 2—8 米，墙厚 1—1.8 米，占地面积在十余平方米至数十平方米不等。聂拉木县澎曲河及其北侧支流的门曲河两岸近百公里长的分布带上，共有碉楼遗迹 200 余座。碉楼沿河两岸约隔 1 公里建 1 座，每隔 4—5 座小碉楼即建碉楼群 1 处。碉楼群由 4—5 座小碉楼与 1 座大碉楼组合而成，附近山冈处皆以石砌筑烽火台。② 因此，日喀则一带碉楼的军事功能是十分突出的。此种碉楼基于军事防御的作用，一般选择兴建于地势险峻之处，紧扼山口、要道，或临河而建，便于获取水源，或砌筑于陡峻的石崖之上，史籍中称作"石磡碉座"。③ 有的碉楼内外墙垣两层，以石块堆砌，墙体上设射孔若干。

官寨、宗堡、寺院周边修筑碉楼，或者寨与碉连体，与其他附属设施结合而成的建筑群，被合称为"碉寨"，也是日喀则地区常见的建筑组合模式，如历史上的济咙（今吉隆县）官寨和聂拉木官寨、现存的昂仁县宗山遗址、白朗县嘎东白朗宗遗址、白朗县杜琼宗宗府遗址等。清代廓尔喀之役时，"济咙官寨高大宽广，原在山冈上砌筑石墙甚坚，贼匪复周围叠石为垒，高及二丈，密排鹿角、横木为守御之计；又在官寨西北临河砌大碉一座，直通

---

① 参见方略馆编，季垣垣点校《钦定廓尔喀纪略》，中国藏学出版社 2006 年版，第 593 页。

② 参见国家文物局主编《中国文物地图集·西藏自治区分册》，文物出版社 2010 年版，第 322、350 页。

③ 参见方略馆编，季垣垣点校《钦定廓尔喀纪略》，中国藏学出版社 2006 年版，第 21 页。

图 132　日喀则地区石碉

官寨，为取水之地；官寨东北，在石上砌大碉一座，倚石为固；官寨东南山梁甚陡，另砌石碉一座。"① 现今定日县协噶尔宗宗府遗址由建在山脊和崖壁上的防卫墙、碉楼、堡垒、宗府楼等石砌建筑组成，防卫墙每隔30—50米建有石砌碉楼1座。其中，遗址南面山脊的4号碉楼残高15米，共5层，在第2、3层各开一门，第2层向北，第3层向西，碉楼东、西两面与城墙连接，底层为库房。第2层墙体厚1—1.1米，东、南各有3层，每层3个射击孔，西北两层2个射击孔。第3层墙体厚0.6—0.7米，每面墙上各有1个射孔，相互交错。第4层墙厚0.4—0.5米，东南墙上两层每层2个射孔，西北两面墙上各1层2个射孔。第5层墙厚0.2—0.3米，3层3个射击孔。碉楼两侧城墙上建城垛，墙厚2米，外高内低，构成巡道。拉孜县拉孜宗宗府遗址主要以碉楼遗迹为主。碉楼由砾石砌成，平面呈方形，残墙最高处7米，

① 参见方略馆编，季垣垣点校《钦定廓尔喀纪略》，中国藏学出版社2006年版，第525页。

图 133　日喀则地区土碉

墙厚 1 米。① 有的城堡则是由碉楼群作为主体建筑，以围墙连缀而成。如聂拉木波绒乡西侧的一处碉楼群占地面积 1500 平方米，方形围墙将碉楼群围在墙内，围墙中部原有城堡，墙的四角各建 1 座角楼，围墙每边各建碉楼 1 座，共 4 座，现存碉楼残高 8 米余。碉楼平面呈十六边形，墙体厚薄不等，最厚可达 1 米。碉楼群均为夯筑，夯土内夹大量石子。② 有的碉楼则仅仅是城堡的组成部分。吉隆县县城东北的贡唐王城遗址中央碉楼长约 15 米，与墙体相连接并凸出于墙体之外。碉楼内部有夯土夯筑的阶梯沿壁盘旋至顶部，碉内原有楼层之分，每层楼高 2—3 米。碉楼四面各层向外开设射箭孔和瞭望孔，其形状呈梯形或长方形。③ 与之类似的还有附属于寺院的碉楼建筑，如白居寺围墙外密集排列着 20 座碉楼。各碉楼大多依悬崖峭壁而建。碉体不高，底层全用石块垒砌，每层被隔成若干单间，隔墙底层以土夯建，

---

　　① 参见国家文物局主编《中国文物地图集·西藏自治区分册》，文物出版社 2010 年版，第 321—322、326 页；西藏自治区文物局编印：《西藏自治区志·文物志》（上），2007 年铅印本，第 691—692 页。

　　② 参见西藏自治区文物局编印《西藏自治区志·文物志》（上），2007 年铅印本，第 691 页。

　　③ 霍巍、李永宪、尼玛：《吉隆县文物志》，西藏人民出版社 1993 年版，第 32 页。

上方临近悬崖处用土砖砌筑。[①] 位于日喀则昂仁县多白区的日吾其寺城垣东垣建有碉楼，东垣北段东北角角楼系整个城防守体系中最为高大的一座碉楼，平面形制呈正方形，上小下大。墙基以片石垒砌，上为夯土墙体，现存19节夯土层，厚1米，残高11.4米，高出墙垣。东面及南面墙垣上开设有瞭望孔。[②]

---

①　参见觉囊达热那他著《后藏志》，余万治译，西藏人民出版社2002年版；杨永红《西藏建筑的军事防御风格》，西藏人民出版社2007年版。

②　参见西藏文管会文物普查队《西藏昂仁日吾其寺调查报告》，载《南方民族考古》第4辑，四川科学技术出版社1991年版。

第 五 章

一个传统观念的质疑:碉楼
最初产生于防御吗

近年随着藏区旅游蓬勃兴起，碉楼这一独特的文化遗存越来越引起人们的兴趣与关注。作为一种古老的历史遗存，青藏高原地区的碉楼却包含了太多的历史之谜——人们最初为什么修建这样的碉楼？它是做什么用的？是为了实用还是有某种象征意义？它是古代什么民族发明和建造的？它又同历史上的哪些民族相联系？当地民族为什么会建造数量如此众多、分布如此密集的碉楼？这些问题既给人以无限的遐想，但又十分费解。对于青藏高原碉楼之功能与性质，无论是学术界还是一般大众，主流的观点均倾向于将其作为与古代战争相关的一种防御性建筑看待。这一观点虽不能算错，但是据我们近几年在青藏高原碉楼分布地区的考察及所见所闻，防御是否是古代民族建造碉楼的原初意义却颇值得怀疑。因此，青藏高原碉楼的起源问题及兴建的原初意义尚值得作进一步的探讨。需要说明的是，由于有关碉楼的早期文献记载十分匮乏，探讨此问题有相当难度，故许多方面不得不凭借对该区域的民族学调查资料并采取"以今推古"的逆向研究方法来进行。

第一节　关于碉楼的起止年代

青藏高原的碉楼具体产生于何时？目前尚不清楚。从现有的史实线索及诸多迹象看，有一点似乎可以确定：在嘉绒地区，青藏高原碉楼的两大区系类型即横断山类型和喜马拉雅类型中，当以横断山类型的青藏高原碉楼产生的可能年代更早。

藏彝走廊地区碉楼的最早记载见于《后汉书·南蛮西南夷列传》，其在记述东汉岷江上游冉駹夷部落时云：

> 冉駹夷者，武帝所开，元鼎六年，以为汶山郡。……皆依山居止，累石为室，高者至十余丈，为邛笼。

唐人李贤于"邛笼"下注曰："今彼土夷人呼为'雕'（碉）也。"可知《后汉书》所记"邛笼"在唐时已被明确地称作"碉"，这即是我们今天看到的碉楼。"邛笼"一词的含义今已不详，可能来自当时建碉之民族对"碉"的称呼，为少数民族之语言。藏缅语研究学者孙宏开先生曾从古羌语的角度考察"邛笼"一词，发现该词汇在古羌语中有明确的"石"之含义，[①] 足证"邛笼"当指"累石为室"之碉。《后汉书》虽成书于南北朝时期，然其所记史事为东汉，故可断定至少东汉时在岷江上游地区已有"高者至十余丈"的石碉存在。按《后汉书·南蛮西南夷列传》的记载，建造"累石为室，高者至十余丈"的"邛笼"乃东汉时"冉駹夷"部落之习俗，西汉武帝时代曾以"冉駹"之地设汶山郡，汉代汶山郡之郡治在今岷江上游的茂县县城所在地。[②] 这就证明东汉时代岷江上游冉駹夷的地方已确有碉存在，且冉駹夷当为建造碉的人群之一。但是，需要指出的是，碉见于记载的时代并不能等于其产生的年代。根据史籍的记载，冉駹夷存在于岷江上游地区的时间至少可上溯至秦代或更早，《史记·司马相如列传》记："邛、筰、冉駹者近蜀，道亦易通，秦时尝通为郡县。"从此背景看，碉即"邛笼"产生的年代很可能要早于东汉。但具体产生于何时目前尚不清楚。

史籍所反映的碉楼产生之年代，也得到了藏彝走廊地区当今一些民族志材料印证。例如，据居住于藏彝走廊地区雅砻江支流鲜水河谷地带扎巴藏人

---

① 参见孙宏开《试论"邛笼"文化与羌语支语言》，载《民族研究》1986 年第 2 期；《"邛笼"考》，载《民族研究》1981 年第 1 期。

② 参见任乃强、任新建《四川州县建置沿革图说》，巴蜀书社 2002 年版，第 184 页。

的传说，碉楼的产生异常古老，称"有土地时就有了碉的存在"。而关于碉的由来，传说"在很久以前，人们寿命很长，能活千年，甚至万年，而且当时世间还无教派之说，但天神存在，故为敬奉天神，就修建了多角碉，用以向天敬奉。"① 这里，扎巴藏人在有关碉产生的传说中，提供了一个非常重要的年代标记：称碉楼产生是在"当时世间还无教派之说"的年代。"无教派之说"在藏区乃是一个有特定时代内涵的词汇，其含义是指佛教尚未传入的年代。佛教是在公元七世纪才传入青藏高原地区的。所以，根据扎巴藏人的历史记忆与传说，碉乃产生于佛教传入青藏高原地区以前的年代。这一点实际上与汉文史籍的记载完全吻合。汉文史籍中反映的正是东汉时期岷江上游冉駹夷地区已有碉楼存在。所以，目前尽管我们还无法确认岷江上游一带青藏高原碉楼具体产生于什么年代，但有一点却可以确定：在藏彝走廊地区的碉楼乃是产生于公元七世纪以前即佛教尚未传入的年代。

至于西藏即喜马拉雅区系类型的碉楼产生于何时，则线索更为迷茫、更缺乏确定性。这是因为藏文文献中有关碉楼特别是早期碉楼的记载极少，二是藏文乃是公元七世纪才创立的。据我们于 2006 年在西藏山南地区对碉楼进行调查的情况，当地百姓对于当地的碉楼建于何时以及由何人所建等问题，大多十分茫然，几乎处于完全失忆的状态，甚至连相关的传说也极少。所以，要弄清楚喜马拉雅区系类型的碉楼产生的年代，则更为困难。

近年来，在对青藏高原碉楼建造年代方面取得的突破性进展，是采用科学测定方法即碳 14 年代测定方法对碉楼进行的年代测定。2005 年，一位热衷于青藏高原碉楼探索与保护事业的法国女士弗德里克·达瑞根（中文名冰焰，Frederique Martine Darragon）分别将嘉绒藏区、羌族地区、木雅藏族地区和西藏林芝工布江达等地部分碉楼内的木片取出，送往国际上专业性权威机构作碳 14 年代测定，取得了一批有关碉楼建造年代的重要数据②，为我们进一步认识青藏高原碉楼的修建年代提供了极为重要的参考依据。据弗德里克·达瑞根女士送检样品所获得的碳 14 年代测定数据，显示现存的青藏高原碉楼最早的修建年代可追溯至公元 9—11 世纪，如西

---

① 参见刘勇、冯敏等《鲜水河畔的道孚藏族多元文化》，四川民族出版社 2005 年版，第 34 页。
② 参见多尔吉、红音、阿根《东方金字塔——高原碉楼》序言，中国藏学出版社 2011 年版。

藏林芝工布江达县巴河镇秀巴村编号 Beta—171488 的碉楼年代为 780 年至
1040 年;修建年代最晚的碉楼下迄 17—20 世纪,如甘孜州丹巴县格宗乡
编号 Beta—185905 的碉楼与阿坝州理县桃坪羌寨编号 Beta—185913 的碉楼
年代均晚至 1660 年至 1950 年。不同区域的碉楼年代分布亦略有不同,西
藏林芝工布江达碉楼年代偏早,集中分布于 11—14 世纪。木雅藏区和嘉
绒藏区碉楼年代稍晚,大多在 13—15 世纪。羌族地区碉楼年代则多在
14—17 世纪。目前,受样本采集区域和数量所限,碳 14 年代测定可能存
在一定的偏差,但是上述数据仍然能够大致反映出 13—15 世纪应是青藏
高原碉楼修建较为兴盛和集中的时期。有关弗德里克·达瑞根女士对青藏
高原现存部分碉楼所做碳 14 年代测定数据,可参见下表:

表6 **羌族地区碉楼碳14年代测定一览表**

编号	地点	碳14测定年代(公元)	备注
Beta—149198	茂县黑虎	1320—1350 1390—1440	黑虎乡上面的四角碉,这座碉楼已经倒塌了,木片取自塔身墙外侧的墙筋
Beta—157695	茂县黑虎	1490—1680 1730—1810 1930—1950	现已倒塌的四角碉窗户上获取的样本,鹰嘴村下方
Beta—164171	茂县黑虎	1450—1680 1730—1810 1930—1950	
Beta—171489	茂县黑虎鹰嘴	结果不在校正范围内,可能是20世纪的	十二角碉
Beta—185913	理县桃坪	1660—1950	

资料来源:http://www.suuhs.com/石塔楼论坛-bbs/碉楼分区研究/茂县、理县/。

作者:冰焰(Frederique Darragon)。

碳14年代测定分析截止日期:2005年2月8日。

测定机构:BETA ANALYTIC Inc.

注:共5份碉楼木片样本,其中1份结果不在校正范围内。

表7　　　　　　　　　　嘉绒藏族地区碉楼碳14年代测定一览表

编号	地点	碳14测定年代（公元）	备注
Beta—157079	丹巴蒲角顶	1220—1410	分层的塔楼木片取自外墙墙筋，未被置换过
Beta—157080	丹巴蒲角顶	1280—1440	十三角碉，取自门梁上的木头
Beta—157696	丹巴蒲角顶	1270—1430	四角碉，蒲角顶，取自塔身中的小型墙筋，未被置换过
Beta—180710	丹巴蒲角顶	1195—1300	与阿布姐姐家老屋相连的碉楼
Beta—185896	丹巴蒲角顶	1290—1440	八角碉，从碉身墙筋取得的木片
Beta—196330	丹巴蒲角顶	1300—1440	接近十三角碉的四角碉
Beta—164166	丹巴梭坡	1270—1410	最高的四角碉，当地村民收集的木片
Beta—164167	丹巴梭坡	1160—1300	八角碉，从碉身内墙筋获取的木片
Beta—180712	丹巴梭坡	1155—1285	近期倒塌的碉楼，从还未倒塌地墙内获取得的木片，未被置换过
Beta—185898	丹巴梭坡	1230—1310 1360—1390	村长家的四角碉，从一个位置较低矮的小门门上方墙筋取得的木片
Beta—185900	丹巴中路	1300—1440	海拔更低的村里的八角碉，从墙身中取得的木片，未被置换过

续表

编号	地点	碳14测定年代（公元）	备注
Beta—185901	丹巴中路	1290—1430	海拔最高的村里的八角碉，现今碉楼主人从一块大型墙筋上收集的木片
Beta—185902	丹巴中路	1290—1420	中路"Ka Pi"—"卡皮"—地方官员收集的木片
Beta—185903	丹巴中路	1300—1440	中路"Dong Po"—"东坡"—地方官员收集的木片
Beta—185899	丹巴中路	1410—1500	四角碉，从碉楼取出的木片
Beta—185904	丹巴格宗	1310—1360	八角碉，从墙身内小型墙筋中获取的木片
Beta—185906	丹巴巴旺	1420—1530 1560—1630	两座四角碉，爬上墙从碉身小型墙筋中获取的木片，部分可能于几百年前置换过
Beta—185907	丹巴格什扎	1410—1500	格宗格什扎，八角碉，从墙内小型墙筋中获取的木片，未被置换过
Beta—157077	马尔康松岗	1230—1400	最高的八角碉，门墙筋底座上获取的木片
Beta—185910	马尔康松岗	结果不在校正范围内	松岗南边破败的四角碉，从门上方墙筋中获取的木片，已被置换过
Beta—196333	马尔康松岗	结果不在校正范围内	松岗南边的四角碉，从不同的墙筋中取出的第二个木片样本也超出了碳测的范围
Beta—196332	马尔康松岗	1430—1530 1560—1630	松岗北边的碉楼

续表

编号	地点	碳 14 测定年代（公元）	备注
Beta—185911	白什尔	1400—1470	八角碉，碉身外侧洞中的木片，该木片可能是碉身外侧结构的一部分
Beta—185912	白什尔	1180—1310 1370—1380	四角碉，从墙内小型墙筋中获取的木片，未被置换过

资料来源：http：//www.suuhs.com/石塔楼论坛-bbs/碉楼分区研究/嘉绒地区/。

作者：冰焰（Frederique Darragon）。

碳 14 年代测定分析截止日期：2005 年 2 月 8 日。

测定机构：BETA ANALYTIC Inc.

注：共 22 份碉楼木片样本，其中 2 份结果不在校正范围内。

表 8　　　　康定、九龙、木里等地碉楼碳 14 年代测定一览表

编号	地点	碳 14 年代测定（公元）	备注
Beta—147534	康定热么德	1038—1274	八角双碉中的 1 号碉，从中等大小的墙筋中获取的木片，海拔 3402 米
Beta—164172	康定热么德	1030—1290	八角双碉中的 1 号碉楼，为证实第一个样本的测验结果从不同的墙筋取得的第二个样本
Beta—185909	康定热么德	1250—1410	八角双碉中的 2 号碉楼，需要新的样本证实测验结果
Beta—196334	康定热么德	1230—1300	八角双碉中的 2 号碉楼的第二个证实 1 号样本的木片，这座碉楼是否就像测验结果显示的那样和 1 号碉楼一样是近期修建的？还有待于日本籍美国科学家 Achim 的测验结果

续表

编号	地点	碳 14 年代测定（公元）	备注
Beta—157075	康定热么德	1280—1400	损坏的八角碉，门上方中等大小的墙筋中获取的木片，未被置换过
Beta—157076	康定热么德	1260—1310 1360—1390	寺庙的八角碉，墙身外侧的厚木板上获取的木片，未被置换过
Beta—164168	康定热么德	1300—1450	僧侣住房附近的八角碉，从塔内小型墙筋上获取的木片，未被置换过
Beta—164169	康定热么德	1230—1400	八角碉，海拔 3363 米
Beta—164170	康定西沙卡	1290—1430	八角碉，墙内获取的木片，海拔 3366 米
Beta—185908	康定拉哈	1170—1280	四角碉，墙外侧厚木板中获取的木片，未被置换过
Beta—196335	九龙	结果不在校正范围内	察尔八角碉
Beta—196336	九龙	1400—1470	八角碉，碉楼已被拆毁，从碉楼上拆下的墙筋用来搭桥，木片来自桥上被再次利用的墙筋
Beta—196337	木里俅波	1240—1300	八角碉，碉楼已经倒塌，只有一片木头留存于废墟之上

资料来源：http：//www.suuhs.com/石塔楼论坛-bbs/碉楼分区研究/木雅地区/。

作者：冰焰（Frederique Darragon）。

碳 14 年代测定分析截止日期：2005 年 2 月 8 日。

测定机构：BETA ANALYTIC Inc.

注：共 13 份碉楼木片样本，其中 2 份被测定两次，1 份结果不在校正范围内。

表9　　　　　　　　　**西藏工布江达县碉楼碳14年代测定一览表**

编号	地点	碳14测定年代（公元）	备注
Beta—171488	工布秀巴	780—1040	
Beta—196319	工布秀巴	1050—1100 1140—1280	3号碉楼
Beta—196320	工布秀巴	1230—1310 1360—1390	4号碉楼
Beta—196321	工布秀巴	1180—1300	5号碉楼
Beta—147533	工布嘎拉	1267—1316 1352—1390	工布嘎拉最高的碉楼
Beta—196322	工布嘎拉	1250—1320 1340—1390	7号碉楼最高的碉楼
Beta—196323	工布嘎拉	1030—1280	工布嘎拉最高碉楼附近一座毁坏的碉楼
Beta—149833	工布嘎拉	结果不在校正范围内	工布2号碉楼
Beta—196324	工布卡拉	1310—1370 1380—1470	工布卡拉春措独立的碉楼
Beta—196325	工布卡拉	990—1220	工布卡拉春措南面的碉楼
Beta—196326	工布卡拉	1170—1290	工布卡拉春措北面的碉楼
Beta—196328	工布巴河	1020—1270	工布格村最高的碉楼海拔3722米
Beta—196329	工布巴河	900—1050 1100—1140	工布格村倒塌的碉基，碉楼大门上部的一片木片

编号	地点	碳14年代测定（公元）	备注
Beta—196327	工布巴河	1020—1240	工布得格村3座碉楼中南面的一座

资料来源：http：//www. suuhs. com/石塔楼论坛-bbs/碉楼分区研究/西藏工布/。

作者：冰焰（Frederique Darragon）。

碳14年代测定分析截止日期：2005年2月8日。

测定机构：BETA ANALYTIC Inc.

注：共14份碉楼木片样本，其中1份被测定两次，1份结果不在校正范围内。

第二节 碉楼最早产生于防御吗

对于青藏高原碉楼的功能与性质，目前学术界已形成一个几乎没有多少疑义的主流性看法：人们建造碉楼之目的是为了防御的需要，所以把碉楼当作与战争、战事及部落冲突相关的一种防御性建筑来看待就再正常不过了。故青藏高原碉楼是为防御而建造，碉楼的功能与性质在于防御，这无论对于学术界或一般大众均几乎已成为人所共知的常识。[1]

对于碉的使用功能，《后汉书》中未作记载。明确提到碉的使用功能并将其与防御联系起来的是《北史·附国传》，其记隋时位于川西高原的附国时曰[2]：

> 无城栅，近川谷，傍山险。俗好复仇，故垒石为碉，以避其患。其碉高至十余丈，下至五六丈，每级以木隔之。基方三四步，碉上方二三步，状似浮图。于下级开小门，从内上通，夜必关闭，以防贼盗。[3]

---

① 目前有关青藏高原碉楼的研究论著绝大多数均持此观点。参见石硕、刘俊波《青藏高原碉楼研究的回顾与展望》，载《四川大学学报》2007年第5期。

② 有关附国的地理位置，参见石硕《附国与吐蕃》，载《中国藏学》2003年第3期；石硕《从唐初的史料记载看"附国"与"吐蕃"》，载《民族研究》2003年第4期。

③ 《隋书·附国传》有大体相同的记载，仅个别用字有异。

图 134　四川省阿坝州金川县周山残碉

这段文字是继《后汉书》之后至明清以前汉文史籍对川西高原地区碉楼最详细的记载，其所记碉楼形制、面貌不仅与今川西高原的碉相同，且所记"礫高至十余丈"也与《后汉书》相吻合，可见附国境内的"礫"同东汉时岷江上游冉駹地区的"邛笼"乃一脉相承，应是前者延续与发展。不同的是，这段记载首次对碉的功用作了阐释，即"俗好复仇，故垒石为礫而居，以避其患"、"以防盗贼"。这说明至少在隋代川西高原地区的青藏高原碉楼可能已确有了"以避其患"、"以防盗贼"的功能。[①] 在隋唐以后，特别是到比较晚近的明、清时代，青藏高原碉楼功能显然基本以防御为主。如清乾隆时期大、小金川土司为了抵御清军的进攻，即大量建造碉楼，以作军事防御之所。

但问题在于，青藏高原最早的碉楼（"邛笼"）是因防御而建吗？换言之，碉楼的起源是否出于防御之需要？防御是否就是碉楼建造的原初意义与功能？这一点颇值得怀疑。碉是如何起源的？藏彝走廊的古代人

---

① 不过这段记载有两点需注意：其一，《北史》系中原史家之著作，其对碉之功能的解释自然是以"他者"立场和角度作出的，因此其解释的权威性到底有多大尚存疑问。其二，即便当时碉已确有"以避其患"、"以防盗贼"的功能，但隋距东汉已有数百年，故这是否即是建碉的初衷和原始意义，仍难以确定。

群最初是出于什么观念和动机建造这种独特的碉? 建造碉的原初意义是否如《北史·附国传》所记"俗好复仇,故垒石为碉,以避其患"呢? 在史料匮乏的情况下要回答这些问题显然有相当的难度。但是,当我们把碉楼这一独特历史文化遗存放在整个藏彝走廊的范围与文化背景中来考察和认识,却可发现一个与碉楼起源于防御之认识明显相悖的重要线索——碉楼在藏彝走廊中的分布明显地呈现出与族群的相关性,这就是: 川西北的嘉绒藏族地区是藏彝走廊地区碉楼数量和类型最多、分布最密集的地区。

嘉绒藏族是今分布于川西北高原大、小金川流域一带和岷江以西地区的一个较为庞大的藏族人群支系,其分布地域按行政区划主要为今阿坝藏族羌族自治州的马尔康、金川、小金、理县、黑水、壤塘等县以及甘孜藏族自治州的丹巴、道孚两县和雅安的宝兴县等,人口约 20 万。嘉绒藏人自称"格如",有自己独特的语言和风俗习惯。对于嘉绒语目前学术界有两种看法,或认为是一种古藏语,或认为是一种独立语言。① "嘉绒"一词可能是来自于藏语他称的译音,关于"嘉绒"一称的来历学术界有两种意见:一种认为"嘉"在藏语中系指汉族或汉地,藏语中的"绒"则指宜于农耕的河谷,故"嘉绒"一词的含义乃指"靠近汉地的河谷农区",此称谓遂变为藏族内部操藏语之主体人群对嘉绒这一特定人群支系的他称。嘉绒藏族居住地域多为河谷地带,有不少宜于农耕的冲击台地与河谷平原,故嘉绒以从事农业为主,北部的草地藏族也将他们称作"绒巴"。另一种意见认为嘉绒乃"嘉尔摩察瓦绒"的简称,意指苯教墨尔多神山周围河谷农区,或是指女王河谷地带。

在整个藏彝走廊地区,无论从历史上看还是在今天,碉楼分布最密集、数量和类型最多的地区都正好是嘉绒地区。清乾隆时期两度对嘉绒核心地区的大、小金川用兵,前后长达 7 年时间,其用兵和耗资甚巨但收效极微,一个重要原因即是大、小金川一带碉楼林立,当地藏人据碉扼守,使清军的进攻严重受阻。《清实录·清高宗实录》中总结清兵受阻原因时

---

① 参见瞿霭堂《嘉戎语概况》,载《民族语文》1984 年第 2 期。

图 135　四川省阿坝州金川周山碉楼

也说："地险碉坚，骤难取胜。"① 清朝两次对金川用兵，其战役也无不是围绕"攻碉"和"守碉"来进行。当时大、小金川地区到底有多少碉虽无准确统计，但碉楼之数量密集却堪称奇观。据《平定两金川方略》记，在今金川县卡撒乡的卡撒村（时称卡撒寨）一处，就有碉约 300 余座，由此可见一斑。金川和小金两县境内的碉大部分在乾隆战事中被毁，今残留于大渡河（含小金川）两岸的碉不过是战争之后留下的历史遗迹。

历史上嘉绒地区碉楼之密集还可从丹巴县的碉楼得到证明。丹巴县地处大金川之南、小金川之西，由于乾隆征金川之时丹巴一带土司多参加了清朝平定金川战争并建有功勋，所以丹巴一带的碉楼在乾隆战事中未遭损毁，这一原因也使丹巴成为迄今嘉绒地区乃至整个青藏高原范围碉楼数量最多、分布最密集的一个县。据口述资料和有关文献记载，在明代和清中叶以前的碉楼鼎盛期，丹巴一带的碉楼数量曾多达 3000 余座。② 丹巴碉楼之盛况，可从

---

① 参见《西藏研究》编辑部《清实录藏族史料》，乾隆十三年九月辛酉条，西藏人民出版社 1982 年版，第 808 页。

② 参见杨嘉铭、杨艺《千碉之国——丹巴》，巴蜀书社 2004 年版，第 89 页。

1938 年庄学本考察丹巴时对碉的记叙中看到:

> 碉楼众多,亦为丹巴之特色。曾在中路杨村长碉楼上统计村中碉楼,在视线之内者有八十七个,此外隐藏在坡下和沟中未见到者计有二十五个,总数约一百一十二个。全村户口一百六十一家,平均有碉楼房屋占十分之七。[①]

经过漫长的历史沧桑,目前丹巴县境内仍存留有碉共 562 座,从形状说有四角、五角、八角、十三角四种类型。此外,在 20 世纪 50 年代丹巴还保存有三角和六角碉。[②] 从碉的形状类型和功能看,丹巴也是最为齐全的地方。

20 世纪 30—40 年代最早对嘉绒进行系统深入的民族学调查和研究的马长寿先生,对碉与嘉绒族群的关系做过这样的论述:

图 136 四川省甘孜州丹巴县梭坡乡莫洛村碉群

① 庄学本:《丹巴调查报告》,载《康导月刊》1939 年第 1 卷第 7 期。
② 参见杨嘉铭、杨艺《千碉之国——丹巴》,巴蜀书社 2004 年版,第 89、92 页。

今四川茂、汶、理三县，以岷江为界，自岷江以东多屋宇，以西多碉楼。且愈西而碉楼愈多，从杂谷脑至大小金川，凡嘉戎居住之区，无不以碉楼为其建筑之特征。大体而言，碉楼的分布与嘉戎的分布是一致的。只有茂县岷江以西、黑水以东一带的羌人，大部分已经戎化，所以他们的碉楼建筑亦很众多。①

这段论述中，马长寿先生提出了两个重要观点：第一，大体而言，碉楼的分布与嘉绒的分布相一致。当然这句话的意思并不是说嘉绒以外地区就无碉楼，而显然是就嘉绒地区是碉楼分布最密集地区这一意义而言，亦即"凡嘉绒居住之区，无不以碉楼为其建筑之特征"之意。这一判断是十分正确的，可由今天嘉绒地区仍是整个青藏高原范围碉楼分布数量最多、最密集的地区得到充分的印证。第二，马长寿先生认为与嘉绒相邻的岷江以西、黑水以东一带羌人地区存在的很多碉楼，乃是羌人"绒化"即接受嘉绒藏族的影响所致，这就是说，修建碉楼可能并非是羌人原生和固有的文化，他们之所以建碉乃是受与之相邻的嘉绒藏族的影响。

既然在藏彝走廊地区，碉楼的分布主要同嘉绒藏族的分布相一致，即以嘉绒地区的碉楼分布数量和类型最多、最密集，这就充分说明碉楼主要是与族群及特定的族群文化密切相关的一种独特文化遗存。碉楼分布与族群明显相关的现象，显然与碉楼起源于防御的观点相矛盾和抵牾。因为若按碉楼是起源于防御的观点，那么至少有以下两个问题难以解释：

第一，防御的发达必与战事频繁相关。所以，按碉楼是起源于防御的观点，我们则势必会得出藏彝走廊地带的古代战争均集中于嘉绒地区而其他地区战事稀少的结论，这显然与历史情况严重不符。碉楼分布与族群分布呈现的明显相关性，显然不支持碉楼起源于防御的观点。

第二，碉楼在藏彝走廊某些地区或村寨的密集程度令人难以想象，特别在一些嘉绒核心区几乎达到户户有碉的程度。倘若建碉楼皆出于防御之需要，那么按此推理，我们就必然得出当地古代人群一千多年来长期生活于打

---

① 参见马长寿《氐与羌》，上海人民出版社1984年版，第27页。

打杀杀、争斗无穷和朝不保夕的战争状态中的结论，但是这在相对地旷人稀的高原地带是完全不真实和不可能的。

从这两点看，将建造碉楼的原初意义确定为防御，明显存在某种可能导致对当地社会及历史传统简单化理解或误读的危险。

历史长河中常发生这样的事情：一些古老的历史遗留与文化现象，其原初的意义可能因年代久远和社会条件变迁而逐渐丢失，以致后人遂以其派生意义来对其进行解释而造成一种普遍的误读。例如，文化人类学者在对世界一些民族中流传下来的古代歌谣进行研究时曾发现一个耐人寻味的现象：在某些歌谣中夹杂的那些过去通常认为无实际意义、只是为了增加韵律和节奏的所谓"感叹词语"，实际上最初大多有确切和十分重要的宗教含义，它们往往是一些仅为巫师所解的密语和咒语，只是在长期流传过程中其最初的含义已逐渐丢失，因其为后人所不解，而被误作了"感叹词语"。[①]

那么，今天人们对碉楼原初意义与功能的认识是否也存在类似情形呢？下面我们以藏彝走廊地区的民族志调查资料为依据，试对碉楼产生的原初意义与功能作一探讨。

第三节　从扎巴的碉楼文化看碉楼的"神性"面貌

建造碉楼的原初意义和功能到底是什么？因碉楼产生年代久远，加之史料记载匮乏，要搞清楚这一问题已属不易。值得注意的是，有关此问题，当地一些民族志材料却向我们提供了相当重要的信息与线索。

藏彝走廊地处横断山脉高山峡

图 137　鲜水河峡谷

---

①　参见［美］萨丕尔《语言》，李安宅编译，见《巫术与语言》（影印本），上海文艺出版社 1988 年版。夏敏：《歌谣与禁忌——西藏歌谣的人类学解读之一》，载《中国藏学》2000 年第 2 期。

图 138　扎巴臭猪肉

图 139　扎巴碉房

谷区，由于高山深谷、地势险峻和交通阻隔，这里是目前我国民族文化原生形态保留最好、历史积淀最丰富的地区之一。特别在藏彝走廊的某些峡谷地段，由于地形环境十分封闭和阻隔，形成了某些具有"活化石"性质的文化单元，在这些文化单元中许多古老的文化因素与传说得到了较好保留。今位于甘孜藏族自治州道孚县南部和雅江县北部鲜水河峡谷中的扎巴藏人地区便是这样一个相对独立的文化单元。

扎巴为藏族中一个特殊人群支系，生活于相对封闭的鲜水河（雅砻江支流）下游峡谷地段，人口约一万三千人。① 扎巴人自称"扎"，周边藏人称其为"扎巴"（"扎人"之意）。扎巴人保留自己独立的语言，② 同时较完整地延续着一种暮聚朝离的"走婚"为主的婚姻形式和母系制家庭形态。③ 一个仅万余人的族群能将自己的语言、独特的"走婚"习俗和母系家庭形态保留至今，自然是得益于其生活的峡谷环境的封闭性。对于扎巴的地理环境，20 世纪 30 年代进入扎巴地区作调查的赵留芳先生对其地形环

---

① 据 2000 年第五次人口普查数据。参见刘勇、冯敏等《鲜水河畔的道孚藏族多元文化》，四川民族出版社 2005 年版，第 85 页。

② 扎巴语系为一种独立语言，与藏语不相通。参见刘勇、冯敏等《鲜水河畔的道孚藏族多元文化》，四川民族出版社 2005 年版，"扎巴语研究"一章，第 244—283 页。

③ 参见冯敏《川西藏区的扎巴母系制走访婚》，载《民族研究》2006 年第 1 期。

境作过如下描述:

> 大抵查坝(即扎巴——引者)地形,皆大山绵亘,高峻险绝,鲜曲中贯,山谷小溪,从旁来汇入。路多在高山腰际,上下转折,时时须下马步行,有时到极陡险处,人骑马上,不敢旁视。民房皆在山之高处,农地成梯台形,盖山麓部分,大率成绝壁也。①

图 140　堆放农具、草料

由于生活环境闭塞,交通困难,也使扎巴地区保留着许多具有"活化石"性质的古老文化因素与独特习俗,如其在葬式上尚保留一种主要针对老人的岩葬、墙葬和楼葬的独特葬俗,生活习俗上则保留着一种特殊的吃臭猪肉的习俗。值得注意的是,扎巴地区碉楼文化十分发达,有不少碉楼和有关碉的传说与习俗。此外,扎巴地区的房屋十分独特,房屋均为石砌,多高至十余米或数十米、层数普遍达五至六层,犹如碉堡,这种如碉一样高高耸立的石砌房屋在藏区其他地方已十分罕见,当是一种很古老的"碉房"形式。②

鉴于扎巴地区保留大量古老文化因素和独特习俗,碉楼文化发达且保留

----

①　参见赵留芳《查坝调查记》,载《康导月刊》创刊号(1938年),此处转引自赵心愚、秦和平编《康区藏族社会历史调查资料辑要》,四川民族出版社2004年版,第229页。

②　"碉房"当指过去碉楼地区在建筑及风格上与碉楼有密切联系的房屋。顾炎武:《天下郡国利病书》引《寰宇记》云:"威、茂,古冉駹地……叠石为巢以居,如浮图数重,门内以楄木上下,货藏于上,人居其中,畜圈于下,高二三丈者,谓之鸡笼,十余丈者,谓之碉。"将其累石建筑分为两种:前者可称碉房,后者为碉。又云:"自汶川以东,皆有屋宇,不立碉巢,岭以西,皆织毛毯,盖屋如穹庐,……西入松州,苦寒特甚,日耕野墅,夜宿碉房。"参见顾炎武《天下郡国利病书》,编纂委员会编《四库全书存目丛书、史192、史部、地理类》,齐鲁书社1996年版,第642、643页。

着古老的碉房，笔者认为，扎巴地区的碉楼及相关习俗与传说对我们理解碉楼的历史面貌及原初功能或许有着重要的启示意义。

从扎巴有关碉楼形制、习俗与传说来看，我们可以看到以下几个明显的事实：

第一，扎巴地区房屋的最大特点是房、碉相连，与房相连的主要为四角碉，这类碉在使用功能上具有明显的神性。

扎巴人将与房屋相连的四角碉称作"拉康"（此词非扎巴语，为藏语之借词，系"神堂"之意），为"经堂"、"神殿"之意。房与碉之间每层有小门相通。与房相连的碉在使用上主要有两种情况：一种是"将整栋碉楼作为祭祀和设置佛龛用，其除僧侣外绝不准外人进入"。[1] 另一种情况是，碉楼除顶层外，均用于堆放粮食、草料和农具，顶楼则只作为祭祀和经堂使用。这说明与住房相连的碉在功能上主要是作为经堂和祭祀之用，具有明显的神圣性。以上这两种情况中，前一种情况可能反映了碉楼使用上一种更传统古老的状态，后一种情况应是前者的变通与妥协。但后一种情况颇能说明一个问题，即在同一座碉楼中"高度"与"神性"密切相关，尽管碉楼的下部可作与日常生活相关的其他用途，但碉楼的顶层却仍然只作为祭神和经堂来使用。这表明碉楼中越高的部分神性越突出，即"高度"与"神性"成正比。

第二，扎巴人传说称碉楼起源于对天神的敬奉，是为了祭祀天神而修建的。

"高度"与"神性"相关的事实背后可能隐含了一个很古老的观念，即在古人心目中，神是居住在天上的。那么，这是否是以求高为特点的碉楼产生的原始动因呢？令人惊讶的是，这一点恰好由扎巴人关于碉楼起源的传说得到印证。按照扎巴的说法，碉楼是起源于对天神的敬奉，是为了祭祀天神而建。扎巴的传说称，碉楼的产生异常古老，"有土地时就有了碉的存在"。而关于碉楼的由来，传说"在很久以前，……为敬奉天神，就修建了多角碉，用以向天敬奉，而修建此类碉需很长时间，十几甚至几

---

① 参见刘勇、冯敏等《鲜水河畔的道孚藏族多元文化》，四川民族出版社2005年版，第36页。

十年。"①

扎巴人关于碉楼由来的另一种传说是:八角碉是"米麻依"(为扎巴语,意为非人,疑为某种神的名称)在一夜之间修成的。按扎巴人的说法,人要在一个地方居住必先建碉,碉是"为了保证人类的生存,因为没有多角碉的地方人类就无法生存和定居,住房生命都要被神秘的力量摧毁"②。

从以上两则传说看,扎巴地区有关碉楼由来的说法颇具原始性。首先,称碉楼产生是在"当时世间还无教派之说"的年代,即产生于佛教尚未传入的年代,这一点十分准确并得到文献记载的印证。其次,称碉的修建是"为了保证人类的生存,没有碉的地方人类就无法生存和定居,住房生命都要被神秘的力量摧毁",这说明碉的产生乃缘于古代先民对某种经常摧毁其住房生命的"神秘的力量"的敬畏,这一点符合生存于高原恶劣自然环境的古人之生活状态与思维逻辑。那么,当时人们所敬畏的时常摧毁其住房生命的"神秘的力量"是什么呢?按照其传说正是"天"和"天神"。对"天"和"天神"的敬畏与崇拜是人类最早和最重要的自然崇拜之一,这在西南少数民族地区尤为普遍和突出。碉是"为了祭祀天神而修建"这一说法,不仅与碉本身伸向"天"、追求高度即追求与"天神"相近的逻辑相吻合,同时也由碉楼本身具有的神性特点得到实证。

第三,在扎巴人的观念与传说中,碉楼既是"神的居所",也是"祭神场所"。

扎巴人在修建房屋时,有的是房、碉同时修建,有的是先建房,后建碉;有的则是依已有的碉而建房,并无严格定制。但是在搬迁和拆房时,碉楼的神圣性即凸显出来。按照扎巴人的说法:"如果搬迁房屋,一般旧房可拆掉但碉不能拆,因为当地人认为碉是神居住处,神经常在碉内活动,如果移走,碉就会惹怒神,会给家带来不顺。"③ 这说明,我们在藏区村寨周边常看到一些单独兀立的碉,这些碉所在位置最初可能有住户并与住房相连,因碉具有神性,为神的居所,不能任意拆毁,故后来住户搬走,碉就单独遗留

---

① 参见刘勇、冯敏等《鲜水河畔的道孚藏族多元文化》,四川民族出版社 2005 年版,第 34 页。

② 同上书。

③ 同上书,第 36 页。

图 141　房碉相连的扎巴民居

下来。由此可见，碉、房虽然彼此相连，但两者的功能截然不同，房是人的居住处，属于人间和世俗部分；碉则是"神的居住处"和"神活动的地方"，属神的空间。将碉与房相连接，显然是为了使房屋居住者随时随地得到神的护佑。

在扎巴地区的地合村洛曲寨，还存在着一种专用于点灯供神的碉楼：

当地人说，此地的碉主要是用于祭神用的，碉内放置一盏很大的酥油灯，该灯容量极

图 142　鲜水河畔的四角碉楼

大，盛满了酥油能燃一年。每年寨民就将酥油灯内的酥油盛满之后点灯、供神，这盏灯就昼夜燃亮，直至一年。①

也就是说，在扎巴的文化中，不仅与房屋相连的碉具有明显神性，按照其传说系神的居所和活动之地，同时一些作为独立建筑的碉楼之功能也主要是作为祭神来使用的。

图143 道孚扎坝古碉与民居

四、碉的角多少与神性、权力、财富成正比。

扎巴地区的碉主要有四角碉、八角碉、十二角碉、十三角碉。一般说来，四角碉多与房屋相连，而八角、十二角和十三角碉则多为独立建筑。但从总体上说，扎巴地区独立的碉以八角碉为多，关于八角碉的传说也较多。一种传说是最早修建的碉是八角碉，称："八角碉是'米麻依'（意非人）在一夜之间修筑而成的，凡在一个地方定居必先修八角碉；……传说扎巴地区的八角碉在'嘎久巴'（藏传佛教教派之一）时代前就存在，而在'嘎久

---

① 参见刘勇、冯敏等《鲜水河畔的道孚藏族多元文化》，四川民族出版社2005年版，第35页。

巴'时代后只修四角碉"。① 按这一传说，修建八角碉的年代似乎早于四角碉，这是否符合事实尚不得而知。② 但有迹象表明，八角碉过去在扎巴地区似乎较为流行，如："亚卓乡的亚玛子村就有一座八角碉被当地人称为'克甲'（'克'为碉，'甲'为一百，意思是第一百个碉），当地人说从鲜水河下游的雅江交界处村落亚玛子村，刚好有一百个八角碉，故亚玛子村的八角碉就有了'第一百个碉'的称谓。"③ 过去扎巴地区的八角碉是否确曾达到一百座尚不得而知，但此传说至少说明一个事实：在扎巴人心目中八角碉的分量较四角碉要重。当地还有一种说法，八角以上的碉修建时间很长，一说需要十几甚至几十年时间，一说"八角碉、十二角碉修建需在十二年里完成，有的碉有尖角，有的没有，根据当地人讲，从开始到完工，如无人员死亡，碉顶修建'乃则'（尖角），否则就不建"。④ 一般说来角越多的碉修建难度越大，用时更长，这最初可能是造成八角或八角以上的碉在人们心目中更受珍视的原因之一。后来可能因为多角碉的修建难度更大、用时更长，故造成了八角或八角以上的碉在神性、权力和财富方面的象征意义也更为突出，因而其在人们心目中的分量也变得更重要了。

　　这一点在扎巴地区也得到证实。在扎巴地区仲尼乡的扎然、亚中、麻中等村，关于八角碉有如下的说法：

> 当地富户为了炫耀其财富，以显其雄厚的势力就修建此类碉，故修的角越多、越高就越表明其财富越多、势力大。⑤

　　碉的角越多就代表权力越大、财富越多，此说法在碉楼分布密集的丹巴地区也同样存在。在丹巴县梭坡乡蒲角顶迄今保留嘉绒地区唯一一座十三角

---

① 参见刘勇、冯敏等《鲜水河畔的道孚藏族多元文化》，四川民族出版社2005年版，第33页。

② 一般说来，四角碉是碉的主流，四角以上或以下的碉其普遍程度和数量均有限，可视作碉的特例。从一般情况看，四角碉产生的年代似应早于其他多角碉，这也符合事物发展由简单而复杂的一般规律。

③ 参见刘勇、冯敏等《鲜水河畔的道孚藏族多元文化》，四川民族出版社2005年版，第33页。

④ 同上书，第35页。

⑤ 同上书，第34页。

碉。按照当地传说，这座十三角碉是当地首领岭岭甲布所建。由于当时岭岭甲布的势力很大且富有，于是想建一座十三角碉来显示自己的权力与富有。由于工匠们从未建过十三角的碉，在如何设计和分配十三个角上不知从何入手，最后是梭坡村一位纺羊毛线的少女用纺线的坠子插在地上，用羊毛线绕着坠子划出十三个阴角和阳角，帮助工匠们解决了难题，建起了十三角碉。①岭岭甲布具体是什么时代的人现已不清楚，估计为当地头人一类人物。从此传说看，丹巴的说法与扎巴地区完全一致，碉楼的高度及角的多少与权力、财富呈一种正的相关，即碉楼越高、角越多就越能体现权力、财富。从这一意义说，碉楼也衍生出权力、财富的标志与象征意义。

此外，和四角碉相比，八角碉的神性似乎也更为突出。在扎巴地区，如果说与房屋相连的四角碉主要是作为该房屋住户私人的"经堂"和"祭祀场所"来使用，那么，八角碉还有另一个重要功能，即作为村寨公共性的"祭神场所"来使用。例如前面提到在扎巴地区洛曲寨，每年将一盏巨大的酥油灯盛满酥油置于碉中点燃供"神"并燃烧至一年的碉，就正是八角碉。这种碉非私人所有，而是属于全寨的一个公共祭祀场所。作为全寨公共祭祀场所的碉选用八角碉而不用一般作为私人祭神的四角碉，说明八角碉的神性较四角碉更突出。同时从扎巴地区传说中更为强调八角碉的重要性来看，以八角碉作为一地、一寨的公共性祭神场所来使用。这一情形在过去可能是较传统和普遍的做法。

第四节　碉楼具有"神性"的其他民族志证明

很显然，扎巴地区碉楼文化，呈现出与过去我们所理解的作为战争防御建筑的碉楼迥然不同的面貌。其中最突出的事实是：碉楼具有神性。

以上所述只是扎巴区域的情况。应当指出，要以扎巴一地的碉楼面貌来推论整个藏彝走廊地区的碉楼目前尚缺乏充足证据。但考虑到碉楼在藏彝走廊乃至整个青藏高原地区是一种具有共性和普遍性的文化遗存，扎巴地区碉

---

① 参见杨嘉铭、杨艺《千碉之国——丹巴》，巴蜀书社 2004 年版，第 108 页。

楼具有神性的现象乃为我们认识碉楼的原始面貌特别是碉楼的原初意义与功能提供了另一种重要启示。需要注意的是，扎巴地区的情况并非孤立例证，在藏彝走廊其他地区事实上也多有类似情形存在，这或可作为扎巴地区碉楼具有神性之旁证。

如马尔康一带流传一种传说，称碉楼是"由本波教为该地镇魔修筑"。[①]这与扎巴地方"没有八角碉的地方人类就无法生存和定居，住房生命都要被神秘的力量摧毁"的说法完全吻合，且正好可看作是对后者的诠释。同时马尔康还存在一种奇特的碉："碉楼无窗、无门、无枪眼，均四角、高9层，宽5至6米，顶无盖，是人们崇拜和神圣的地方。"[②]也说明碉与人们的崇拜和神圣相关，而这种无窗无门的碉究竟作什么用目前不清楚，但极可能是碉楼古老原始状态的一种孑遗。

此外，扎巴地区以碉楼或碉楼顶层作祭祀场所的情况在过去可能是相当普遍的做法。1929年中研院黎光明偕同伴王元辉调查川西北西番民族（即今之嘉绒和羌），对碉楼曾作这样的记述：

> 碉楼的形状，很像大工厂里的，方形的烟囱，高的有二十几丈。基脚的一层，宽敞可容数楹，愈上愈狭，最高的有十几层，那最上的一层只能作仅容一人念经的经堂。[③]

这段记述的最后一句话极为重要，说明在20世纪20年代把碉楼顶层只用作"念经的经堂"即祭祀场所的情况仍然是相当普遍的，几为一种惯例。但今天这种情况在碉楼所在地区已十分少见，仅在扎巴这样较闭塞的地区还较好地延续着这一传统。不过，还有一种形式也可看作是此传统的孑遗和延续：即专作经堂使用的碉，当地称"经堂碉"。经堂碉过去较多，现仅在今丹巴中路乡保留两座、金川县保留一座，[④]经堂碉主要为藏传佛教内容，碉

---

① 参见四川马尔康地方志编纂委员会《马尔康县志》，四川人民出版社1995年版，第631页。

② 同上。

③ 参见黎光明、王元辉《川西民俗调查记录1929》，王明珂编校、导读，台北中研院历史语言研究所2004年版，第178页。

④ 金川县的经堂碉承杨嘉铭教授告知，笔者未实地见到。

内多绘有佛教壁画和佛像，或供奉有佛像。经堂碉可以看作较晚传入的佛教与碉楼这一古老形式的嫁接，是佛教信仰向碉楼的植入。但佛教信仰能够与碉相嫁接本身就揭示了这样一个事实：即在当地人眼中碉原本就是神圣场所，或原本就是祭神之地。只有这样，将佛教信仰的内容植入碉内才会成为可能且顺理成章。而扎巴地区的碉楼文化恰好也印证了碉楼为祭神之所并具有神性的事实。碉楼的神圣性还可由民俗事象得到证明，杨嘉铭在调查丹巴碉楼后指出："在丹巴历史上，不仅男孩 18 岁成年，要在高碉下举行成丁礼；女孩 17 岁成年，也需在高碉下举行成年礼；凡喜庆节日，人们都会聚集在高碉下，唱山歌，跳锅庄。仿佛高碉在当地人们的心目中，成为一种历史的见证，由此可见高碉在当地人们心目中的崇高地位。"[①]

综上所述，从扎巴及其他地方有关碉楼的使用、观念与传说中，我们可以看到三个事实：

第一，关于碉楼的由来，扎巴的传说是"为祭祀天神而建"，马尔康一带则说是"由本波教徒为该地镇魔修筑"，这两种说法实际上相通，均反映碉楼的修建最初是为了处理人与神的关系，求得神的护佑。

第二，碉楼具有明显神性，碉楼所在地区过去可能普遍存在将碉或碉之顶层用作祭神场所的习俗，扎巴地区不过是较好地保存了这一习俗而已。且按扎巴的说法，碉还是神活动之地，故住户搬迁时房可撤而碉不可撤。

第三，碉楼还象征权力与财富，角越多、越高的碉越能体现权力与财富。

若细加留意，我们不难发现上述三点之间乃存在某种内在的逻辑关联：首先，第一点与第二点恰好可以互证：即碉楼是"为祭祀天神而建"或"镇魔修筑"，正好是对碉楼具有神性的最好诠释；而碉楼具有神性又是对碉楼是"为祭祀天神而建"或为"镇魔修筑"的有力印证。其次，第一、二点又与第三点亦存在逻辑关联，即恰恰因为碉楼是"为祭祀天神而建"并具有神性，碉楼才可能演变为权力的象征物。就世界民族志材料看，在古代神性与权力往往有更紧密的联系，最初世俗权力的确立无不是借助于神的光

---

① 参见杨嘉铭、杨艺《千碉之国——丹巴》，巴蜀书社 2004 年版，第 113—114 页。

环。① 因此，碉楼由最初有神性的建筑逐渐演变成一种权力的象征和标志物就再正常不过了。另外，修建碉楼需要耗费财力和组织人力，角越多、越高的碉楼修建过程往往需要组织更多的百姓、耗费更大财力，所以那些多角、更高或体积更大的碉一般来说只有权势者和富有者才能修建，所以这一类碉后来便逐渐成为体现权势与富有的标志。在藏彝走廊碉楼地区的调查中不难发现这样一个事实：在一个区域或村寨中，那些最高、角最多和体积最大的碉，几乎无一例外都是过去土司或头人及有一定地位的大户人家所建。2005年笔者在小金县沃日土司官寨调查时，当地村民告知，过去一般百姓建碉在高度上绝对不可超过土司的碉。这表明，以碉的高度和角的多少来象征权力乃是过去普遍遵循之惯例。以碉作为权力象征的现象，恰恰揭示了一个古老事实——碉楼最初是具有神性的。也就是说，碉楼得以作为权力象征必以其最初的神性为基础，它既是碉楼原始神性派生的结果，也是对碉楼最初具有神性的证明。

图144　扎巴碉房与碉楼

---

① 参见朱荻《原始文化研究》，三联书店1988年版，第657—661页。

第五节 关于碉楼产生的两个高原文化背景

对于碉楼是"为祭祀天神而建"并"具有神性"这两点，在藏彝走廊地区我们还可获得以下两个重要旁证：

第一，古代藏彝走廊地区存在一种普遍的"石"崇拜。

从新石器时代晚期直到东汉初年，藏彝走廊地区分布着一种广泛而又普遍的以石板或石块垒砌墓室的"石棺"墓葬，考古学上称"石棺葬"。藏彝走廊地区是我国石棺葬数量最多、分布最密集的地区，石棺葬遍及了整个藏彝走廊。石棺墓地均分布于各河流台地上，墓地中石棺呈密集或重叠排列，或数十座、数百甚至数千座不等，同一墓地中石棺葬的年代跨度达数百年。① 藏彝走廊的古代先民为何如此长期和普遍地采用"石棺"这一葬式？史籍虽无明确记载，但有一点可肯定，对死者的处置及葬式选择乃是生者信仰与宗教观念的反映，即所谓"事死如

图 145 岷江上游营盘山石棺葬

---

① 参见罗开玉《川滇西部及藏东石棺墓研究》，载《考古学报》1992 年第 4 期；阿坝藏族羌族自治州文物管理所等：《四川理县佳山寨石棺葬发掘清理报告》，载《南方民族考古》第 1 辑，四川大学出版社 1987 年版，第 211—236 页。

生"。且一个族群如何对待死亡往往关涉其信仰与宗教观念之核心，所以石棺葬盛行可能反映一个事实——在藏彝走廊古人的宗教观念与信仰中应包含某种对"石"的独特理解与崇拜，即"石"在其宗教信仰中占有特殊位置。这还可由两点得到旁证。一、岷江上游羌族《羌戈大战》史诗中，描述当地土著"戈基人"的特点是"纵目"，并"生居石室，死葬石棺"。[①]《华阳国志·蜀志》记蜀人先祖蚕丛氏"其纵目，始称王，死作石棺石椁，国人从之，故俗以石棺椁为纵目人冢也。"《古文苑·蜀都赋》章樵注引《蜀王本纪》云"蚕丛始居岷山石室中"。"生居石室，死葬石棺"可能正是对古代藏彝走廊地区流行"石"崇拜及石棺葬的一个生动说明。二、距今5000年的昌都卡若新石器时代遗址中曾发现众多石墙半地穴房屋、石墙、圆石台、石围圈、石铺路等石砌建筑遗迹，尤值得注意的是其中发现两座圆石台和三处石围圈遗迹，均排除是房屋附属部分，也谈不上任何实际用途，遗址发掘者认为这些"圆石台，石围圈等可能和原始宗教信仰有关"。[②]倘如此，则我们可断定"石"与"石砌建筑"远在新石器时代已经同当地居民的信仰及精神生活发生了某种联系，这极可能是后来石棺葬普遍兴起之滥觞。[③]

一个耐人寻味的现象是，在藏彝走廊地区石棺葬与石砌碉楼、碉房的分布之间呈现一种奇特的对应关系，即有石碉、碉房的地方大多同时发现有石棺葬。[④]此现象暗示石棺葬与石砌碉楼、碉房之间可能存在某种一脉相承的内在传承关系。也就是说，从卡若遗址众多的石砌建筑，到其后持续时间长且分布广泛的石棺葬，再到历史时期普遍盛行的石砌碉房、碉楼，三者间呈

① 参见董古《岷江上游石棺葬之谜》，载《文史杂志》1993年第2期。
② 参见童恩正《试论我国从东北至西南的边地半月形文化传播带》，载《南方文明》，重庆出版社1998年版，第570页。
③ 对卡若遗址发现的众多石砌建筑遗迹，发掘报告认为："它们似乎开创了一种石砌建筑的新时期。"关于卡若文化石砌建筑对藏彝走廊地区产生的影响，发掘报告中还作了这样的论述："卡若文化对这一地区（指川西高原、滇西北横断山脉区域——引者注）的影响，甚至在以后的历史时期中也能看到。在今西藏及川西高原地区藏、羌、嘉戎等族居住的范围内，各种建筑中仍然广泛使用砌石技术，而主要的住宅形式则是一种石墙平顶的方形两层房屋，称为'碉房'，此种传统在史籍中历代均有记载。卡若建筑遗存的发现，使我们能够将它的历史上溯到新石器时代。"参见西藏自治区文物管理委员会、四川大学历史系《昌都卡若》，文物出版社1985年版，第151页。
④ 参见任新建《"藏彝民族走廊"的石文化》，载（台湾）《历史月刊》1996年10月号。

图 146 神山

现出一个清晰的石砌建筑传统的发展演变脉络。对此，主持卡若遗址发掘的童恩正先生曾作如下阐述：

> 很显然，横断山脉地区的这种石砌建筑传统在文化上显然应有一个共同的内核，即在当地先民的原始信仰及观念中可能存在着某种对"石"的独特认知与崇拜。假如我们将"垒石为室"的碉楼放在藏彝走廊的上述特定文化背景中来认识，那么石砌碉楼最初起源于信仰的可能性就明显大于其作为防御性实用建筑的可能性。也就是说，石砌碉楼起源于信仰同该地区古代普遍流行的"石"崇拜之文化背景更为吻合。

第二，藏彝走廊地区许多古老民间信仰中普遍存在以"高"为"神圣"的观念。

求高是修建碉楼的一个出发点。在藏彝走廊地区许多古老的民间信仰中我们均可看到高度与神性之间有密切关联。最典型的是神山信仰。神山信仰是青藏高原极古老的一种信仰，早在佛教传入前已广泛存在。藏彝走廊地带绝大多数山都是神山，只是等级不同罢了。有的是一户或几户人供奉的神

图 147　嘛呢堆

山，有的是某一村寨供奉的神山，有的是一沟一谷或某一地理单元中若干村寨供奉的神山，有的则是一个更大区域或空间范围人们共同供奉的神山。神山的级别与其高度密切相关：一般说来，那些高耸云端、醒目且山巅终年积雪的山往往都是某一区域中较重要的神山。山所以成为人们膜拜的对象，揭示了一个古老的事实——在当地原始宇宙观和信仰中"高"与"神圣"密切相关。产生这种关联的核心当缘于"天神"的崇拜。

在藏地古老苯教中"天神"是最重要的神，不仅祖先与"天神"联系在一起，[①] 因山可上下，又将山与"天神"联系在一起，故祭山、祭天、祭祖常是三位一体。在此信仰体系遂产生出"高"与"神性"相关的宇宙观。若按扎巴地区的传说，碉楼"是为祭祀天神而建"并具有明显神性来看，碉楼与神山崇拜在本质上完全相通：一、两者均以"高"为特点；二、两者均与"神性"相关。所以碉楼同样体现了"高"与"神性"的合一。

在碉楼分布区，还有不少信仰与崇拜形式体现了"高"与"神性"的相关。如用石块垒砌成的嘛呢堆大多置于山口或神山顶上，虽然形状各异，但就实质而言它乃是在追求一种高度（只是高的程度不同罢了），且为石砌，

---

① 据藏文史料记载，吐蕃早期以苯教护持国政，而吐蕃最早的七任赞普（王）均是从天上降临人间的"天神之子"，死后又均"逝归天界"。说明当时赞普及祖先王系均与"天神"相联系。参见王尧、陈践译注《敦煌本吐蕃历史文书》，民族出版社 1992 年版，第 173—174 页。另参见石硕《聂赤赞普"天神之子入主人间"说考》，载《民族研究》1998 年第 3 期；石硕《七赤天王时期王权与苯教神权的关系——兼论西藏王政的产生及早期特点》，载《西藏研究》2000 年第 1 期。

这两点均与碉楼相通。又如横断山区石砌房屋格局一般多为三层，下层圈养牲畜和堆放农具等杂物，中层为人活动场所，厨房（当地厨房均兼为客厅）和主要居室均在中层，上层为经堂所在。此外，房顶四角还放置白石或插有经幡，祭神焚香（当地俗称"熏烟烟"）的炉灶也置于房顶。[1] 这种在居住格局中将祭神及与信仰相关事物均置于房屋顶层的做法同样体现了"高"与"神圣"的紧密关联。《土观宗派源流》谈到藏地最早的苯教"笃苯"时云："当时的苯教，只有下方作镇压鬼怪，上方作供祀天神，中间作兴旺人家的法事。"[2] "笃苯"为雍仲苯教（"伽苯"）传入前藏地最早的原始宗教形态，可见"上方作供祀天神"即以"高"为"神圣"的观念产生极早，且今藏彝走廊地区的房屋格局仍沿袭了"上方作供祀天神"的传统。

图 148　山顶的塔

从碉楼所在地区许多古老民间信仰如神山崇拜、嘛呢堆及房屋居住格局均普遍包含以"高"为"神圣"的观念看，它们与碉楼之间实存内在的一

①　参见恰白·次坦平措《论藏族的焚香祭神习俗》，载《中国藏学》1989 年第 4 期。
②　参见土观·罗桑却季尼玛著《土观宗派源流》，刘立千译注，民族出版社 2000 年版，第 194 页。

图 149　"独"

图 150　房顶的角

致性，故以"高"为"神圣"的观念很可能是促成碉楼产生的重要媒介与文化土壤。如果从这样的文化背景来看，同将碉楼视为产生于战争防御的观点相比，碉楼"为祭祀天神而建"的说法似乎更具本土性和真实性，后者与当地许多古老民间信仰在观念与文化内涵上更为契合和相通。

从上述种种迹象看，碉楼起源于信仰的可能性似比起源于防御的可能性要大。也就是说，碉楼的起源可能并非如人们通常所认为的是出于防御，其最初可能仅是一种"祭祀天神"、表达对天神的信仰或用以"镇魔"的建筑，只是到了后来部落间战事冲突增多，碉楼本身又确为很好的防护体，才逐渐派生出防御的功能。特别到了较为晚近的元明清时代，由于当地战事增多、资源竞争加剧，碉楼的防御作用日趋凸显并占据主导，防御推动了碉楼的进一步发展。在这样的社会背景下，因碉楼的功能发生转换导致碉楼的原初意义与功能逐渐弱化或丧失，并逐渐被人淡忘或遗忘，仅在一些个别较封闭的地区及文化单元中尚清晰地保留着过去的痕迹及面貌，扎巴地区可能正是这样的区域之一。假如以上判断无误，那么，我们可以认为，碉楼最初的功能乃是处理人与神的关系，以后才派生出处理人与人的关系即防御的功能。此演变轨迹也符合人类社会发展之逻辑。一般说来，在越早期的社

图 151　屋顶上的"勒则"

会中人与自然的关系往往更为重要，也更居主导地位。而当时沟通人与自然关系的重要媒介就是"神"，"神"的作用正在于处理和调节人与自然的关系。扎巴地区流传的没有碉"人类就无法生存和定居，住房生命都要被神秘的力量摧毁"的说法，反映的正是这样一种状态。因此，在早期社会中"神"对于人的重要性要远大于人际关系。从此意义上说，碉楼由最初处理人与神之间关系之物而逐渐转变为应付人际之间冲突的防御性建筑就应是顺理成章之事。

　　还有一个耐人寻味的细节有助于我们认识碉楼的原初意义与性质。一般来说，碉楼门窗均十分狭小且将窗户做成外窄内宽，按常理理解这显然是为了便于防御，并极易将此作为碉楼确为防御而建的一个证据。但是扎巴人对此却有一个完全不同的解释，称碉楼门窗狭小且外窄内宽，这种设计主要是

为了防止僵尸进入侵扰住户。① 对此我们还可找到一个相同的例证：过去西藏一般百姓的住房普遍实行一种"矮门"，外人也极易按社会等级及实用角度去理解，然而正确的解释却是："西藏民居修成矮门是为了防止起尸出入，这习俗只存在于民间，王宫和寺院不必建成矮门。因为王室卫士林立，壁垒森严，没有起尸创（原文如此，疑为'闯'之笔误——引者注）入的可能性，寺院有佛光和灵气，起尸也进不去。"② 这个例子颇能说明一个问题：藏地民间许多事物其初始意义大多和古老信仰及宗教观念有关，但随着社会的变迁这些事物的原始意义可能逐渐丢失或被替代，以致后来的人们遂以其被替代和派生的意义对其进行解释。今天人们把青藏高原碉楼普遍解读为因战争而起的防御建筑很可能也存在类似情形。

图 152　扎巴碉房的门窗

毫无疑问，扎巴地区应是藏彝走廊中一个具有"活化石"性质的文化单元。凭借鲜水河下游幽深峡谷形成的狭窄和屏障的地理环境，扎巴人不仅保留了自己的语言、独特的走婚及母系家庭形态，同时在其生活习俗中也积淀和保留了大量独特而古老的文化因素。因此，扎巴地区的碉楼文化——对碉的使用及有关碉的观念与传说——对我们而言同样具有某种"活化石"性质。从此意义说，扎巴碉楼文化中所呈现的碉楼具有神性且系"为祭祀天神

---

① 参见刘勇、冯敏等《鲜水河畔的道孚藏族多元文化》，四川民族出版社 2005 年版，第 36 页。

② 参见塔热·次仁玉珍《西藏的地域与人文》，西藏人民出版社 2005 年版，第 157 页。

而建"这两点无疑向我们揭示了碉楼及其文化的另一面,很可能反映了碉这一独特文化遗存更古老、更原始的形态与内涵,这无疑为我们更客观地认识和理解碉楼产生的原初意义与功能及其早期历史面貌开启了一个新的视角。

第 六 章
青藏高原碉楼起源探讨

第一节　嘉绒地区碉楼的启示：碉楼与苯教的对应

碉楼是如何产生的？这是一个颇为复杂的问题，也是一个难度颇大的问题。

但是，我们在对青藏高原碉楼进行广泛的田野调查时，却意外地发现一个耐人寻味的重要现象：即碉楼与青藏高原的一个本土文化——苯教文化及"琼"存在着神秘的对应关系。

苯教是佛教传入以前青藏高原地区所流行的一种本土原始宗教。但我们今天所说的"苯教"，根据藏文史籍和苯教典籍的记载，至少经历了以下三个大的历史发展阶段：

第一阶段为"笃苯"，系指在止贡赞普以前流传于藏区各地的最古老的原始苯教。刘立千认为："笃苯"之含义，"意为涌现苯，指本土自然兴起的苯教，即原始苯教。"① 也就是说，笃苯为藏地本土之原始宗教。《土观宗派源流》在谈到"笃苯"时曰："当时的苯教（指笃苯——引者注），只有下方作镇压鬼怪，上方作供祀天神，中间作兴旺人家的法事而已，并未出现苯教见地方面的说法。"② 敦煌古藏文写卷 P. T. 126 II 在记载藏地最早的六大

---

① 土观·罗桑却季尼玛：《土观宗派源流》，刘立千译注，民族出版社 2000 年版，第 342 页。
② 同上书，第 194 页。

氏族之一"穆"人的宗教时，亦称其特点也是"上供天神，下镇魔妖"①，与《土观宗派源流》有关笃苯的记载完全一致。

第二阶段为"伽苯"，指从止贡赞普时开始从克什米尔、勃律、象雄等地传入的苯教。"伽苯"一词，据刘立千先生解释："意为游走苯，指由外地流传进来的苯教。"②《土观宗派源流》云："伽苯者，当支贡赞普王时，藏地的苯徒还无法超荐凶煞，乃分别从克什米尔、勃律、象雄等三地请来三位苯徒来超荐凶煞。……这三人未来藏以前，苯教所持之见地如何，还不能明白指出，此以后的苯教也有了关于见地方面的的言论。据说伽苯乃溶混外道大自在天派而成。"③《贤者喜宴》亦记："其时（指止贡赞普时——引者注），自天竺及大食交界处的古然瓦扎地方，得到了外道'阿夏本教'。"④古然瓦扎具体为何地已难考证，但从其在"天竺及大食交界处"来判断，其位置显然应在今西藏西部。这与《土观宗派源流》中称"伽苯"是由克什米尔、勃律、象雄一带传入的记载完全吻合。值得注意的是，以上两书提及"伽苯"时均称其为"外道"。这里所言之"外道"可能有两种含义：一是言其为外来的被佛教正统斥为"外道"之宗教；二则可能言其与藏地先前流传的本土宗教"笃苯"截然有别。需要注意的是《土观宗派源流》中明确称伽苯"乃溶混外道大自在天派而成"。"自在"一词系出自梵文 Siva。Siva 的音译即"湿婆"，意译"自在"，亦称"大自在天"。湿婆是婆罗门教和印度教的主神之一，即毁灭之神。印度教三大派别之一即有湿婆派，以崇拜主神湿婆而得名。有学者认为湿婆派是源于公元前后的兽主派，多以信神为特点，该教派的一些分支曾流行于克什米尔地区。需要指出的是，湿婆派在佛教经典中即常被称作"大自在天外道"、"涂灰外道"、"髑髅外道"，这与《土观宗派源流》所言"外道大自在天派"完全一致。可见，止贡赞普时由西藏西部克什米尔和勃律地区传入的所谓"伽苯"，显然主要包含有早期印

---

① 转引自褚俊杰《吐蕃远古氏族"恰"、"穆"研究》附一《P. T. 126 Ⅱ. 译文》，载《藏学研究论丛》第 2 辑，西藏人民出版社 1990 年版，第 29 页。

② 土观·罗桑却季尼玛：《土观宗派源流》，刘立千译注，民族出版社 2000 年版，第 342 页。

③ 同上书，第 194 页。

④ 黄颢译注：《〈贤者喜宴〉摘译》，载《西藏民族学院学报》1980 年第 4 期。

度教之湿婆派的内容①。故才让太先生认为："恰本（即"伽本"）是止贡赞普从克什米尔、勃律、象雄请来的本教是在吐蕃传播的具有神秘传承和特殊功能的本教。"② 可见，伽本至少有两个突出特点：一、它是从克什米尔、勃律、象雄等地传入的一种被称作"外道"的宗教；二、伽本已有了关于见地方面的言论，故其理论和系统化程度已明显高于先前无"见地方面的说法"的"笃本"。

　　第三个阶段为"局本"，指佛教传入以后因受佛教影响而形成的"苯教派别"或称"苯教教派"。据刘立千解释，"局本"，"意为翻译苯，指苯教徒们抄袭窜改佛书，制造苯教经典，使苯教正规化。"③ 在佛教传入后，佛、苯之间在对立冲突过程中逐渐相互影响、相互吸收，并进而发生了很大程度的融合。这种融合无论给佛教或苯教都带来了决定性的影响：一、对佛教而言，佛教因其对苯教成分的吸收而"藏"化或本土化，并最终成为了"藏传佛教"；二、对苯教而言，苯教则以对佛教的借鉴和吸取而使自己逐渐更趋系统化和组织化，最终演变成为一种带有浓厚佛教色彩并与藏传佛教各教派相并存的宗教派别。这正如土观大师所言："佛和苯是矛盾的一家，佛中掺苯，苯中亦杂佛。"④ 故学者们多认为，在11世纪以后的苯教事实上成为喇嘛教的一个派别。⑤ 因此，今天存在于藏区的苯教实际上已经是一种制度化的宗教：它不仅有自己的寺院和组织，也有自己的经典和相对完整的教义。

　　由上可见，我们今天所言的"苯教"，实际上有着较为复杂的内涵，它既包括了藏地最古老的原始宗教"笃本"，也包括了止贡赞普时从西藏西部地区传入的外来宗教"伽本"，同时还包括了佛教传入以后在佛教影响下逐渐系统化和制度化的"局本"，尽管三者都被统以"苯教"称之，但它们彼

---

　　① 关于"伽本"中存在印度乃至伊朗的宗教因素这一点，可参见［法］石泰安《西藏的文明》，耿升译，王尧校，中国藏学出版社1999年版，第34、274页。

　　② 才让太：《试论本教研究中的几个问题》，载《中国藏学》1988年第3期。

　　③ 土观·罗桑却季尼玛：《土观宗派源流》，刘立千译注，民族出版社2000年版，第342页。

　　④ 同上书，第199页。

　　⑤ 参见［法］石泰安《敦煌写本中的吐蕃巫教和本教》，耿昇译，载《国外藏学研究译文集》第11辑，西藏人民出版社1994版，第13页。

此在内涵上的差异却是不言而喻的。[①]

尽管苯教的发展演变经历了上述三个历史阶段，但苯教却无疑是藏地最古老、最原始的一种宗教与文化形态，是藏区宗教文化之"底层"，其中包含大量古老的文化因素。今天的藏传佛教正是佛教传入藏区以后大量吸收和融合苯教成分与文化因素而形成的。

我们在横断山脉碉楼分布地区进行实地调查过程中，发现了一个奇特而重要的文化现象：碉楼分布十分密集和众多的地区，往往同时也是苯教文化发达且苯教氛围十分浓郁的地区。

值得一提的是，今天地处横断山脉区域的川西藏区即甘孜、阿坝两州确是目前藏区中苯教教派分布较为集中的地区。据 20 世纪 80 年代末的调查统计，甘孜州的苯教势力在各教派势力中位居第四，仅次于格鲁派、萨迦派和宁玛派，共有苯教寺院 40 座，信仰人数约占全州藏传佛教各派总人数的 10.26%。在阿坝州，苯教仅次于格鲁、宁玛两派，居第三位，有苯教寺院 31 座，信仰人数约占全州藏传佛教各派总人数的 19.87%[②]。其中川西藏区最大的苯教寺院郎依寺、多笃寺等均分布在阿坝州的阿坝县境内。

前已提到，今川西北位于岷江上游及大渡河上游的嘉绒藏族地区，是迄今整个青藏高原尤其是藏东横断山区系类型中碉楼分布最密集和目前碉楼留存数量最多的地区。如果说，碉楼文化是嘉绒地区一个异常突出的文化特点，那么，与之相应，嘉绒地区还有另一个突出的文化特点——以苯教的发达和苯教文化的深厚与源远流长著称。

嘉绒地区历来为苯教（当地又称"黑教"）盛行之地。其境内大、小金川流域不仅有藏区最大的苯教神山——墨尔多神山，而且其位于大金川河畔的过去的雍仲拉顶寺也是整个金川地区规模最大、地位最高的苯教寺院。苯教在嘉绒地区有着极古老和根深蒂固之传统。15 世纪以前，在嘉绒地区苯教虽受到藏传佛教一些教派的挑战，但却始终未动摇其地位，仍由苯教一统天

① 参见石硕《略谈本教内涵及其流变》，载《西藏民族学院学报》1996 年第 4 期。

② 郭卫平、国庆：《川西本教调查报告》，载《藏学研究》，天津古籍出版社 1990 年版，第239—252 页。

下。《金川县绰斯甲地区土司调查报告》亦云："在清乾隆年间金川事变前，嘉绒全区为黑教（即本教）。"①

对于苯教在嘉绒地区的流行情况，1942 年前往嘉绒地区调查的马长寿先生曾作如下描述：

> 嘉绒区域，于清乾隆年间，缘金川流域之宗教，皆属钵教之势力。当时钵教之中心在今靖化县崇化乡北十里之广法寺。广法寺曩日为雍中寺。相传历次征伐大小金川之失败，大都由此地带之钵教徒助诸土司为乱。钵教雍中寺有僧名西尊卡布丹者，传能呼风唤雨，招雷阵雪。温福与阿桂之师屡遭其祸。继而知混浸土司将亡，乃事先逃去。并留旗帜符咒，嘱混浸之兵民曰："凡事至眉睫，无粮可食，可向西吹号绕旗，念咒焚符，自有山神撒粮济众"。凡诸异术，往往有验，故人信之。乾隆三十四年，金川既下，乃改雍中寺为广法寺，崇奉黄教，由北京雍和宫派堪布主之。并令嘉绒区域十八土司部落百姓，选僧八十五名，至寺学经。②

藏传佛教格鲁派进入嘉绒地区乃是乾隆征金川以后强令推行"灭苯兴黄"的结果，并将大量苯教寺庙改宗为黄教寺庙。如："乾隆帝两度平定金川后仅丹巴地区就有十余座知名的苯教寺庙被改宗为黄教寺庙，如巴底乡的'彭错岭'（俗称黑经寺），半扇门乡的'曲登沙'（即史料中称的小金喇嘛寺），革什扎乡的布科寺，中路乡的'里然龙'（岭青寺），巴旺乡的松安寺，和太平桥乡长胜店村的'沙拉拉康'，以及岳扎乡上纳顶村的'俄丹彭错岭'等，都是在乾隆平定两金川以后，强令推行'灭苯兴黄'时由原来的苯教寺庙改宗为黄教寺庙的。"③ 尽管在乾隆征金川后在嘉绒地区强行"灭苯兴黄"，但是由于苯教信仰在嘉绒地区土壤极为深厚且有广泛的民众基础，所以在乾隆以后，苯教的势力仍然极大，嘉绒地区的民众也多一如既往

---

①《金川县绰斯甲地区土司调查报告》，《民族社会历史调查报告集》，第 2 辑上册。

② 马长寿：《钵教源流》，载《民族学研究集刊》第 3 期，1943 年月 9 月。

③ 彭建中《嘉绒藏族历史浅析》，载阿坝州地方志办公室：《嘉绒史料集》，四川民族出版社 2001 年版。

地信奉苯教，形成了所谓"在家信苯教，出门信黄教"的局面。例如，到20世纪50年代进行社会历史调查时，嘉绒地区的情况仍然如此："现在绰斯甲土司区，除上寨为黄教外，下寨还是黑教统治着，土司头人都信奉黑教。卓克基龙尔甲沟还有一个黑教寺院，该地的茶各寺（二卯山上）原也是著名黑寺，因寺著名，草地藏族甚至以茶各称四土地区。各黄教寺内的菩萨像（如欢喜佛）和壁画，仍保留不少黑教形式。各家房顶小塔插竹杆一束，上挂鸡毛，据说也是黑教风俗。除绰斯甲外，百姓头人中仍多有私自信奉黑教，私藏并偷读黑教经典的。卓克基巴郎头人和其岳父吵嘴，婿即夺其黑经背着要到土司衙门告状以威胁。此外，瓦寺土司的草坡官寨也存有明刻的黑教经版百余块。"[1]当时"绰斯甲土内共有喇嘛庙40个，……在数量上，黄教占主要地位。但因地方行政上的土司与宗教势力上的土司——郎宋，都信奉黑教，对黑教大力扶持，故使黑教成为统治正统。"[2]对嘉绒地区苯教的流行情况，清乾隆、嘉庆时期的土观·罗桑却季尼玛在《土观宗派源流》一书中也谈道：

> 笨教之寺院，在藏区内有辛达顶寺，在嘉绒有雍中拉顶寺，其后皇帝引兵毁其寺，把拉顶寺，改为格鲁派的甘丹新寺并下诏禁止信奉笨教，但不甚严厉，至今嘉绒及察柯一带尚有不少的笨教寺宇。[3]

任乃强先生在谈到民国时金川地区的苯教时，也描述了如下情况：

> 大金川的广法寺，原名雍宗顶，是黑教三大寺之一。乾隆平定金川后，乃改为黄教寺院。但虽在清廷与西藏双重扶掖之下，此区黄教迄难弘扬。现在金川区内，喇嘛寺虽多，已奉命改兴黄教，但古老的黑教，仍有许多教徒散布民间，传演黑教，至今不衰。这批黑教徒的教法，颇

---

① 四川省编辑组：《四川省阿坝州藏族社会历史调查》四川省社会科学出版社1985年版，第230—231页。

② 李涛、李兴友《嘉绒藏族研究资料丛编》，四川藏学研究所1995年版，第497页。

③ 土观·罗桑却季尼玛：《土观宗派源流》，刘立千译注，西藏人民出版社1985年版，第198页。

类于巫。往时康定明正土司，每年必自金川延请此辈到打箭炉作法一次。说他禳凶驱邪，较他派喇嘛为有效。①

可见嘉绒地区不仅是藏区中苯教极为盛行的地区，而且即便在乾隆时期强制推行黄教以后，其苯教信仰在当地仍然根深蒂固。这样，我们可以看到嘉绒地区存在着两个异常突出的特点：

第一，它是苯教极为盛行的地区。

第二，它是碉楼分布最密集、数量最多的地区。

那么在嘉绒地区，苯教盛行与碉楼发达，两者之间是否存在着某种联系？这是一个非常值得思考和探讨的问题。但是，由于碉楼产生的年代十分遥远，且今天的碉楼是一种已失去了现实功能的历史遗存，其内涵与意义已经历漫长变迁，所以要寻找嘉绒地区苯教与碉楼之间的内在联系并非易事。如果仅就嘉绒地区论嘉绒地区，我们尚难以发现两者之间的微妙联系。但是，我们如果将视野扩大，扩展到整个青藏高原范围来考察，却可发现碉楼同苯教之间发生联系的一个重要中间环节——"琼鸟"。

第二节　"邛笼"：一个隐含碉楼起源真相的符号

"邛笼"是迄今汉文史籍记录下来的对青藏高原碉楼最早的称呼。《后汉书·南蛮西南夷列传》记东汉时岷江上游一带冉駹夷部落云："冉駹夷者，武帝所开，元鼎六年以为汶山郡。……皆依山居止，累石为室，高者至十余丈，为邛笼。""邛笼"的确切含义今已不详。从字面看，显然非汉语词汇，而应为建碉的冉駹夷人称呼碉楼的汉字记音。

对"邛笼"一词，语言学家孙宏开先生曾从古羌语角度作过考察，指出该词在古羌语中有"石"的含义，足证"邛笼"当指"累石为室"之碉，

---

① 任乃强：《四川第十六区民族之分布》，载《任乃强民族研究文集》，民族出版社1990年版，第294—295页。

并认为该词汇系古羌语，是建碉之古羌人对"碉"的称呼。① 这是目前学界探索"邛笼"一词内涵的有益尝试。但笔者认为，孙宏开先生将"邛笼"确定为古羌语的观点颇具主观成分，明显受到"泛羌论"的影响。事实上，据今岷江上游地区羌族保留的"羌戈大战"传说与历史记忆，羌人并非当地最早的居民，在羌人进入以前，岷江上游地区已生活着一种长头型且经营农业的"戈人"，羌人进入后与戈人发生了战争，结果戈人战败并迁往了"常年落雪之地"，羌人始占有"常年落雨"的岷江上游地区。② 据羌族的说法，今岷江上游地区发现的大量石棺葬墓正是戈人的遗留，羌人将之称作"戈基夏钵"。③ 史籍记载与"羌戈大战"传说相一致，同样表明羌人出现于岷江上游地区的时间较晚，④ 而冉駹夷部落在当地则有着更为久远的历史，至少在秦灭蜀以前已经存在于当地。⑤ 此外，建造"邛笼"的冉駹在史籍记载中被明确地称作"夷"，据《后汉书·南蛮西南夷传》记载，东汉时岷江上游汶山郡一带"其山有六夷、七羌、九氐，各有部落"，可知"夷"、"羌"分别属于两个不同的人群类别。⑥ 因此，将"邛笼"一词确定为古羌语并从古羌语角度探讨其内涵，可能存在方向上的偏差，这或许是造成我们至今仍无法搞清"邛笼"真实含义的一个原因。

从现有资料看，至少有三条线索为我们正确解读"邛笼"一词的真实内涵提供了可能：一是汉文史籍对"邛笼"的诠释；二是与冉駹夷有密切渊源的今嘉绒族群文化提供的启示与印证；三是今西藏民族志材料所揭示的碉楼

① 孙宏开：《"邛笼"考》，载《民族研究》1981年第1期；孙宏开：《试论"邛笼"文化与羌语支语言》，载《民族研究》1986年第2期。
② 马长寿：《氐与羌》，上海人民出版社1984年版，第170页；胡鉴民：《羌族之信仰与习为》，载李绍明、程贤敏编：《西南民族研究论文选》，四川大学出版社1991年版，第195—196页。
③ 冯汉骥、童恩正：《岷江上游的石棺葬》，载《考古学报》1973年第2期。
④ 羌人出现于岷江上游地区的最早记载见于《后汉书·南蛮西南夷列传》，其记述东汉时岷江上游地区冉駹夷时云："其山有六夷、七羌、九氐，各有部落。……死则烧其尸。"这是有关羌人在当地的最早记载。羌人行火葬，故"死则烧其尸"应是氐、羌带人的葬俗。
⑤ 《史记·司马相如列传》记："相如曰：'邛、笮、冉駹近蜀，道亦易通，秦时尝为郡县，至汉兴而罢。'"此记载反映冉駹部落在秦灭蜀以前已存在于当地。
⑥ 蒙默：《试论汉代西南民族中的"夷"与"羌"》，载《蒙默南方民族史论集》，四川民族出版社1993年版，第168—201页；石硕：《汉代西南夷之"夷"的语境及变化》，载《贵州民族研究》2005年第1期。

古老的文化含义。

在对"邛笼"一词的解读中，目前最受忽视的是汉文史籍的记载。虽然汉文史籍并未直接解释"邛笼"二字的含义，"邛笼"一词的真实内涵却在汉文史籍中得到清晰的保留。其中最重要的当属唐人李贤为《后汉书》作注时于"邛笼"下所注"按今彼土夷人呼为雕也"一句。① 可以说，这句注文为我们理解"邛笼"的真实含义提供了异常重要而准确的信息。不过，这句注文长期以来并未受到重视，原因在于从唐代开始的汉语词汇中已普遍将高耸的人造建筑称为"碉"，而"碉"与"雕"可通假，故在后人看来，《后汉书·南蛮西南夷列传》所记"累石为室，高者至十余丈"的"邛笼"本身即是"碉"，李贤将"邛笼"释为"雕"（碉），不过是陈述了一个人所共知的事实，并无多少实质性意义。此背景使人们大大忽视了李贤注文的重要性。其实，这是以后世的语境去揣度古代事物而造成的认识误区。

倘若我们从唐以前汉文文献的语境来考察李贤这句注文，可发现一个出人意料的事实：汉文史籍中最早以"雕"这一名称来称呼高耸的人造建筑，正是始于李贤这句注文。据笔者检索，在李贤注文以前的汉文史籍中尚未发现以"雕"来称呼高耸石砌建筑的记载。这就意味着，在汉文文献中用"雕"（或"碉"）这一名词来称呼高耸人造建筑的时间相当晚，是唐代才出现的。东汉许慎《说文解字》中未见"碉"一字，而仅有"雕"字。对"雕"，《说文解字》释曰："雕，鷻也，从隹周声，籀文雕从鸟。"② 对于"鷻"，《说文解字》释曰："鷻，雕也，从鸟敦声。《诗》曰：匪鷻匪鸢。"③ 可见迄止东汉，"雕"字仅用以指称飞鸟，此飞鸟在汉文中或曰"鷻"或曰"雕"，"雕"字本身丝毫不含有指高耸人造建筑的意义。

那么，人们最早为何会以"雕"这一特指大型飞鸟的名词来称呼一种高耸的人造建筑？此称呼由何而来？这是一个颇为关键的问题。有一点很明确，专指高耸石砌建筑的"碉"一字，应由"雕"发展而来。且按逻辑顺

---

①　范晔：《后汉书》卷86《南蛮西南夷列传》，中华书局1965年版，第2858页。

②　许慎：《说文解字》卷四上《隹部》，中华书局1963年版，第76页。

③　同上书，第81页。

序，应先有"雕"而后有"碉"。即先出现以"雕"来称呼高耸石砌建筑的
情况，其后为加区别和避免混淆（因为"雕"字在汉语词汇中仅指大型飞
鸟），人们才创制了以"石"为偏旁的"碉"字，用来特指高耸的石砌建
筑。值得注意的是，专指高耸石砌建筑的"碉"字最早出现同样是在唐初。
据检索，汉文文献中"碉"字最早始见于《北史》、《隋书》两书的《崔仲
方传》和《附国传》，且均是作为部落名称——"千碉"而出现。① 从两书
所载"千碉"部落的地理位置，当在今川西北及甘南一带。很明显，"千
碉"这一部落的得名当与其地多碉有关。因《北史》、《隋书》两书的《附
国传》中均记今川西高原的附国及嘉良夷一带有"高至十余丈"的"碉"
（称"磼"），② 以此判断，"千碉"这一部落的位置当与附国和嘉良夷相去
不远，应同处今川西高原地区。《北史》、《隋书》两部史籍虽成书于唐朝
初年，但二书所记史事却为隋代。这可能反映了一个事实：隋时中原人士
及史家对今川西高原一带存在有"高至十余丈"的"碉"这一事实已有所
认识或记录，因为后朝多依据前朝遗留的奏折、实录、档案等原始记录编
修前朝之史，故《北史》、《隋书》在记录隋代今川西高原地区的部落时
出现"千碉"这一名称以及二书在《附国传》中对当地"碉"之状况的
描述，很可能均直接来自隋朝的原始记录。但《北史》、《隋书》均修成于
唐初，故对"碉"这一字具体创制于何时，是直接来自隋朝遗留的原始记
录，还是唐初编修二书的史家在"雕"字基础上创制而成？这一点我们目
前尚无法确定。

　　"碉"字既然最早是作为今川西高原地区的部落名称出现，那么，将高
耸的石砌建筑称作"碉"就应当来源于今川西高原地区的少数民族部落。其
实有关"碉"字的来历，李贤对"邛笼"的注文"按今彼土夷人呼为雕也"

---

　　① 《隋书·崔仲方传》记崔仲方任会州总管之时，"时诸羌犹未宾附，诏令仲方击之，与贼三十余
战，紫祖、四邻、望方、涉题、千碉，小铁围山、白男王、弱水等诸部悉平。"《隋书·附国传》记："附
国南有薄缘夷，风俗亦同。西有女国。其东北连山，绵亘数千里，接于党项。往往有羌：大、小左封、
昔卫、葛延、白狗、向人、望族、林台、春桑、利豆、迷桑、婢药、大磼、白兰、叱利摸徒，那鄂，当
迷，渠步，桑悟，千碉，并在深山穷谷，无大君长。其风俗略同于党项，或役属吐谷浑，或附附国。"
《北史》的记载大体相同。

　　② 关于附国与嘉良夷的地理位置，参见石硕《附国与吐蕃》，载《中国藏学》2003 年第 3 期；石
硕《从唐初的史料记载看"附国"与"吐蕃"》，载《民族研究》2003 年第 4 期。

已为我们揭开了谜底：即"碉"字的原型和母本是"雕"。① 尽管就目前所见汉文史籍而论，"碉"字出现的时间稍早，《隋书》修成于公元636年（贞观十年），《北史》修成于公元659年（显庆四年），② 而李贤为《后汉书》作注的时间则在唐高宗去世的上元二年（675）以后，③ 但李贤对"邛笼"的注文，却明明白白道出了"碉"字的原型是"雕"，"碉"正是在以"雕"来称呼高耸人造建筑的基础上创制出来的一个字。

李贤的注文还有一点值得注意，即将《后汉书》所记冉駹夷之地的"邛笼"呼为"雕"，并非出自李贤本人所为，而是直接依据"今"即唐时"彼土夷人"的说法。此处的"彼土夷人"，当指唐时川西高原碉楼分布地区的"夷人"，他们也应是建碉的人群。将"邛笼"释为"雕"并称这是当地"彼土夷人"的说法，说明李贤对当时川西高原地区情况尚作过一定了解。李贤本人可能未到过川西高原一带，④ 但其以太子的特殊身份向朝中到过川西高原并熟悉当地"彼土夷人"情况的大臣了解相关情况乃甚为便捷。故李贤以"按今彼土夷人呼为雕也"来解释"邛笼"，当有本土文化之依据。

---

① 经查阅李贤注文的版本，该注文在《后汉书》各版本中基本一致，仅有一微小差异：一、以南宋绍兴本作底本的中华书局1965年标点本和清同治岭南葄古堂本等作"按今彼土夷人呼为雕也"；二、明崇祯汲古阁本作："案今彼土夷人呼为雕也"。两者除"按"与"案"有别外，余皆同，均使用飞鸟的"雕"字。李贤注文使用"雕"字还可由王鸣盛《十七史商榷》得到印证，该书云："案今四川徼外大金川小金川诸土司有碉房，碉字字书不见，殆李贤所谓碉矣。"王鸣盛同时用了"碉"与"雕"，却特地强调李贤使用的是"雕"。故由版本学证据，足证李贤注文使用的是"雕"字。参见王鸣盛《十七史商榷》卷三十八，中国书店1987年影印本（据上海文瑞楼版影印）。同时参见王先谦《后汉书集解》，中华书局1984年影印本（据虚受堂刊本影印），第1000页。

② 《旧唐书》卷三《太宗下》载："（贞观）十年春正月壬子，尚书左仆射房玄龄、侍中魏徵上梁、陈、齐、周、隋五代史，诏藏于秘阁。"《北史》卷一百《序传》载："（贞观）十七年（643年），尚书右仆射褚遂良时以谏议大夫封敕修《隋书》十志，复准敕召延寿撰录，因此遍得披寻。时五代史既未出，延寿不敢使人抄录，家素贫罄，又不办雇人书写。至于魏、齐、周、隋、宋、齐、梁、陈正史，并手自写，本纪依司马迁体，以次连缀之。又从此八代正史外，更勘杂史于正史所无者一千余卷，皆以编入……始末修撰，凡十六载。始宋，凡八代，为《北史》、《南史》二书，合一百八十卷。"以此知，《北史》应修成于显庆四年。

③ 李贤立为太子的时间是上元二年，其注《后汉书》是做太子以后的事。参见《旧唐书》卷86《高宗中宗诸子传》。

④ 据史籍记载，李贤仅担任过凉州大都督、雍州牧等职位。参见《旧唐书》卷86《高宗中宗诸子传》。

但李贤的注文存在两个问题：其一，"雕"是一个汉语词汇，一般说当地"彼土夷人"绝不可能用一个汉语词汇来称呼其碉楼。其二，东汉时岷江上游"高者至十余丈"的石砌建筑尚被称作"邛笼"，且"邛笼"一词明显是出自当地人的称呼，为何从东汉到唐初仅过400余年时间，当地"彼土夷人"却将"邛笼"改呼为"雕"了呢？这一变化显然不合情理。① 这两点长期以来正是人们理解李贤注文的难点所在。那么，我们应如何理解李贤对"邛笼"的这句注文？其实，唯一合理的解释应该是，李贤注文中的"雕"并非指"音"而是言"意"。也就是说，李贤于"邛笼"下注"按今彼土夷人呼为雕也"一句中的"雕"，并非是"彼土夷人"称呼高耸石砌建筑的直接发音，而只是李贤依据"彼土夷人"说法来解释"邛笼"一词的含义。也就是说，李贤可能从熟知当地情况的大臣那里了解到，当地"彼土夷人"是用一种大型飞鸟的名称来称呼这种高耸的石砌建筑，即按"彼土夷人"的说法"邛笼"的含义是指一种大型飞鸟，李贤比照其意，同时为使汉文化背景的人易于理解，遂将"彼土夷人"所言的这种大型飞鸟名称（即"邛笼"）转译为汉字中特指大型飞鸟的"雕"。这应是李贤以"按今彼土夷人呼为雕"来解释"邛笼"的真实意义。

对李贤注文反映的"彼土夷人"是用一种飞鸟名称来称呼碉楼这一点，还可由汉文史籍的另一记载得到佐证。《隋书·附国传》记隋时川西高原地区附国与嘉良夷的风土情况曰："无城栅，近川谷，傍山险，俗好复仇，故垒石为碉而居，以避其患。其碉高至十余丈，下至五六丈，每级丈余，以木隔之。基方三四步，碉上方二三步，状似浮图。于下级开小门，从内上通，夜必关闭，以防贼盗。"这是自《后汉书》以来对川西高原地区碉楼较详细的记载。这段记载有一点特别值得注意：那就是称碉楼为"碉"。过去这一点始终难以得到解释。其实，这个记载同样生动地反映了当地碉楼是一种与

① 此外，"雕"这一称呼也与今川西高原地区各族对碉的称呼不相吻合。今川西高原地区各族对碉楼的称呼大抵有两种：一是称"卡"，嘉绒地区普遍称"卡"或"可尔"；但不同地方发音有一定变异，如丹巴中路乡一带称"干"（此据笔者实地调查，疑为"卡"的音变）。二是称"宗"，如得荣、炉霍一带均称"宗"。康南一带亦称"宗"或"绛宗"。"绛"是藏人对云南丽江一带的古称，"绛宗"之"宗"是居住在那里的纳西族建造的。乡城一带称碉之为"毕雍"，可能是"绛宗"称法的口语发音的一种音变。参见杨嘉铭、杨艺《千碉之国——丹巴》，巴蜀书社2004年版，第88—92页。

"鸟"有密切关系的石砌建筑，它与李贤于"邛笼"下所注"今彼土夷人呼为雕也"的内涵完全一致。因为只有在以鸟的名称来称呼碉楼，或碉楼与鸟有密切联系的情况下，才有可能出现称碉楼为"磲"的记载。故《隋书·附国传》的记载反映了隋代或唐初的史家已经知晓在当地"土夷人"的眼中，川西高原地区碉楼是一种与"鸟"有联系的建筑，这应是称碉楼为"磲"的真正原因。①

第三节　"邛笼"与"雕（碉）"所指
"大鸟"是一种什么鸟

既然"雕"并非"彼土夷人"直呼石砌碉楼的音，而是"彼土夷人"指称碉楼的一种大鸟名称的汉文转译，那么，当地人称呼碉楼的"大鸟"究竟是一种什么鸟？

前已指出，《后汉书·南蛮西南夷列传》是在记载东汉岷江上游地区冉駹夷时提及其"累石为室，高者至十余丈，为邛笼"，如此，则"邛笼"一词当出自冉駹夷人对碉楼的称呼。那么，历史上的冉駹与今川西高原地区的什么民族或族群存在渊源关系？这一点对我们搞清楚"彼土夷人"用以称呼碉楼的"大鸟"是一种什么鸟乃甚为关键。

目前民族史学界的主要看法是冉駹夷与今川西北地区的嘉绒藏族之间存在密切渊源关系。最早对嘉绒藏族之源流演变进行系统研究的马长寿先生曾从族名、地理环境与区域范围、社会组织、碉楼、汉佣之制、风俗等诸多方面对汉代冉駹夷、隋唐嘉良夷与今嘉绒藏族之间进行过详细的分析比较，发现三者在上述各方面均存在明显的共性和承袭关系，故认为三者乃一脉相

---

① 在汉字中"巢"特指"鸟栖之所"。值得注意的是，这里的"磲"同样以"石"作偏旁。此字最早同样出现于《北史》和《隋书》。故"磲"与"碉"不仅产生时间相同，其性质也完全相同，均是在"巢"与"雕"基础上添加"石"旁而成，这两个字的创制均与当时川西高原地区高耸的石砌建筑有关，且均用以指称川西高原地区的石砌建筑而产生的。

承，进而提出"汉之冉駹即隋唐之嘉良，亦即近代的嘉戎"这一族系演变序列，① 并认为"此族非氐、非羌"②。此后有不少学者也对此问题作过进一步研究，结论大致与马长寿的观点相同。③ 关于冉駹夷与今嘉绒藏族的渊源关系，还有两个较确切的证据。其一，在汉文史籍及汉人语境的人群类别划分上，汉之"冉駹夷"、隋唐之"嘉良夷"及近代之"嘉绒"，三者均一脉相承地被称作"夷"。大、小金川地区的嘉绒在清代文献中尚被普遍称作"夷"，如《金川琐记》记金川嘉绒之语言曰："夷语语言谈异，为水曰答几，谓火曰突米，称其头人曰达鲁，称其土司曰尔甲尔布，……盖夷人混沌未开，犹是浑金璞玉，易就雕琢也。"④ 清同治《理番厅志》卷四《边防》中也将嘉绒之碉作为"夷俗"来记载。⑤ 1951 年有关嘉绒藏族的调查报告中也记："小金汉人曾泛称当地藏族为'夷人'或'夷族'，'土族'和'夷族'这两个名称现在已不再使用了。"⑥ 这不禁让人联想到唐时李贤将川西一带建碉人群称作"土夷人"的事实。这意味着从唐迄至于清和近代，川西地区建碉人群均被汉人一以贯之地称作"夷"。"夷"虽是他称族名，但一般来说，一个民族对另一民族的称呼不仅包含对该民族的认识，也包含了对该民族与其他民族的比较与区分，它是双方在漫长自然交往过程中逐步形成的，一旦形成往往很难轻易改变。从此意义上说，清及近代汉文史籍及汉人将嘉绒称作"夷"、"夷人"、"夷族"的事实，即包含了这样一种认定，在汉人看来，嘉绒的主体正是历史上"冉駹夷"和"嘉良夷"（"彼土夷人"）之"夷"人后裔。其二，《史记·西南夷列传》记："冉駹夷者，武帝所开，

---

① 马长寿：《嘉戎民族社会史》，载周伟洲编《马长寿民族学论集》，人民出版社 2003 年版，第126—130 页。

② 马长寿：《氐与羌》，上海人民出版社 1984 年版，第 27 页。

③ 格勒：《古代藏族同化、融合西山诸羌与嘉戎藏族的形成》，载《西藏研究》1988 年第 2 期；邓廷良：《嘉戎族源初探》，载《西南民族学院学报》1986 年第 1 期。

④ 李心衡：《金川琐记》卷六，商务印书馆民国三十八年八月版。

⑤ 同治《理番厅志》卷四《边防·夷俗》。

⑥ 西南民族学院民族研究所：《嘉绒藏族调查材料》，1984 年铅印本，第 2 页。这段文字在新整理出版的《川西北藏族羌族社会调查》一书中被删除，但注明"此处删减了部分原文"。参见西南民族大学西南民族研究院编《川西北藏族羌族社会调查》，民族出版社 2007 年版，第 4 页。

元鼎六年，以为汶山郡。"汶山郡在今四川阿坝藏族羌族自治州茂县境内，[①]
可见西汉时冉駹夷的中心尚在岷江上游地区。但有两个迹象表明此后冉駹夷
发生了西迁：一、今岷江上游的羌族并不认为在当地发现的大量石棺墓葬与
其祖先有关，而是将其称作"戈基戛钵"即戈人墓，学术界也多认为岷江上
游的石棺墓葬与冉駹夷有关，当为冉駹夷的遗留。[②] 二、据今岷江上游羌族
"羌戈大战"传说，羌人是在战胜戈人，戈人逃往"常年落雪之地"后才占
据了岷江上游地区。戈人既然逃往"常年落雪之地"，显然是前往了更高寒
的地区，以此判断，戈人逃亡的方向当是向西，即由岷江上游西迁到地势更
高寒的大渡河上游即今大、小金川流域地区。以上事实不仅说明岷江上游地
区的主体居民曾发生过一个规模较大的置换——原土著的"戈人"被后来迁
入的羌人所替代，[③] 同时也说明遗留石棺墓葬的冉駹夷可能正是"羌戈大战"
传说中的"戈人"。需要注意的是，今嘉绒藏族中相当一部分仍自称"格
如"（ka-ru）、"噶如"（ka-re，或注音"格鲁"、"哥勒"）[④]，这与"戈"的
发音完全一致。这也为冉駹夷、戈人同今嘉绒藏族之间存在继承关系提供了
有力印证。

正因为嘉绒藏族在族属源流上同汉代冉駹夷存在明显承袭关系，所以，
今川西北地区嘉绒藏族的文化与习俗，即为我们了解历史上冉駹夷所称的
"邛笼"一词的文化内涵提供了某种可能。

传统的嘉绒地区，主要位于岷江上游河谷以西及大渡河上游的大、小金
川流域。需要特别注意的是，在今川西高原范围内，嘉绒地区恰好也是碉楼

---

① 任乃强、任新建：《四川州县建置沿革图说》，巴蜀书社、成都地图出版社 2002 年版，第 184
页。

② 参见童恩正《四川西北地区石棺葬族属试探——附谈有关古代氏族的几个问题》，载《思想战
线》1978 年第 1 期。李绍明、李复华：《论岷江上游石棺葬文化的分期与族属》，载《四川文物》1986
年第 2 期。格勒：《古代藏族同化、融合西山诸羌与嘉戎藏族的形成》，载《西藏研究》1988 年第 2 期。

③ 关于羌人入主岷江上游的时间，参见蒙默《试论汉代西南民族中的"夷"与"羌"》，载《历史
研究》1985 年第 1 期。

④ 参见马长寿《嘉戎民族社会史》，载周伟洲编《马长寿民族学论集》，人民出版社 2003 年版，第
123 页。李绍明：《四川嘉戎藏族社会形态》，载《李绍明民族学文选》，成都出版社 1995 年版，第 619
页。李绍明：《唐代西山诸羌略考》，载《李绍明民族学文选》，第 387 页。

分布最集中和最密集的地区。其地碉楼不仅数量、类型最多，密度也最高。[①]
对于嘉绒与碉的关系，马长寿曾作过如下描述："今四川茂、汶、理三县，
以岷江为界，自岷江以东多为屋宇，以西多碉楼。且愈西而碉楼愈多，从杂
谷脑至大、小金川，凡嘉戎居住之区，无不以碉楼为其建筑之特征。大体言
之，碉楼的分布与嘉戎的分布是一致的。"[②] 在马长寿看来，今岷江上游羌族
地区的碉亦仿之于嘉绒："察其（指碉——引者注）演进之迹，盖岷江以西
原有碉，以东则模仿之，故羌民之在渭门关以上者，亦有碉矣。……故吾人
可云：中国之碉，仿之四川，四川之碉，仿之嘉戎。由上述各例亦不难知嘉
戎则为冉駹。"[③] 足见建碉是嘉绒地区的一个突出特征。这也正是嘉绒同历史
上的冉駹夷存在传承关系的有力证据之一。

图 153　金川悬空寺壁画中的大鹏鸟

---

① 嘉绒地区碉楼的种类和类型十分丰富，从建筑材料分有石碉和土碉（青藏高原碉楼绝大部分为
石碉。土碉仅见于汶川和金沙江上游流域乡城、得荣、巴塘、白玉、德格、新龙等地）；从外观造型分有
三角、四角、五角、六角、八角、十二角、十三角等七类型；从功能分有家碉、寨碉、战碉、经堂碉等；
此外按当地民间说法还有公碉、母碉、阴阳碉（风水碉）、姊妹碉、房中碉等。参见杨嘉铭《丹巴古碉
建筑文化综览》，载《中国藏学》2004 年第 2 期。

② 马长寿：《氐与羌》，上海人民出版社 1984 年版，第 27 页。

③ 马长寿：《嘉戎民族社会史》，载周伟洲编《马长寿民族学论集》，人民出版社 2003 年版，第
130 页。

与碉的发达相对应，嘉绒地区的另一突出特点，则是普遍盛行的"琼"（藏文作 khyung，民间又称"大鹏鸟"或"大鹏金翅鸟"）崇拜。对此，1942 年深入嘉绒地区调查的马长寿曾作了如下的记述：

> 凡嘉戎土司之门额俱雕有大鹏式之琼鸟。形状：鸟首、人身、兽爪，额有二角，鸟啄，背张二翼，矗立欲飞。此鸟本为西藏佛教徒所崇拜，指为神鸟，常于神坛供养之。然奉供最虔者则为嘉戎。吾常于涂禹山土署见一木雕琼鸟高三尺余，在一屋中供养，视同祖宗。梭磨、松岗、党坝、绰斯甲等官廨亦有之。其他土署，多所焚毁，旧制不可复观。想原时皆有供设也。①

嘉绒地区的"琼"崇拜至今仍延续和保持，甚至有所扩大。绝大多数新、老民居住宅的门楣上均以"琼"即大鹏鸟图案为基本装饰。一般说，大鹏鸟图案在其他藏区尤其是卫、藏地区多见于寺庙壁画和梁柱上，普通民居门楣上采用此图案的并不十分普遍。据笔者所知，就数量与普遍程度而言，目前在藏区以琼鸟图案装饰民居住宅门楣，嘉绒地区可谓首屈一指并形成深厚传统。

"琼鸟"崇拜在嘉绒地区为何如此盛行并根深蒂固？"琼鸟"对嘉绒族群来说代表了什么样的意义？对此，民国时期深入嘉绒地区调查的马长寿为我们揭开了其中奥秘。据马长寿的调查，嘉绒地区各土司关于其祖先来源的说法有如下几种：

巴底土司自叙祖先来历是：

> 荒古之世，有巨鸟，曰"琼"者降生于琼部。琼部之得名由于此，译言则"琼鸟之族"也。生五卵：一红、一绿、一白、一黑、一花。花卵出一人，熊首人身，衍生子孙，迁于泰宁（nar tar），旋又移迁巴底。

---

①　马长寿：《嘉戎民族社会史》，载周伟洲编《马长寿民族学论集》，人民出版社 2003 年版，第141 页。

后生二人，分辖巴底、巴旺二司。①

瓦寺土司自叙祖先来历是：

> 天上普贤菩萨（sən la gar），化身为大鹏金翅鸟曰"琼"降于乌斯藏之琼部，首生二角，额上发光，额光与日光相映，人莫敢近之，殆琼鸟飞去，人至山上，见有遗卵三支：一白、一黄、一黑，取置庙内，诵经供养，三卵产三子，育于山上，三子长大，黄卵之子至丹东、巴底为土司；黑卵之子至绰斯甲为土司；白卵之子至涂禹山为瓦寺土司。②

绰斯甲土司自叙祖先来历是：

> 远古之世，天下有人民而无土司。天上降一虹，落于奥尔卯隆仁地方（Or Mo run ʒən）虹内出一星，直射于獽戎（ʒən ʒɔn）。其地有一仙女名喀木茹芊（k'am ʒu me），感星光而孕。后生三卵，飞至琼部山上（tçon Po），各生一子。一卵之子，腹上有文曰"k'ras tçiam"。此子年长，东行，依腹文觅地，遂至绰斯甲为王。人民奉之如神明，莫敢越违。传三四世，独立自尊。绰斯甲王者三卵中花卵所出之子也。其余二卵：一白一黄，各出一子，留琼部为上下土司。绰斯甲王出三子：长曰绰斯甲（k'ras tçiam），为绰斯甲之土司；次曰旺甲（wuan tçiam），为沃日土司；三曰蔼许甲（ʒgəçy tçiam），为革什咱土司。③

丹东之革什咱土司邓坤山自叙祖先来历是：

---

①　马长寿：《嘉戎民族社会史》，载周伟洲编《马长寿民族学论集》，人民出版社 2003 年版，第 140 页。

②　同上书，第 137 页。

③　同上书，第 135 页。

丹东远祖乃由三十九族之琼部迁来。琼部昔为琼鸟所止之地也。由始祖迁至今已有三十五代。初迁之时有兄弟四人：一至绰斯甲，一至杂谷，一至汶川，一至丹东。[1]

图 154　沃日土司经堂壁画

马长寿在调查中还发现："嘉绒藏族土司传说由大鹏鸟的卵所生……他如梭磨、卓克基、松岗、党坝、沃日、穆坪诸土司均有此说。"[2]

可见，"琼"对嘉绒藏族而言，至少有以下两方面意义：

第一，"琼"是其始祖，是其记忆中祖源所出。嘉绒地区所有土司均称其先祖出自"琼鸟"所生之卵，故"琼鸟"乃为其始祖。恰如马长寿所言：

---

① 马长寿：《嘉戎民族社会史》，载周伟洲编《马长寿民族学论集》，人民出版社 2003 年版，第140 页。

② 同上书，第141 页。

"吾常于涂禹山土署见一木雕琼鸟高三尺余，在一屋中供养，视同祖宗。"①
可见嘉绒地区各土司是将"琼鸟"作为祖先来供奉和崇拜。

第二，"琼"代表其祖居地。在嘉绒地区，不仅土司先祖均出自"琼鸟"所生之卵，嘉绒藏族也是从"琼部"地方迁来。这一点在20世纪50年代初对嘉绒地区的调查中得到清晰的反映："传说现在的嘉绒族多谓其远祖来自琼部，该地据说约在拉萨西北，距拉萨十八日程。传说该地古代有三十九族，人口很多，因地贫瘠而迁至康北与四川西北者甚众，后渐繁衍，遂占有现在的广大地区。"②

可见"琼"在嘉绒文化中意义非同寻常，既是其祖源之所出，也代表了其历史与迁徙记忆。"琼"是嘉绒地区最重要的祖源符号。

以上事实给我们一个启示，按唐人李贤的注释，"邛笼"的含意既然是指一种大鸟，而"邛笼"之"邛"（音"qiong"）的发音正好与嘉绒地区作为祖源崇拜符号的大鸟"琼"完全相同，这就预示一个重要的事实："邛笼"一词的"邛"（qiong）的真正含义就很可能正是指"琼"。就史实背景而论，至少有四点对此构成了有力支持：

1. "邛笼"与"琼"均指一种大鸟。

2. "邛笼"的"邛"（qiong）与藏语中"琼"的发音完全相同。

3. 建碉为冉駹夷与嘉绒之共同特点。东汉时冉駹夷已有建碉（即"邛笼"）传统，今嘉绒地区则正好是碉楼分布最集中、最密集的地区。

4. "冉駹地理环境，与今嘉戎区全合"，③且两者存在大量共性和承袭关系，恰如马长寿先生所言："汉之冉駹即隋唐之嘉良，亦即近代的嘉戎"。④

① 马长寿：《嘉戎民族社会史》，载周伟洲编《马长寿民族学论集》，人民出版社2003年版，第141页。
② 西南民族大学西南民族研究院编：《川西北藏族羌族社会调查》，民族出版社2007年版，第20页。
③ 马长寿：《嘉戎民族社会史》，载周伟洲编：《马长寿民族学论集》，人民出版社2003年版，第128页。
④ 同上。

　　另一个重要旁证是，与"琼"崇拜相对应，在今嘉绒地区存在许多发"邛"（qiong）音的地名。如丹巴县巴底一带的"邛山"、"邛山村"、"邛山官寨"和"邛山寺"，巴底乡还有"邛部林"的地名。这些发音为"qiong"并在字面上写作"邛"的地名，其真实和原本的含义可能均应为"琼"，它应与嘉绒地区祖源记忆与传说中普遍存在的其祖先出自"琼"所生之卵、"琼鸟"、"琼部"、"琼鸟之族"等指称大鸟的"琼"是完全对应的。嘉绒地区发"qiong"音的地名在字面上均被写作"邛"，这可能同与之紧邻的蜀人有关。蜀地过去曾有"邛"人，并有"邛水"、"临邛"、"邛崃"等地名，①这使得蜀人对于"邛"字较熟悉。可以肯定，在古代，中原史家对于蜀之西的冉駹夷及"彼土夷人"风土民情的认识、记述与阐释很大程度是以蜀人的话语为中介来进行的。此背景可能正是《后汉书·南蛮西南夷列传》中将冉駹夷称呼石砌碉楼的发音记为"邛笼"的原因，亦应是今嘉绒地区发"qiong"音的地名，其同音汉字均写作"邛"（qiong）的缘由。所以由嘉绒地区同时存在许多发"qiong"音的地名，亦可间接印证"邛笼"一词的"邛"当指其作为祖源符号的"琼"。

　　倘若"邛笼"一词的"邛"的含义确指"琼"即琼鸟，那么，"邛笼"的"笼"则很可能是汉语中"巢"的含义，它可能是当时冉駹夷人对"巢"的一种称呼。②《隋书·附国传》中很明确地将"垒石"、"高至十余丈"的碉楼称作"磔"。石砌的碉楼被称作"磔"，恰好可证明一个事实：《后汉书》中所记"邛笼"之"邛"的真正含义当为"琼"，即指"琼鸟"，唯其如此，才可能产生以"鸟栖之所"的"磔"来指称石砌碉楼的记载。

---

　　① 《华阳国志·蜀志》"临邛"条记："临邛县，郡西南二百里。本有邛民。秦始皇徙上郡〔民〕实之。"《汉书·地理志》记蜀严道有"邛来山，邛水所出"，由蜀地"本有邛民"且有"临邛"、"邛来山"、"邛水"等以"邛"命名的地名、山名和水名来看，蜀地有邛人且对"邛"一词较为熟悉应无问题。

　　② 四川阿坝藏族羌族自治州黑水县一带至今称"碉"为"龙垮"。"垮"是指倾斜的意思，或曰"碉"上小底大，向内倾斜，故以形称之。以此看来，"垮"应是一个汉语词，而"龙"则和"邛笼"的"笼"发音完全相同。笔者疑"龙垮"之"龙"与"邛笼"之"笼"均应同为"巢"的含义。参见徐学书《川西北的石碉文化》，载《中华文化论坛》2004年第1期。

第四节　西藏留存下来的古老碉楼称谓：
"琼仓"（khyung – tshang）

综上所述，对史籍所记冉駹夷称呼碉楼的"邛笼"一词，我们依据汉文史籍的诠释确认其含义是指一种飞鸟；又从与冉駹有明显承袭关系的今川西北嘉绒族群的诸多文化证据指出"邛笼"所指飞鸟应为其普遍崇拜并奉为祖源的"琼鸟"，并结合汉文史籍称碉为"巢"的记载，提出"邛笼"一词的真实含义很可能是"琼鸟之巢"。以上论证逻辑上虽环环相扣，并有史籍记载与文化背景等诸多证据支持，但就一个历史词语的解读来说终究还只是一种推论。问题在于，这一推论是否能够得到实证？其实，真正可以确凿印证这一推论的，是来自西藏民间有关碉楼的民族志调查证据。

2006 年，我们课题组一行在对碉楼分布密集的西藏山南地区泽当、加查、隆子、错那、措美和洛扎等县进行调查时发现，该地民众尽管对当地碉楼具体建于何时以及由何人所建均十分茫然，几乎处于失忆状态，但对于碉楼的功能与作用，当地民众中却存在一个颇为流行的说法。由于被采访者各异，其表述与说法各不相同。归纳起来，主要有以下两种：

1. 碉楼是"琼"即大鹏鸟的巢。当地民众将碉楼称作"琼仓"（khyung—tshang）。"琼"指"大鹏鸟"；"仓"（tshang）指住所。也就是说，碉楼是人们为"琼"即大鹏鸟建造的巢穴，是大鹏鸟栖息的地方。

2. 碉楼是为杀死大鹏鸟而建，是为大鹏鸟设的陷阱。人们为了不让大鹏鸟捕杀牛等牲畜，故建起碉楼，并在碉楼上放置牛皮，于是大鹏鸟误以为牛在碉楼上，即飞到碉楼上捕杀牛，而不致危害真正的牛。

后一种说法在夏格旺堆的调查中也得到印证，他称："西藏境内高碉所在的有些百姓认为，这些是在很古的年代里，人们将力大无比、无法制服的大鹏鸟引至碉内，把它杀死的场所。"[①]此外，旺堆所著《巴松错》一书中也

---

① 夏格旺堆：《西藏高碉刍议》，载《西藏研究》2002 年第 4 期。

提到，碉楼"有人认为，是古人为了防备鲲鹏的袭击所建"①。

以上两种说法虽存在一定差异，但有一点是共同的，均反映碉楼与"琼"即大鹏鸟有关。正因为如此，碉楼在当地被普遍称作"琼仓"（意为"大鹏鸟巢穴"），即"琼"的栖息之所。

此外，调查中还有一点值得注意，当我们问及碉楼为何不住人，为何不拆掉它时？人们普遍的说法是碉楼不适合住人，也不宜拆毁它，因为那样会"对人不好"。这一点与碉楼被人们视为崇拜对象——"琼"的栖息之所的说法是相一致的。

令人惊异的是，山南地区称碉为"琼仓"即琼鸟之巢，竟与唐人李贤所注"邛笼"所云"今彼土夷人称为雕"的含义相符，也与我们前面所考证的"邛笼"的真实含义为"琼鸟之巢"完全吻合。"琼仓"与"邛笼"，二者不但在"qiong"（琼）这一发音上完全相同，且与"琼"是指一种飞鸟的语义也完全一致。这就确凿地证明，青藏高原人群曾经将碉楼称作"琼鸟之巢"。此称呼产生的年代甚早，至少可上溯至距今约两千年的东汉时期。西藏山南地区的例证表明，此称呼至今在一些碉楼分布密集地区的民间仍得以延续和保留。

综上所述，对青藏高原碉楼的早期面貌及内涵，我们可得出以下两个认识：

第一，汉语中的"碉"一字乃来源于今川西高原地区少数民族部落对碉楼的称呼，即与"邛笼"一词相关。隋唐时期中原史家了解到当地称呼碉楼的"邛笼"的含义是指一种大鸟，遂将这种大鸟转译为汉语词汇"雕"，后为避免混淆乃创制出"碉"一字，这成为汉语词汇中以"碉"来称呼高耸人造建筑的来历。

第二，青藏高原碉楼的起源应与苯教信仰有关，其原始形态应是人们用以表达对苯教中"琼"（khyung）这一神鸟的信仰与崇拜的一种祭祀性建筑，正因为如此，碉楼被称作"邛笼"和"琼（khyung）仓"，即"琼鸟之巢"。所以，青藏高原的碉楼并非如过去所认为的那样是起源于防御的需要，防御应是其在后来的历史时期才派生出来的功能。

---

① 旺堆：《巴松错》，西藏人民出版社 2006 年版，第 9 页。

第五节　"琼"的印度来源及其
在藏地的传播

"琼"由何而来？事实上，"琼"乃是一个与藏地古老苯教紧密联系的符号。

按照嘉绒地区的传说，土司家族均出自"琼鸟"所生之"卵"。故"琼鸟"与"卵生"乃为孪生关系，二者均出自藏地古老的苯教。"卵生说"是苯教最基本的宇宙观。这正如《土观宗派源流》中所言，苯教"主张一切外器世间与有情世间，均由卵而生"。[①]

事实上，藏地的卵生说多出自苯教文献。苯教文献称，世界之初，有一个由五宝形成的蛋，后来蛋破裂，生出一个英雄，他便成了人类的初祖。[②]苯教典籍《普照阳光明灯》还记有苯教的教祖辛饶之父"穆结脱噶"及其先世均出自卵生。[③]既然苯教教祖辛饶的先世均出自卵生，可见卵生观念在苯教中已根深蒂固。故藏族学者桑木丹·噶尔梅指出："将太古的神与恶魔的起源归结于蛋之观念是西藏苯教所特有者。佛教的宇宙起源论中并无此种观念。"[④]

但苯教中的"卵生"观念及"琼"的形象均非出自藏地本土，其真正的来源是印度。"卵生说"被普遍认为明显带有印度文化色彩，是受印度文化的影响所致。正如藏族学者桑木丹·噶尔梅所说："这一神话（指卵生说——引者注）的起源，某些西藏作者认为已找到了。所以，娘若尼玛悦色（1136—1204 年）认为一名被称为'非佛教徒'并从大食（伊朗）地区来到

---

① 土观·罗桑却季尼玛：《土观宗派源流》，刘立千译注，西藏人民出版社1985年版，第196页。

② 14世纪由绛曲坚赞写成的《朗氏家族史》一书中也记载了类似传说。参见大司徒·绛曲坚赞《朗氏家族史》，赞拉·阿旺、佘万治评注，陈庆英校，西藏人民出版社1989年版，第4页。

③ 《普照阳光明灯》，藏文木刻本，第80—81页下，译文参见褚俊杰《吐蕃远古氏族"恰"、"穆"研究》，载《藏学研究论丛》第2辑，西藏人民出版社1990年版，第15页。

④ [日] 谙访哲郎：《黑白的对立统一》，杨福泉、白庚胜编译《国际东巴文化研究集粹》，云南人民出版社1993年版，第337页。

吐蕃的苯教徒接受了这一理论。几乎在同一时代，另一位作者苯教徒西饶琼那（1187—1241 年）也认为这一理论属于印度教教理，尤其属于湿婆教理。此观点（尤其是最后一种）被西方学者们所沿用。石泰安曾具体地解释说，世界系自一卵孵化而出的观点事实上已存在于《摩诃婆罗多》、婆罗门教徒和《奥义书》中了。但我们不知道这种观念是通过什么途径与上述西藏神话结合在一起的。"[1]

　　不过，正如卵生说是来源于印度，属于印度教尤其是湿婆教的教理；而与"卵生"相伴的"琼"同样是来自于印度，并且同样来自印度教尤其湿婆教的教理。大鹏鸟图案的基本造型是一展翅的大鹏鸟（鹰），口中叼一蛇，其所反映基本内容是一幅鹰、蛇争斗的情形。2003 年笔者在印度和尼泊尔等地访问时，在两国印度教的庙宇中发现了大量大鹏鸟图案。为便于比较，兹将印度和尼泊尔的大鹏鸟图案与西藏的图案列于下。

　　印度和尼泊尔大鹏鸟图案：

图 155　尼泊尔印度教庙宇门楣上的木雕

---

　　① 桑木丹·噶尔梅：《"黑头矮人"出世》，耿昇译，载《国外藏学研究译文集》第 5 辑，西藏人民出版社 1989 年版，第 241 页。

图 156 尼泊尔印度教庙宇中的大鹏鸟

西藏各地的大鹏鸟图案：

图 157 西藏传世品

图 158　藏传佛教中的大鹏鸟

图 159　藏族护身符

图 160　藏族唐卡中的大鹏鸟

　　倘将西藏与印度、尼泊尔的大鹏鸟图案进行比较，我们可以发现，青藏高原地区大鹏鸟图案在内容、主题及造型上实际上均与印度、尼泊尔的大鹏鸟图案完全相同，所以，青藏高原地区大鹏鸟图案的源头当缘自印度和尼泊尔等地。

　　其实，鹰、蛇争斗的母题在世界范围分布相当广泛。如鹰、蛇争斗的传说和信仰在古希腊著名史诗《伊利亚特》中已经出现。该史诗中叙述了这样一个情节：在希腊英雄们的上空翱翔着一只雄鹰，鹰爪下是一条鲜血淋漓的蛇。预言家卡尔卡认为这是吉祥的预兆，是攻克特洛伊城的好兆头。[①] 故有学者认为，在这一记载中，鹰应代表着吉兆和正义一方，这与印度的伽鲁达一样。[②] 因此，有学者认为，印度的鹰、蛇争斗母题和图案乃是从西部中亚地区的美索不达米亚一带传入的。如 Heinrich Zimmer 即指出：

　　　　印度艺术和宗教中另一个常见的纹饰，乃是禽蛇的敌对，这可以追溯至美索不达米亚，使人想起印度与其西邻之间，肯定存在着长期的联系。……在公元前 9 世纪至 7 世纪的时期内，美索不达米亚世界的建筑和雕刻成就似乎优于印度。那些小工艺品，以及重要的图案和母题，肯定曾经通过商业通道而持续不断输入印度，并对印度的工艺品产生了深刻的影响。[③]

　　那么，来自印度、尼泊尔地区鹰、蛇争斗母题图案即大鹏鸟图案是何时传入到青藏高原地区的？对此，木仕华曾提出如下看法：

　　　　伴随着印度西藏间的文化交流，金翅大鹏鸟的神话传说，也随梵语佛典、史诗的藏译，逐步渗入藏族文化中的神话、史诗、佛经、雕塑、建筑等各种形态的艺术作品中，金翅大鹏鸟成为被歌咏、描绘的永久主题。许多藏族部落崇拜大鹏鸟的雄健殊勇的形象，遂视之为图腾，恭敬

---

　　① 参见木仕华《纳西东巴艺术中的白海螺大鹏与印度 Garuda、藏族 khyung 形象的比较研究》，载《汉藏佛教艺术研究》，中国藏学研究出版社 2006 年版，第 324 页。

　　② 同上。

　　③ Heinrich Zimmer: The Art of India. *Asia* Vol. 1, Kingsport, 1955, p. 48.

地奉于许多神圣的场合，这在一定程度上促进了金翅大鹏鸟的神话和形象在藏文化圈内的传播。①

　　按照木仕华的看法，大鹏鸟传说与图案是"随梵语佛典、史诗的藏译而逐步渗入藏族文化中"的。事实上，这一认识并不准确。大鹏鸟传说与图案除了"随梵语佛典、史诗的藏译"传入外，更主要的却是经由苯教而传入藏地的，因此，其传入藏地的时间远比佛教传入藏地的时间即公元7世纪要早。

　　前已指出，苯教在藏地的发展演变分为"笃苯"（原始苯教）、"伽苯"（雍仲苯教）和"局苯"（受佛教影响的苯教）三个阶段，笃苯系为藏地本土固有之原始宗教。其特点是"只有下方作镇压鬼怪，上方作供祀天神，中间作兴旺人家的法事而已，并未出现苯教见地方面的说法"②。而"伽苯"即所谓"雍仲苯教"却是"指由外地流传进来的本教"③，指从止贡赞普时代从克什米尔、勃律、象雄等地传入的苯教，其特点是此前"苯教所持之见地如何，还不能明白指出，此以后的苯教也有了关于见地方面的言论"④，也就是说，"伽苯"已有了比较系统的教理和教义。"伽苯"即"雍仲苯教"既然是从克什米尔、勃律、象雄等地传入的被称作"乃溶混外道大自在天派而成"的宗教，那么，其中包含有早期印度教之湿婆派的内容当无疑问。⑤ 实际上，苯教中"卵生说"及与之相伴随的琼即大鹏

---

① 木仕华：《纳西东巴艺术中的白海螺大鹏与印度 Garuda、藏族 khyung 形象的比较研究》，载《汉藏佛教艺术研究》，中国藏学研究出版社 2006 年版，第 324 页。

② 土观·罗桑却季尼玛：《土观宗派源流》，刘立千译注，民族出版社 2000 年版，第 194 页。

③ 同上书，第 342 页。

④ 同上书，第 194 页。

⑤ "自在"一词系出自梵文 Siva。Siva 的音译即"湿婆"，意译"自在"，亦称"大自在天"。湿婆是婆罗门教和印度教的主神之一，即毁灭之神。印度教三大派别之一即有湿婆派，以崇拜主神湿婆而得名。有学者认为湿婆派是源于公元前后的兽主派，多以信神为特点，该教派的一些分支曾流行于克什米尔地区。需要指出的是，湿婆派在佛教经典中即常被称作"大自在天外道"、"涂灰外道"、"髑髅外道"，这与《土观宗派源流》所言"外道大自在天派"完全一致。可见，止贡赞普时由西藏西部克什米尔和勃律地区传入的所谓"伽苯"，显然主要包含有早期印度教之湿婆派的内容。故才让太先生认为："恰本"（即"伽本"）是止贡赞普从克什米尔、勃律、象雄请来的苯教师在吐蕃传播的具有神秘传承和特殊功能的苯教。"

鸟传说与图案，显然正是在苯教的第二个阶段即雍仲苯教形成的时期由克什米尔、勃律即今印度及尼泊尔等地传入藏地的。《土观宗派源流》明确指出，苯教"有主张一切外器世间与有情世间，均由卵而生"[1] 即是有力证明。由上我们可初步确定，"卵生传说"及与之相伴随的"琼"即大鹏鸟传说与图案等传入藏地的时间甚早，至少可以上溯到吐蕃赞普世系中的第七世赞普——止贡赞普的时代。

按照苯教典籍的记载，既然笃苯即雍仲苯教是"从克什米尔、勃律、象雄等地传入"，那么，可以肯定，"卵生传说"及与之相伴随的"琼"即大鹏鸟的传说与图案最早进入藏地应是在象雄地域即今天西藏西部的阿里地区。因为按照诸多藏文史籍的记载，以辛饶为始祖的雍仲苯教最早乃是自象雄地区向外传播的。《土观宗派源流》记：

> 辛饶生于象雄之魏摩隆仁，名辛饶米沃切，……他曾至藏中众多胜地，如温达的赛康孜……工域的布楚拉康庙以东的苯教神山，收伏世间神道山灵，他传出雍中法聚的《四门》、《五藏》。[2]

《新红史》亦记：

> 其时生于边地大食地区之辛饶大师，他自象雄地区译得苯教（经典），并加以宏传。[3]

那么，属于雍仲苯教的"卵生传说"及与之相伴的"琼"即大鹏鸟传说及图案是什么时候传入嘉绒地区的？从诸种迹象看，雍仲苯教传入嘉绒地区的时间可能相当早。有一个事实非常值得注意，即以东巴辛饶为始祖的雍仲苯教有一标志性地名——"沃摩隆仁"，据学者们研究，该地在今西藏西

---

① 土观·罗桑却季尼玛：《土观宗派源流》，刘立千译注，民族出版社 2000 年版，第 196 页。
② 同上书，第 193 页。
③ 班钦·索南查巴：《新红史》，黄颢译注，西藏人民出版社 1984 年版，第 16 页。

部的阿里地区①。而嘉绒土司传说中，正是将他们的祖先居地追叙到了沃摩隆仁。如绰斯甲土司自叙祖先来历称：

> 远古之世，天下有人民而无土司。天上降一虹，落于奥尔卯隆仁地方（Or Mo run ȝ ən）虹内出一星，直射于獽戎（ȝ əan ȝ ɔn）。其地有一仙女名喀木茹芊（k'am ȝ u me），感星光而孕。后生三卵，飞至琼部山上（tçon Po），各生一子。一卵之子，腹上有文曰"k'ras tçiam"。此子年长，东行，依腹文觅地，遂至绰斯甲为王。②

按照此传说，嘉绒土司的先世最早当与沃摩隆仁有关，之后迁至琼部，再之后才"东行"，到了嘉绒地区。这暗示了嘉绒一部分人群的先民由阿里地区向东迁徙的可能。需要注意的是，"沃摩隆仁"是苯教发源圣地，嘉绒地区的土司祖源记忆直接将其祖居地追溯到"沃摩隆仁"，正好说明了一个事实：嘉绒地区的苯教乃是来自于象雄地域即今西藏西部的阿里地区。这一点，在对今川西北地区苯教信众及高僧的访谈中也得到证实。郭卫平、曾国庆在《川西本教调查报告》中即谈道：

> 如阿坝县朗依寺活佛龙哇丹珍、新龙县依西寺活佛阿拥等认为："释迦牟尼未创立佛教以前，本教就已经存在并为当时的百姓所信仰，创始人是一位叫丹巴先饶，全名为辛饶弥倭且，他出生在象雄，即今西藏阿里地区扎达县沃莫隆，其悠久历史距今已有18003年"。③

嘉绒地区的苯教既然是来自于西藏阿里，那么可以肯定，嘉绒地区土司家世的"卵生说"及与之相伴的"琼"即大鹏鸟的传说及图案也必是来自于西藏的阿里。

---

① 参见丹马丁《沃摩隆仁——本教的发源圣地》，陈立健译，载《国外藏学研究译文集》第十四辑，西藏人民出版社1998年版，第27页。
② 马长寿：《嘉绒民族社会史》，载《民族学研究集刊》1944年第4期。
③ 郭卫平、国庆：《川西本教调查报告》，载《藏学研究》，天津古籍出版社1990年版，第239页。

关于"琼"即大鹏鸟信仰同古象雄即西藏阿里的关系，从事苯教研究的才让太先生曾作过如下精辟阐述：

从现在文献及研究成果看来，"象雄"是个古老的象雄文词汇，"象"（zhang）是地方或者山沟的意思。"雄"（zhung）是 zhung-zhag（雄侠）的缩写形式，是古代象雄的一个部落名字。①"象雄"翻译过来就是雄侠（部落）的地方或者雄侠（部落）的山沟。翻译成藏文就是 khyung-lung（穹隆）。丹增南达也确认了这种解释："象雄这个名词在象雄文中是穹之山沟（地方）或者穹布之山沟（地方）。"② 同时，象雄文中的 zhung-zhag 或者 zhung 和藏文中的 khyung 还是古代象雄文化中出现频率极高的一种神鸟，这种神鸟就是雄侠部落的图腾和象征，象雄部落认为他们是这个神鸟的后裔。从大的方面来讲，"雄"或者"穹"部落又有三个分支即白穹（khyung-dkar）、黑穹（khyung-nag）和花穹（khyung-khra），还有一些专门的文献讨论这三个穹的由来及其繁衍历史。现在遍布藏区的 khyung-nag（黑穹）、khyung-po（穹布）、khyung-dkar（白穹）等跟"穹"有关系的部落都被认为是古代象雄"雄侠"部落即"穹"部落的后裔。"隆"（lung）是山沟之义。从以上可以看出，象雄文中的"象雄"就是藏文中的"穹隆"，都是"穹（神鸟）之山沟"之义。

实际上，这个在印度文化中被称为 garuda 的神鸟不仅在苯教文化中出现频率非常高，而且在印度教和佛教中同样是个非常普遍的现象。苯教、印度教和佛教这三个宗教传统中都出现这个神鸟，它更多的时候象征的是一种精神。这个神鸟的形象在苯教和佛教中往往是鹫头、人身、

① 转引自加布顿·仁青沃赛《绰沃旺乾详释明灯》，藏族苯教寺院社团，印度：梭兰出版，1973年，第86页正。《白扎穹王世系嘉言珠》（作者不详）藏文手抄本，第1页：zhang-zhung-skad-du/-zhang-zhag-ces-bya-ba/-bod-skad-du/-khyung-po-zhes-bya-ba-ru-grags-pa。

② 转引自丹曾南达《藏族古代史锁议精要》第2版，印度：坂觉出版社，第27页。zhang-zhung-zhes-pavi-ming-vdi-yang-zhang-zhung-gi-skad-du-khyung-gi-lung-pavm-khyung-povi-lung-pa-zhes-brjod-pa-yin-par-bshad。

鸟翅、鹰爪，而在印度教中是个人头，[①] 其他雷同，但也有例外。虽然在没有进入深入的研究之前，笔者不敢对它的起源及其象征意义妄加评论，但是一个不争的事实是，这三个传说中的神鸟很可能有一个共同的起源，它代表着一种传统和精神。[②]

既然"琼"确是来自于西藏阿里，那么，"琼"传入东部横断山区嘉绒地区的路线就应该是，自阿里向东传入藏北的是琼部地方（即今藏北丁青一带，亦称三十九族地区），再由琼部向东传入嘉绒地方。这一传播路线在嘉绒地区土司家庭的祖源记忆中得到有力的印证。在他们的祖源记忆中，其远祖正是自"由三十九族之琼部迁来"。

以上诸种迹象均表明雍仲苯教传入嘉绒地区的历史可能极为古老，至少比我们一般想象的吐蕃时期要早得多。

第六节　碉楼与苯教及琼的对应

我们知道，在公元 7 世纪佛教传入藏地之前，苯教在整个藏区一直占据着主导地位，并对藏地的政治发生着重要影响。藏文史籍载："苯教治国。"但是在吐蕃王朝时期，由于吐蕃王室大力推行佛教，佛、苯之间发生激烈斗争，在墀松德赞时期举行的佛、苯辩论中，因苯教遭到失败和排斥，导致苯教徒大量逃往边远地区，也导致了苯教由卫藏中心地区向安多及康区等边远地区的大量转移。以后，特别是藏传佛教后弘期以来，随着藏传佛教力量的日益壮大以及在卫藏等中心区域取得压倒性的优势地位并不断对苯教形成强大压力，导致了苯教不断地被迫向边缘地区转移并寻求发展空间的态势。历史上这种趋势不断发展的结果，在藏区造成了这样的局面：藏传佛教作为一种兴起和形成较晚的文化力量大体占据了比较中心

---

① 转引自傅瑞隆克 W. 坂斯（Fredrick W Bunce）：《佛教和印度教肖像词典》（英文版），新德里：D. K. 出版世界有限公司 1997 年版，第 103 页。

② 转引自才让太《再探古老的象雄文明》，载《中国藏学》2005 年第 1 期。

和主导的区域，而苯教作为藏地形成年代最早、最古老的文化力量却更多地散布并存在于藏区比较偏远和边缘的区域。

以上格局，造成了地处横断山脉的康区及与之邻近的地区乃是今藏区中苯教分布最为集中的地区。那么，康区的碉楼分布与康区的苯教分布之间是否存在着某种内在联系呢？这是一个颇值得探讨的问题。

关于康区苯教的分布情况，马长寿先生在 20 世纪 40 年代初深入川西高原地区调查后撰写的《钵教源流》一文中曾有如下的描述：

> 近百年来，钵教寺之康境东北者，青海阿木多地方有思那绮寺，有僧五百名，公巴寺有僧二百名。西康之绰斯甲之寺僧，大体皆为钵教徒。巴底墨经寺及琼山寺为钵教寺；德格之东潜寺，道坞之几僧寺亦为钵教寺。在康之东南境者，巴安之九堆寺，九龙之札鲁寺，皆为钵教寺。以上皆系规模较大，寺僧较多者。钵教之小寺不计焉。洛克赫尔亦言："西藏东境边疆之地，由青海达于云南，钵教与佛教之势力并育而滋长。在西藏南部，不直接辖于拉萨政府，而以钵教系统号召之僧侣，屡屡有之。故似可估计钵教信仰者有三分之二以上，而以全部操藏语之民族言之，至少可达五分之一。"①

事实上，在碉楼分布的横断山脉地区，我们可明显看到苯教与碉楼分布之间存在着密切的正相关。

最典型的例证乃是嘉绒地区。嘉绒地区是整个东部藏区中碉楼种类最多、数量最大且分布最密集的地区。但是，与此相对应，嘉绒地区也正是整个横断山脉东部藏区中苯教及苯教文化最为盛行的地区。在清乾隆攻打金川以前，嘉绒地区乃是东部藏区的苯教中心，是苯教传入时代最早、苯教信仰最发达和苯教文化土壤最为深厚的地区。从前面的讨论我们已不难看到，嘉绒地区碉楼之发达实与苯教文化之盛行存在异常密切的关系。

另一个能说明碉楼与苯教存在密切关联的典型区域是瞻对地区，即今天

---

① 马长寿：《钵教源流》，载周伟洲编《马长寿民族学论文集》，人民出版社 2003 年版，第 314—315 页。

甘孜藏族自治州新龙县。瞻对地区也是康区苯教十分盛行的地方。明末清初，由于康区今甘孜县一带的白利土司顿月多吉笃信苯教，并与青海的蒙古势力却图汗相勾结排挤和打击黄教，1639 年，尊奉黄教的青海和硕特部首领固始汗率兵南下，攻入康区，消灭了崇奉苯教的白利土司顿月多吉，使甘孜县一带的苯教徒纷纷向南逃往瞻对地区，瞻对成为康区的一个苯教大本营。清同治四年（1866 年），在平定瞻对地区工布朗杰反叛后，清政府将瞻对赏给达赖喇嘛管理。直到清末赵尔丰经营川边实施改土归流，清政府方才收回对瞻对的管辖权。在达赖喇嘛管辖瞻对的 40 余年中，达赖喇嘛为首的黄教势力曾力图在瞻对地区建立黄教寺院，但是由于苯教势力在瞻对地区根深蒂固，且苯教信仰在民众中深入人心，对黄教采取强烈排斥态度，最终仍未在瞻对地区建立起一座黄教寺院。《定瞻厅志略》记载，在光绪二十三年（1897 年）时，瞻对地区共有寺庙 47 座，其中宁玛派 37 座，苯教 6 座，黄教 4 座。但是这 4 座黄教寺院实际上并不在瞻对地区，而是在藏官所在的理塘三坝地区。[①] 即使到现今，在新龙县的 54 座寺院中，仍然没有一座黄教寺院，却有 8 座苯教寺院。像瞻对即新龙县这种情况，在整个康区也是极为罕见，甚至可以说是绝无仅有。所以，从某种意义上说，在东部藏区中，瞻对是除嘉绒地区外又一个苯教信仰及苯教文化土壤极为深厚的地方。

但恰恰在瞻对地方，同样是碉楼分布密集且数量较大的地区。在清初，由于瞻对地区的部落不断袭扰川藏线，对清朝同西藏的联系通道构成严重威胁，为保障内地与西藏通道的畅通，清王朝曾在雍正、乾隆两朝三次对瞻对用兵，但均未取得成效。原因之一即在于瞻对地方碉楼甚多。当地部落据碉以对抗清军，使清军难以取胜。瞻对地方的碉楼的数量及分布的密集程度，据乾隆十一年大学士川陕总督庆复等奏称，仅攻克瞻对地方脉陇冈、曲工山梁、上谷细等处，毁险要碉楼就达一百五十余座。乾隆初征伐瞻对之役所焚毁的碉楼即达七百六十余座。[②] 由此已可见瞻对碉楼分布之密集。清朝在瞻对之役以后的善后事宜中特别规定："嗣后新定地方，均不许建筑战碉，即

---

① 张继：《定瞻厅志略》，载张羽新主编《中国西藏及甘青川滇藏区方志汇编》（第 40 册），学苑出版社 2003 年版，第 103—105 页。

② 程穆衡：《金川纪略》卷一，《金川案、金川六种》，西藏社会科学院西藏学汉文文献编辑室编印：《西藏学汉文文献汇刻》第三辑，1994 年，第 259 页。

修砌碉房，亦不得高过三丈，违者拆毁治罪"①，并令当地统辖土司每年差土目分段稽查，严禁修筑战碉，仅留住碉居住。自此，瞻对地方的碉楼数量才有所减少。但今天，瞻对即今新龙县一带的碉楼数量仍然十分可观。而且更重要的是，今天新龙县城所在的茹龙镇还成为当地土碉与石碉的一个分界，即以茹龙镇为界，溯雅砻江而上，沿途多土碉；顺江而下则多石碉。

碉楼与苯教之间呈现对应关系的现象，不单出现在横断山脉的区系中，在喜马拉雅山区系的碉楼中也同样如此。如在山南地区的隆子、措美、洛扎等地为碉楼分布较密集的地区，其实这一地带在历史上仍是苯教十分盛行的地区。2006年在措美县当许镇的一座白塔内发现了大量吐蕃时代的苯教写本，其内容主要涉及苯教的治病、祛邪和丧葬等②，这是目前在西藏地区发现的时代最早的苯教写本，其价值弥足珍贵。在措美县一带所发现的吐蕃时代的苯教写本，也有力地说明了一个事实，即在吐蕃王朝时期，今西藏山南地区的隆子、措美、洛扎等一带，应是苯教十分流行的区域。这就意味着，山南地区隆子、措美、洛扎等地碉楼发达并且当地民间普遍将碉楼称作"琼仓"并非偶然，而是以自吐蕃以来就流行于当地的古老的苯教文化为其基础的。在吐蕃王朝时期，今山南的泽当、琼结一带虽为吐蕃的发祥地，但随着吐蕃王朝的扩张及其政治中心逐渐向拉萨一带转移，地处琼结县以南的隆子、措美、洛扎等地逐渐边缘化，特别是到墀松德赞时期大力推行佛教并排斥苯教时期，苯教徒的活动就可能更多地转入山南南部地势偏远的隆子、措美、洛扎一带。加之这一地带地形多山、多石、多峡谷，所以，山南南部地区苯教文化的流行，乃构成了该地区碉楼逐渐发达的一个文化基础。

所以，无论是嘉绒地区、瞻对地区的情况，还是西藏山南地区南部隆子、措美、洛扎一带的情形，均向我们揭示了一个现象：即碉楼与苯教之间呈现出明显的对应关系：即碉楼分布密集之地，往往也是苯教十分盛行且苯教文化土壤较为深厚的地区。但是由于碉楼主要产生在多石、多山的

① 西藏研究编辑部编辑：《清实录藏族史料》（第1集），乾隆十一年六月戊子条，西藏人民出版社1982年版，第558页。

② 巴桑旺堆：《关于藏文古写本研究》，载《西藏研究》2008年第4期。

峡谷地区，明显受地域环境的限制，所以，碉楼与苯教之间的对应实际上有一个自然前提：即主要是局限在多石、多山的峡谷地区。因此，对碉楼与苯教之间的对应关系，可以说，碉楼分布密集之地往往也是苯教盛行和苯教文化底蕴深厚的地区；但却不能因此而得出凡是苯教盛行地区就必有碉楼的结论。如在甘、青一带的安多藏区，许多地区苯教也十分盛行，但由于其地缺乏建造碉楼的地理环境和条件，所以也并无碉楼。

由于碉楼与苯教之间存在着紧密而奇妙的对应关系，由此也派生出一个现象：即碉楼与琼即大鹏鸟之间亦存在某种奇妙的对应关系。这一点在横断山脉地区表现得尤为明显。如在今云南丽江纳西族地区，今天虽然碉楼分布数量已极少，但是，在历史上，纳西族地区却显然有碉楼存在。如，在纳西东巴象形文中，有"﹀"字，对此字，过去李灿霖先生曾作过如下的阐释：

> 作村庄房屋解的 ﹀ ［we］字，丽江的巫师对我说这是像村庄房屋之形。但丽江的房屋都是人字形的屋脊，与这个字的图像一点都不符合。这个疑问也是我在无量河边得到实物印证后才释然于心。在里朗、博罗一带都是用白土筑成的平顶房，当地人用汉化话说时叫做"土庄房"，这种房屋人可以在房顶平台由这一家跨到那一家，不需要走人家的大门而可以跨越全村，我站在俄丫土官的平寨上，见到全村平台相连接成一座大的碉堡，我明白这种建筑应该是有防御工事的意义在内，同时明白了［we］字的来源是"平碉"，丽江没有这种平碉，所以当地的巫师没法解释这个字的来源。因为可以筑平碉的这种白土不是到处都有的。[1]

方国瑜、和志武称：﹀ uə³³，村寨也，庄落也，截"山"之半取义。亦做部落解。[2] 李霖灿、张琨、和才释为：﹀ wɛ³³ 村子也。字源有两种说法，一云像村中房屋相连之形，一云像村中有碉堡之形，亦有人云像土庄

---

① 李霖灿：《么些研究论文集》，（台北）国立故宫博物院，1984 年印行，第 32—33 页。

② 方国瑜编撰，和志武参订：《纳西象形文字谱》，云南人民出版社 1981 年版，第 301 页。

房之形，以土筑成之平顶房也。① J. F. 骆克的《纳西—英语百科辞典》释其为木头修筑的房子，指村寨，又指堆积、堆垒，像砖堆砌。②

但近年纳西学者木仕华提出东巴文中的此字当为"邛笼"即碉楼，理由是：

> uə³³在纳西语中的主要义项有：1.（名词）村子，村庄，坡坨，堆；2.（动词）堆垒；3.（一）堆；4. 人名的呼格前缀。该字的字源，方国瑜、和志武解为截山之半，似有牵强之嫌。东巴文"山"字的半截面，无论是横截面，还是纵截面都很难与Ⴊ的字形相关联。笔者认为Ⴊ字是邛笼文化在纳西文化中的遗存，亦是纳西族为古羌人后裔的重要证物。③

倘"Ⴊ"字确为碉楼，那么，可确认，纳西族的碉楼也应与东巴教中普遍存在的卵生神话和大鹏鸟之间可能有着某种对应关系。关于纳西族东巴教中存在丰富的卵生传说，杨福泉先生在《纳西族与藏族历史关系研究》一书中曾作过如下论述：

> 在纳西先民的生命观中，蛋卵是人神鬼怪飞禽走兽的生命本原。除了东巴经中的很多记述外，民间口传的神话中也讲到神、人与动物都是从蛋卵中生出的。如流传于永宁纳人的神话《埃姑咪》中说，一个猴子吞下一个发光的火蛋，蛋从猴的肚脐眼中飞进而出，撞碎在悬崖上；于是，蛋黄、蛋壳、蛋白变成了各种飞禽走兽；蛋核变成了纳人始祖埃姑咪，"埃姑"即"蛋"的意思。④纳西先民认为蛋为人神鬼怪飞禽走兽的生命本原，因此，他们还用蛋卵、蛋破、蛋液等现象

---

① 李霖灿、张琨、和才：《么些象形文字、标音文字字典》（以下简称李《典》），（台北）文史哲出版社1972年版，第118页，第1528字。

② J. F. Rock, A Nakhi-Encyclopedic Dictionary. Part. 1, Istituto Italiano Per 11 Medio Estremo Oriente. Roma，1963. p. 476.

③ 木仕华：《东巴文Ⴊ为邛笼考》，载《民族语文》2005年第4期。

④ 转引自章虹宇整理《埃姑咪》，载《山茶》1986年第3期。

来解释人类源流以及人们相互间的宗亲、种族关系。在纳西先民的观念中，蛋卵既为人类出生之体，那么，由同一个蛋卵孵化出的人便同属一个"胞族"、"种族"或同一"宗亲"、"本族"。象形文东巴经中的"胞族"、"同族"写作ℭ，读"驱"（qu），字形像蛋破而出。同出一蛋，同蛋者繁衍为胞族、同族。而象形文"后裔"、"后代"一词，写如：℞，上部形似蛋破，下部形似尾巴从蛋中伸出之形，读"姑卖"（gv mail），直译为"蛋尾"，同蛋之尾为裔。① 东巴经中经常提到事物的"出处来历"和"生命起源"一词也与"蛋"和"鸟"分不开，原文念如"突姑迸姑"（tv gv beel gv），"突"（tv）意为"孵出"，"迸"（beel）意为"鸟大离巢"，"姑"（gv）为"处所"、"地方"，直译为"鸟孵出和离巢的处所"。由此亦可看出，纳西先民认为人类生于蛋，万物生于蛋。②

由于东巴教中存在丰富的卵生传说，在东巴教中也同样存在有关大鹏鸟的传说。如在东巴教的祭祀舞蹈中就有很有名的"大鹏舞"，木仕华曾指出：

东巴法仪舞蹈中有 çə³³tçhy³³tsho³³，即 Garuda 舞，大鹏舞，见于东巴教祭风仪式舞蹈中。此外在纳西东巴经典的《舞谱》类经典中亦在不同主题的舞谱中多次提及大鹏舞，可知大鹏在东巴教法仪舞蹈中亦占有十分重要的位置。大鹏（Garuda）作为署类（Nāga）的天敌和镇服者，成为重要的战神和守护神之一，在许多法仪舞中出现。③

东巴经典《祭什罗法仪舞的规程大鹏鸟舞》的舞谱载曰：

（在龙、鹏、狮三个种中）最先学到跳舞本领的是大鹏鸟，因此，

---

① 转引自方国瑜编撰、和志武参定《纳西象形文字谱》，云南人民出版社 1981 年版，第 165 页。
② 转引自杨福泉《纳西族与藏族历史关系研究》，民族出版社 2005 年版，第 170 页。
③ 木仕华：《纳西族东巴艺术中的白海螺大鹏鸟与印度 Garuda、藏族 Khyung 形像比较研究》，载谢继胜、沈卫荣、廖旸主编《汉藏佛教艺术研究》，中国藏学出版社 2006 年版，第 301 页。

跳白海螺大鹏鸟舞时，要先跳它栖息在树上的舞姿：右腿吸腿一次，左腿吸腿一次，做一次端掌深蹲，旋即起身，端掌，双脚朝后勾跳一次，落地自转一次，转后走三步。①

在东巴经典《马的来历》中亦将马的来历归因于大鹏鸟所生蛋的孵化。在迄今遗留下来的东巴教经典中，还有一份珍贵的《迎请大鹏鸟经》，现藏美国哈佛燕京图书馆，对此经的内容，木仕华曾有专门讨论②。除此之外，在纳西东巴经典中也存在大量的大鹏鸟图案。

纳西的大鹏鸟图案：

图 161 木里俣波法器

---

① 木仕华：《纳西族东巴艺术中的白海螺大鹏鸟与印度 Garuda、藏族 Khyung 形像比较研究》，载谢继胜、沈卫荣、廖旸主编：《汉藏佛教艺术研究》，中国藏学出版社 2006 年版，第 302 页。

② 同上。

图 162　大咀东巴经书上的大鹏鸟　　　　图 163　俄亚民居门楣上的图案

图 164　纳西送魂图上的大鹏鸟图案

其实，纳西族东巴教中之所以存在着丰富的卵生神话和大鹏鸟传说，根本原因在于东巴教与苯教之间存在千丝万缕的联系。对于苯教与东巴教之间的关系及二者所存在的惊人同一性，学者们早予以了高度关注。有学者曾指出：

> 纳西族的早期东巴教与藏族传统的钵教，则有更多相似之处。这不仅是东巴教所尊的教主丁巴什罗，与钵教所奉教主，音极相近，可能是同名的异读，所以时贤们主张两教的祖师是共同的，是说有一定的道理；而且钵教与东巴教之间，其祀神祭鬼的仪轨、法器、邪术诸方面，多所相似。①

而据和志武先生的研究，东巴教与藏族苯教之间至少存在以下几个共同点：

1. 藏语称苯教为"苯波"（Bon-po），简称"苯"（Bon）。而东巴经中纳西古语亦"东巴"为"苯波"（bunbu）一称，当是苯教"苯波"之音译。此外，"东巴"一词，象形文写作𘚸读"钵"，意为"祭"和"念经"，与"苯波"之意相同。

2. "东巴"所戴五佛冠与苯教相同。

3. 东巴教始祖"丁巴什罗"为藏语音译，"丁巴"意为"祖师"，"什罗"为人名，故"丁巴什罗"一语按藏文音译传写应为"祖师辛饶"，正是指苯教的始祖。

4. 东巴教三大神中的"萨英畏登"、"英古阿格"均为苯教神，后招为佛教护法神。

5. 在纳西象形文写成的东巴经书中，频频出现有"卐"这一苯教符号。②

对于苯教与东巴教之间的关系及大量相似性，目前学术界主要有两种看法：一种认为东巴教受到了苯教的强烈影响，特别是苯教历次在西藏失势之

---

① 赵鲁：《论〈东埃术埃〉的宗教思想》，载《东巴文化论》，云南人民出版社1991年版，第509页。
② 参见和志武《东巴教和东巴文化》，载《东巴文化论集》，云南人民出版社1985年版，第16—37页。

时，均大量向今纳西族地区扩散和渗透。所以东巴教被认为是苯教在纳西地区的一种地方化的发展。另一种观点虽不否认东巴教中后来吸收和融入了许多苯教因素，但却认为二者之间相似性很大程度上也来自于它们之间存在一定的同源关系。① 如杨福泉即认为：

> 苯教研究专家斯奈尔戈洛夫（D. L. Snellgrove）曾指出，吐蕃古代宗教在任何地方都未被以"苯教"之名称呼过。苯首先是指土著宗教巫师中的一个特殊类别，但苯教作为一种宗教体系则以另外一种意义出现在 9 世纪末至 11 世纪中叶之间。② 这说明藏族的苯教最初很可能是一种与纳西、彝、哈尼等族的原始宗教（古代宗教）非常类似的民间信仰形态，即一种普遍存在于喜马拉雅周边地区，又有很多相同因素的萨满教（Shamanism，又译为"巫教"）形态，到后来才逐渐演变成其教义、教规和宗教思想等融进了更多外来文化因素的苯教。因此，纳西族东巴教中的很多古文化因素应该说是与藏族古代宗教有同源关系的，它不仅仅只是受"苯教"的影响。③

图 165　道孚惠远寺

不过，需要注意的是，除今纳西族地区外，琼即大鹏鸟信仰及图案在横断山脉地区同样有广泛的分布。

康区各地的大鹏鸟图案：

①　石硕：《藏族族源与藏东古文明》，四川人民出版社 2001 年版，第 117—125 页。
②　［法］石泰安：《敦煌写本中的吐蕃巫教和苯教》，载《国外藏学研究译文集》第十一辑，西藏人民出版社 1994 年版，第 3—4 页。
③　杨福泉：《纳西族与藏族历史关系研究》，民族出版社 2005 年版，第 190 页。

图 166　鲜水民居板面画

图 167　康定新建寺造像

图 168　甘孜炉霍寿灵寺佛头上的大鹏鸟形象

图 169 平武毗卢寺大日如来头上的大鹏鸟

图 170 头饰上的大鹏鸟

　　所以，从这一背景来看，横断山脉地区成为青藏高原范围碉楼最为密集的地区之一当不是偶然的。关于横断山区系类型中碉楼与琼即大鹏鸟的对应关系，从横断山区一些边缘地带的情形尤能得到集中的反映。如在地处青藏高原边缘地带的今四川雅安硗碛藏族地区就十分典型。硗碛现为雅

安地区宝兴县的一个藏族乡，由于地
处夹金山之南和宝兴河的上游地区，
北有夹金山将其与小金县一带的嘉绒
地区分割开来，所以，其在地理单元
上相对自成一体，亦成为嘉绒藏族分
布中瓯脱且较为游离的一支。在硗碛
地区，今天已基本见不到碉楼，但该
地区至今却保留了一座残碉。

虽然硗碛藏族乡因地处藏、汉边
缘，文化变迁较为显著，今天在其习俗
中已完全见不到"琼"即大鹏鸟的图案
了，但是在一"塔子会"仪式活动中，
我们却意外地在其老年妇女的头饰上发
现了"琼"的图案。这说明在横断山脉
一带，即便是在藏文化的边缘地区，碉

图 171　壤塘鱼托寺柱头雕塑

图 172　雅安宝兴县硗碛碉楼

图 173　尔苏经书送魂图中的碉楼

楼与"琼"之间也存在着明确的对应关系。

　　同样在藏区边缘的尔苏藏人中，今天虽已见不到碉楼，但是在尔苏藏人保留下来的送魂经书中，不仅有"琼"的图像，也有碉楼的图像。这就充分说明，碉与"琼"之间存在密切的共生关系。

第 七 章

碉楼与石棺葬及石砌建筑的对应关系

　　有关青藏高原碉楼的文献记载十分匮乏，且近代随着冷兵器时代的结束碉楼也丧失了实际功用而逐渐退出历史舞台，今天的碉楼已经是作为一种丧失了实际功用的历史遗留而存在，所以，有关青藏高原碉楼许多重要的历史文化信息今天已大量流失。这些情况，无疑为我们今天研究碉楼带来了很大难度。那么，在文献记载稀缺且因时代久远田野调查亦难以深入的条件下，我们应当如何进一步深入地认识和挖掘青藏高原碉楼的历史与文化内涵？笔者认为，我们首先需要明确一个认识：碉楼作为青藏高原地区的文化遗存并不是一种孤立的文化现象，而是青藏高原整个文化体系的有机组成部分，它同青藏高原地区的其他文化因素之间必定存在关联和依存。因此，将碉楼置于青藏高原的文化背景之中，寻找碉楼与青藏高原其他因素之间的关联性，是我们在碉楼研究上取得进展的一个必要的路径与前提。为此，我们将循着这一思路，试对与青藏高原碉楼相关联的自然与文化因素作一初步的探讨，旨在进一步拓展认识青藏高原碉楼的视野与思路。

第一节　碉楼分布的环境特点：
"依山居止"与"近川谷"

　　最早记载青藏高原地区碉楼的《后汉书·南蛮西南夷列传》，在记叙东汉时岷江上游地区的冉駹夷部落时云：

> 皆依山居止，累石为室，高者至十余丈，为邛笼。

可见"依山居止"是碉楼得以产生的一个重要的自然环境条件。《隋书·附国传》在谈到附国和嘉良夷地区的碉楼时亦载：

> 无城栅，近川谷，傍山险。……故垒石为碉而居，以避其患。其碉高至十余丈，下至五六丈，每级丈余，以木隔之，基方三四步，碉上方二三步，状似浮图。

这里也同样提到了碉楼所在地的一个自然环境条件，即"近川谷，傍山险"。

以上两条材料均是目前汉文史籍中对青藏高原地区碉楼最早的记载。值得注意的是，这两条材料均提到了碉楼与之伴随的自然环境条件，即"依山居止"和"近川谷"。按照这一条件，"依山"和"近川谷"当是古代碉楼修建的一个基本自然环境条件。

今天，我们可惊讶地看到，"依山"和"近川谷"正是青藏高原碉楼分布的一个基本环境特点。

我们不难看到，碉楼在青藏高原的分布主要集中于高原的南部和东南部地区，而这些地区大体上均是沟壑纵横、河流众多的山谷地带。由于青藏高原的北部和中部地区大多海拔较高，地形相对开阔平缓，呈现典型的高原环境，并以广袤的牧区或成片且地势开阔的农区为主，所以在青藏高原的北部和中部地区基本上不见碉楼。即便偶有一两座零星的碉楼，也多是出于较为偶然的原因所建，当地并不存在修建碉楼的传统。

具体来说，青藏高原碉楼的分布，主要是存在于两大区域：一是处于青藏高原东南部的横断山脉地区；二是属于藏南谷地即西藏雅鲁藏布江以南的西藏林芝、山南和日喀则等地区。

就横断山脉地区而言，该区域在地形上的突出特点，是由一系列南北走向的山系、河流所构成的高山峡谷地区。该区域因有怒江、澜沧江、金沙江、雅砻江、大渡河、岷江六条大江分别自北向南从这里穿流而过，在峰峦叠嶂的高山峻岭中开辟出一条条南北走向的天然河谷通道，所以，在横断山脉地区形成了典型的"两山夹一川"、"两川夹一山"的沟谷地貌。该区域在行政区划上包括了今四川西部、滇西北和西藏东部昌都地区。这一地区，恰好是目前整个青藏高原范围碉楼分布最密集、最广泛的地区。具体而言，在此区域中，碉楼主要分布于今四川阿坝藏族羌族自治州、四川甘孜藏族自治州、四川凉山彝族自治州的木里、冕宁、盐源等县以及云南迪庆藏族自治州和西藏昌都的江达县等地。

青藏高原南部的碉楼主要分布在雅鲁藏布江以南的山南、林芝和日喀则等地。该地区在地理位置上主要处于雅鲁藏布江以南和喜马拉雅山脉以北的东西狭长的高山峡谷地带。据夏格旺堆的统计，西藏境内碉楼的具体分布地点包括林芝地区工布江达县雪卡乡秀巴等5个点；山南地区隆子县格西村等3个点；山南地区加查县诺米村1个点；山南地区曲松县邛多江等3个点；山南地区雅堆乡1个点；山南地区洛扎县边巴乡等地的十几个点和山南措美县境内的几个点；日喀则地区则主要有江孜县、聂拉木县等若干分布点。但是，在西藏雅鲁藏布江以南地区，碉楼分布最为密集的区域是山南地区的洛扎县及其与措美县交界的边巴乡境内。① 该地碉楼的密集程度几乎与横断山脉地区今保留碉楼最多的丹巴县相当。

总之，从目前碉楼在青藏高原地区的分布来看，碉楼主要存在于"依山"和"近川谷"的地方。也就是说，碉楼在平原及地势平坦的地方基本不见（或极为罕见），而是主要存在于有山和"近川谷"的地理环境中。故"依山"和"近川谷"是青藏高原碉楼分布的一个基本自然环境特点。

第二节　碉楼与石砌房屋呈现对应关系

在青藏高原地区，除了牧区所使用的帐篷外，人们传统的居住房屋主要由两种材料来构建，一种是用石头垒砌的石砌房屋，一种是用土夯筑成的土坯房屋。

一般说来，夯筑的土墙房屋主要较集中地分布于西藏西部、藏北及甘青

---

① 参见夏格旺堆《西藏高碉建筑刍议》，载《西藏研究》2002年第4期。

一带牧区以及牧区与农区的交接地带，或是某些地势较为开阔平坦的农区地带。上述地区之所以形成以夯筑的土坯墙房屋为主的居住面貌，大体有以下两个原因：一是上述地区多地势高峻、平缓开阔，远离大山，故往往缺乏丰富的石材；二是上述地区因海拔较高，气候寒冷、风大，就保暖性和防风而言，土坯房屋较之于石砌房屋更具优越性。故一般来说，牧区的土坯房屋大多较低矮，这也恰是出于保暖与防风的需要。

青藏高原的农区基本上以石砌房屋为主。石砌房屋分布较广，主要分布在地处横断山脉地带的康区以及雅鲁藏布江中下游流域地区及以南的藏南谷地等广阔地区。这些地区大多是山谷深、沟谷与河流纵横，因有大山和河流的切割，故石材十分丰富。加之这些地区地形破碎，石多土少，地质条件复杂多变，故决定了其对居住房屋稳定性的要求较高。因石砌房屋的稳定性和坚固性较之土坯房屋更优越，故石砌房屋遂成为上述地区的主要房屋形式。

倘若从石砌与土坯两大房屋系统的分布格局来审视，我们可以发现青藏高原碉楼的一个突出特点——即碉楼主要存在于青藏高原的石砌房屋分布区域，换言之，在青藏高原范围内，碉楼分布区大体是与石砌房屋的分布区相对应。而在土坯夯筑的房屋分布区内则基本上不见碉楼。

上述现象说明了一个重要问题，即青藏高原的碉楼及其碉楼文化有一个十分重要的存在基础：这就是石砌房屋建筑传统。也就是说，青藏高原碉楼乃是以石砌房屋建筑技术传统为前提而存在的。

青藏高原地区的石砌房屋建筑技术传统产生年代甚早，从目前的考古发现材料看，至少在新石器时代晚期已经普遍产生。在距今 5200—4200 年的昌都卡若遗址中，已经出现了石砌房屋建筑技术。在卡若遗址中，共发现房屋基址 28 座。其中属于早期的圆底房屋、半地穴式房屋和地面房屋均为草拌泥墙，而属于晚期的半地穴式房屋的墙壁则均是用卵石砌筑。也就是说，从卡若遗址早、晚两期不同的地层中出现的房屋基址看，从早期至晚期，卡若遗址的房屋建筑面貌有一个明显的变化：即早期的房屋无论是圆底房屋、半地穴式房屋和地面房屋均采用草拌泥墙，而晚期的半地穴式房屋却普遍用卵石砌筑石墙。从根据其石砌墙壁高度所做的房屋复原示意图来看，其房屋的基本面貌已与后来藏区的石砌房屋的结构十分接近。卡若遗址的房屋从早期的草拌泥墙到晚期普遍出现卵石砌筑石墙，也得到晚期遗址中普遍出现石砌道路、石圆台、石围圈等石砌遗迹的佐证。这意味着，到卡若遗址的晚期，已普遍采用以砾石为主的天然石块作为建筑材料，并出现了较成熟的石砌技术。[①] 根据卡若遗址早、晚两期的碳14数据测定，卡若遗址晚期地层的年代约在4000年前后。[②] 由此看来，至少在距今约4000年前后的新石器时代晚期，青藏高原已经出现石砌房屋及其石砌建筑技术。

　　类似于卡若遗址晚期的半地穴式石墙房屋遗存，在雅鲁藏布江中游地区的新石器时代遗址中也有发现。在山南琼结县的邦嘎新石器时代遗址中，也发现一座半地穴式房屋，该房屋的平面形制为圆角而近似方形，长宽约6×6平方米，墙壁残高约0.2—0.4米，用石块砌筑。[③] 邦嘎遗址的石砌半地穴式房屋，是西藏中部腹心地区首次发现新石器时代的房屋遗址。这一发现同卡若遗址晚期出现的半地穴式石砌房屋建筑遗址相呼应，它们说明一个重要问题，在新石器时代后期，用石块砌筑墙体的具有保暖和防风功能的半地穴式房屋，可能已成为青藏高原农耕定居人群较为普遍的一种居住方式。

　　在地处横断山脉地区的四川丹巴中路罕额依新石器时代遗址中也发现了典型的石砌房屋建筑基址。该遗址中共发现7座石砌房屋建筑基址，房屋基址的形状为长方形，墙体用石块砌成，内壁抹有黄色黏土，房屋基址中发现多处含料姜石的黄土硬面，结构紧密，推测应为经过处理的房屋居住面。[④] 但罕额依遗址中的石砌房屋基址未作进一步的详细发掘，在房屋基址被揭露后由于发掘条件的限制暂时对遗址作了保护性的回填。

　　综上所述我们可以看到，在新石器时代晚期，石砌房屋建筑在青藏高原的河谷农耕地带已经普遍出现。目前发现的三处有石砌房屋建筑的新石器时代遗址均分布于青藏高原的河谷农区，说明在青藏高原范围，河谷农区石砌房屋建筑以及石砌建筑传统出现的年代相当久远。新石器时代晚期出现的石

---

　　① 西藏自治区文物管理委员会、四川大学历史系：《昌都卡若》，文物出版社1985年版，第13—50页。

　　② 同上书，第150页。

　　③ 2001年发掘简况见李林辉《山南邦嘎新石器时代遗址考古新发现与初步认识》，载《西藏大学学报》2001年第4期。但目前正式的发掘报告尚未发表。

　　④ 四川省文物考古研究所、甘孜藏族自治州文化局：《丹巴县中路乡罕额依遗址发掘简报》，载四川省文物考古研究所编《四川考古报告集》，文物出版社1998年版，第74页。

砌房屋与石砌建筑技术，无疑是后来青藏高原地区石砌房屋与石砌技术传统的源头与滥觞，故对于卡若遗址晚期地层中发现的众多石砌建筑遗迹，卡若遗址的发掘者认为："（它们——引者注）似乎开创了一种石砌建筑的新时期。"① 对于卡若文化石砌建筑对横断山脉藏彝走廊地区产生的影响，发掘报告中还作了这样的论述：

> 卡若文化对这一地区（指川西高原、滇西北横断山脉区域——引者注）的影响，甚至在以后的历史时期中也能看到。在今西藏及川西高原地区藏、羌、嘉戎等族居住的范围内，各种建筑中仍然广泛使用砌石技术，而主要的住宅形式则是一种石墙平顶的方形两层房屋，称为"碉房"，此种传统在史籍中历代均有记载。卡若建筑遗存的发现，使我们能够将它的历史上溯到新石器时代。②

以上认识完全正确，事实上，目前发现的三处有石砌房屋建筑的新石器时代遗址所分布的区域，也正是进入历史时期以后有碉楼所分布的区域。

因此，石碉与石砌房屋建筑及石砌技术传统之间的关联性，不仅在自然生态环境上有共同的基础，而且两者在技术传统上亦应是共通和一脉相承的。尽管后来的碉楼有石砌和夯土两类，但可以肯定，最早的碉楼显然应是以石砌建筑技术为基础而产生的。故石材较为丰富，这是形成石砌房屋建筑的自然基础；而石砌建筑技术的传统则是产生碉楼这一独特建筑形式的文化与技术前提。

藏区的石砌房屋建筑普遍较之于夯土的土坯房屋要高大。一般来说，藏区石砌房屋的格局大多为三层建筑，下层主要用于圈养牲畜和堆放农具等杂物，中层则主要为人的居住与活动场所，火塘、厨房（当地厨房均兼为客厅）和主要居室均集中在中层，上层则为经堂、晒台、粮食储存之所。虽然在藏区各地石砌房屋的高度因地区而异，但一般来说却大多是多层的楼房。

① 西藏自治区文物管理委员会、四川大学历史系：《昌都卡若》，文物出版社1985年版，第150页。
② 同上书，第151页。

但是，我们却不难发现一个十分重要的现象：即碉楼较为密集的地区，其石砌房屋往往也更为高大，有的地方其石砌房屋远不止三层，而是高达五、六层。这一点，尤以川西高原的扎巴和嘉绒地区的石砌房屋最为典型。①

图174　四川省甘孜州道孚县扎巴民居

很显然，越是高大的石砌房屋建筑，越要求有十分精湛、成熟的石砌建筑技术。而精湛、成熟的石砌建筑技术，又是建造高耸的石砌碉楼所必需的前提。所以，石砌碉楼分布的密集地区也往往比石砌房屋建筑更为高大，正说明了石砌碉楼密切依赖于石砌建筑技术。

以东汉时期岷江上游地区"累石为室，高者至十余丈，为邛笼"的冉駹人为例，《后汉书·南蛮西南夷列传》对当时的冉駹人还有一条很重要的记载，称："土多寒气，在盛夏冰犹不释，故夷人冬则避寒，入蜀为佣；夏则违暑，反其（众）[聚]邑。"《华阳国志·蜀志》亦载："夷人冬则避寒入蜀，庸赁自食；夏则避暑返落，岁以为常。"这里提到建造"邛笼"的冉駹人冬天往往"入蜀为佣"，夏天则"反[返]其聚邑"。此处的"蜀"当指

_____

① 刘勇、冯敏等：《鲜水河畔的道孚藏族多元文化》，四川民族出版社2005年版，第35—39页。

图175 四川省甘孜州康定县西沙卡石碉

处于平原地区的成都。那么，每逢冬季，"入蜀为佣"的冉駹人到成都主要从事什么样的营生？他们是靠什么技能"庸赁自食"呢？其所"庸赁自食"的其实正是他们精湛的石砌技术。著名民族学家马长寿先生曾于20世纪30—40年代途经成都前往川西高原的嘉绒地区进行过为期数月的调查，写出了《嘉戎民族社会史》这一嘉绒研究的经典与奠基之作。在此文中，马先生不但提出了"汉之冉駹即隋唐之嘉良，亦即近代的嘉戎"。[①] 这一嘉绒民族的历史源流与演变序列，并对于《后汉书·南蛮西南夷列传》中关于汉代岷江上游冉駹人冬季"入蜀为佣"的记载作了如下调查与阐释：

今日嘉戎尚多如此。每年秋后，嘉戎之民，褐衣左袒，毳冠佩刀，背绳负锤，出灌县西南成都平原。询之，皆为汉人作临时佣工也。其中虽有黑水羌民，但为数无多。按嘉戎佣工精二术，莫与京者：一为凿井；一为砌壁。成都、崇庆、郫、灌之井，大都为此辈凿成。盖成都平原，土质甚厚。井浅则易淤，以深为佳。汉工淘凿无此勇毅。故须嘉戎任之。砌壁更为此族绝技。嘉戎居地无陶砖，屋壁皆以石砌。石片厚一二寸，虽不规则，而嘉戎能斫制契石，辗转调度。

---

① 马长寿：《嘉戎民族社会史》，载《民族学研究集刊》1944年第4辑。

故所砌壁，坚固整齐，如笔削然，汉匠不能也。①

　　马先生这里所描述的，乃是 20 世纪 30—40 年代嘉绒人每年秋后到成都平原做临时佣工的情形。按照马先生的调查，嘉绒人所具有的"斫制契石，辗转调度。故所砌壁，坚固整齐，如笔削然"的高超砌石绝技，正是他们能在成都平原地区承担起凿深井和砌井壁之特殊工作之原因。按照马长寿先生"汉之冉駹即隋唐之嘉良，亦即近代的嘉戎"的观点，则嘉绒人的石砌技术传统的形成实由来已久，早在东汉时代作为其先民的冉駹人就已产生"垒石"为"高者至十余丈"之"邛笼"的习俗，并已形成了每年冬季凭借其精湛的砌石绝技"入蜀为佣"的传统。而此传统竟延续了长达 2000 年之久。据笔者 2003 年在岷江上游嘉绒地区的调查，嘉绒地区至今仍有一些村寨，其成年男性大多以砌石见长，在秋后农闲季节这些人多外出专为人砌石建房。这种传统亦当是过去"入蜀为佣"之孑遗。事实上，嘉绒地区之所以能成为迄今整个青藏高原范围内碉楼最密集、数量最多的地区，并成为碉楼文化最发达的地区，显然正是有赖于嘉绒人及其先民所延续和积累下来的源远流长的砌石技术传统，及其所拥有独特而精湛并令人叹服的砌石绝技。

　　所以，在青藏高原地区，碉楼分布与石砌建筑传统之间存在着十分密切的对应关系，乃是一个十分突出的文化现象。

第三节　碉楼与石棺葬分布呈现的对应关系

　　碉楼除了与石砌房屋建筑传统的分布区域明显呈对应关系外，还与青藏高原的另一古代文化因素密切相关，那就是石棺葬文化。

　　石棺葬是继新石器时代以后，出现于青藏高原地区一种普遍的考古墓葬遗存，是一种被学术界普遍称作"石棺葬"的墓葬文化。所谓"石棺葬"，

---

① 马长寿：《嘉戎民族社会史》，载《民族学研究集刊》1944 年第 4 辑。

又称"石棺墓"、"石板葬"或"石板墓",① 其主要特点是一种以石板或石块垒砌墓室为主要葬制的墓葬文化遗存。

一　青藏高原东南部横断山脉地区的石棺葬分布

青藏高原地区石棺葬的发现可追溯到 20 世纪 30—40 年代。1938 年考古学家冯汉骥先生在岷江上游今汶川县雁门乡萝卜寨进行调查时,曾发现和清理过一座石棺葬残墓,写成《汶川县小寨子残墓发掘记》,于 1951 年发表于成都《工商导报》。② 这是考古学专业学者对该区域石棺葬开展调查研究的一个开端。1944 年,华西协和大学博物馆的美国学者葛维汉(D. C. Graham)也曾报道过石棺葬在岷江上游地区的分布、墓葬结构和出土文物。③ 1964 年,四川大学童恩正先生赴岷江上游的茂县、汶川、理县等地作考古调查,在当地清理和发掘了 28 座石棺葬,并将此次清理情况与 1938 年冯汉骥先生清理的资料合并,写成《岷江上游的石棺葬》一文,发表于《考古学报》1973 年第 2 期,首次对岷江上游区域的石棺葬进行了系统的介绍与研究,也使石棺葬这一独特的考古遗存逐渐受到学术界的关注和重视。

进入 20 世纪 70 年代以后,除岷江上游地区外,石棺葬墓群在整个川、滇、藏交汇的横断山脉地区被大量发现。目前除岷江上游外,在大渡河中上游、青衣江流域、雅砻江流域、金沙江上游、澜沧江上游均发现了数量可观的石棺葬墓地。

这些石棺葬墓地多集中分布于横断山脉地区各个河流台地上,墓地中石棺葬均呈密集排列,或数十座、数百乃至数千座不等。许多石棺葬墓地不仅规模极大,墓葬数量众多,且石棺葬地点在藏彝走廊区域的分布范围也极为广泛和普遍。从目前考古学年代证据看,石棺葬的主要流行年代是从新石器时代晚期至西汉末年,目前在横断山脉地区发现的绝大部分石棺葬均属于这一年代范围。在进入东汉以后,石棺葬这一独特葬式在藏彝走廊地区大幅度

---

① 陈祖军:《西南地区的石棺墓分期研究——关于"石棺葬文化"的新认识》,载四川省文物考古研究所编《四川考古论文集》,文物出版社 1996 年版。

② 该文发表于 1951 年 5 月 20 日成都《工商导报》。

③ [美]葛维汉:《在羌族地区的一次考古发现》,载《华西边疆学会杂志》第 15 卷,华西协和大学哈佛—燕京学社出版。

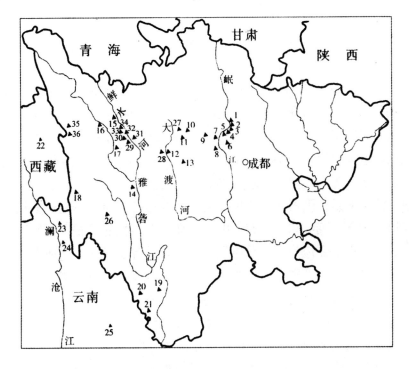

图176　横断山区石棺葬分布图

减少或渐趋消失，所以，东汉以后的石棺葬已极为罕见。目前仅发现有极个别和零星的几座属于唐至元明时代的石棺葬，但这些石棺葬主要为火葬墓，即焚尸后葬骨，可视为仅保留石棺葬式的火葬石棺墓，实际上只是东汉以前流行的石棺葬的一种残余形式。[①]因此，可以认为，石棺墓葬是继新石器时代文化以后直到两汉时代横断山脉地区最主要的一种考古文化遗存。

　　一个值得高度重视的现象是，在横断山脉地区，石棺葬的分布与碉楼的分布之间存在着惊人的对应关系。从总体上看，石棺葬在横断山脉地区分布最密集的地区主要集中在以下几个区域：岷江上游地区；大渡河上游的大、小金川流域地区；雅砻江的上游及其支流鲜水河流域；川、滇相毗邻的金沙

　　① 罗开玉在对藏彝走廊石棺葬的分期中虽将唐至元明时期的石棺葬分为一期，但也认为，从整体看，东汉以后的石棺葬实际上只见其残余形式。参见罗开玉《川滇西部及藏东石棺墓研究》，载《考古学报》1992年第4期。

江中、下游。

　　岷江上游地区的石棺葬主要分布在岷江上游流域以及黑水河、杂谷脑河及众多的岷江支流两岸的山坡或阶地上。在涪江上游的某些地区也有少量分布。该区域是目前青藏高原东部区域中发现石棺葬数量最多且分布十分密集的地区。在整个岷江上游地区，现已经发现的石棺葬地点主要分布在茂县（旧称茂汶县）、汶川县、理县、黑水县和松潘县①。其中以茂县撮箕山、茂县城关、茂县营盘山、茂县牟托、茂县别立、茂县勒石、理县佳山、理县子达砦等石棺葬墓地较为丰富。

　　值得注意的是，碉楼在整个岷江上游区域均有分布。在地处岷江上游地区的汶川、理县、茂县和黑水四县中，每县均有碉楼的分布。在岷江上游的许多地区，碉楼所在地与石棺葬还是共处于同一台地或同一坡地上。如在理县的桃坪羌寨中存有碉楼，而就在同桃坪羌寨隔杂谷脑河相望的佳山寨，即存在一个规模极大的石棺葬墓地，该墓地的石棺葬数量可达上千座之多②。

　　前已提到，大渡河上游的大、小金川流域是现今横断山脉地区中碉楼数量最多、分布最密集的地区。然而在该地区中，同样发现了数量可观的石棺葬。例如，在丹巴中路乡一带所在的碉楼分布十分密集的台地上，不仅发现有石棺葬墓地，甚至还发现大量石砌房屋基址的罕额依新石器时代遗址。此外，除罕额依外，大渡河上游发现石棺葬的地点还有马尔康孔龙、金川复兴村、老声树、小金日隆、丹巴折龙村等。

　　在雅砻江的中、上游及其支流鲜水河流域也是横断山脉地区中碉楼分布

---

　　① 郑德坤：《四川古代文化史》，华西大学博物馆专刊之一，1946年，第53页；冯汉骥、童恩正：《岷江上游的石棺葬》，载《考古学报》1973年第2期；阿坝藏族自治州文物管理委员会：《四川理县佳山石棺葬发掘清理报告》，载《南方民族考古》第1辑，四川大学出版社1987年版；四川省文管会、茂汶县文化馆：《四川茂汶羌族自治县石棺葬发掘报告》，载《文物资料丛刊》第7辑，文物出版社1983年版；茂汶羌族自治县文化馆：《四川茂汶营盘山的石棺葬》，载《考古》1981年第5期；高维刚：《茂汶县石棺墓清理简报》，载《四川文物》1986年第2期；高维刚：《茂汶羌族自治县元、明时期的石棺葬》，载《四川文物》1985年第3期；徐学书：《岷江上游石棺葬文化综述》，载《四川大学考古专业创建三十五周年纪念文集》，四川大学出版社1998年版；茂县羌族博物馆、阿坝藏族羌族自治州文物管理所：《四川茂县牟托一号石棺及陪葬坑清理简报》，载《文物》1994年第3期；蒋宣忠：《四川茂汶别立、勒石村的石棺葬》，载《文物资料丛刊》第9辑，文物出版社1985年版。
　　② 阿坝藏族羌族自治州文物管理所等：《四川理县佳山石棺葬发掘清理报告》，载《南方民族考古》第1辑，四川大学出版社1987年版。

十分普遍的区域。而在这一区域中，所发现的石棺葬墓地和地点同样非常丰富：这些石棺葬墓地主要分布在甘孜县、炉霍县、道孚县、新龙县、雅江县、稻城县、木里县、盐源县等等。①

在川、滇相毗邻的金沙江中、下游流域，碉楼分布密度虽有所下降，且以土碉为主，但在金沙江中、下游地区的四川德格、巴塘、白玉以及滇西北的丽江、香格里拉县、德钦县一带均有碉楼存在。而在此区域中，石棺葬的分布同样十分普遍。目前在四川省的德格县，云南迪庆的香格里拉县、德钦县；西藏的贡觉香贝，昌都小恩达、热底垄等地均发现石棺葬。另外，在四川的白玉县、义敦县、石渠县以及西藏自治区的芒康县境内也都发现有石棺葬。②

从总体来看，在横断山脉地区，石棺葬的分布地域与范围较碉楼的分布范围要大。因此，碉楼分布与石棺葬分布之间实际上形成了这样一种局面：有石棺葬的地方不一定都有碉楼，但是一般来说，有碉楼分布的地方，却基本上都有石棺葬的分布。也就是说，在横断山脉地区，碉楼的分布区域大体上是被包含于石棺葬的分布范围之中。

由于近代以来碉楼分布呈逐渐萎缩趋势，尤其横断山脉边缘的汉、藏交

① 四川省道孚县志编纂委员会编纂：《道孚县志》，四川人民出版社1998年版，第452页；格勒：《新龙谷日的石棺葬及族属》，载《四川文物》1987年第3期；四川省文物考古研究所、甘孜藏族自治州文化局：《四川炉霍卡莎湖石棺墓》，载《考古学报》1991年第2期；陈学志：《马尔康孔龙村发现石棺葬墓群》，载《四川文物》1994年第1期；四川省文物考古研究所、甘孜藏族自治州文化局：《罕额依遗址发掘简报》，载《四川考古报告集》，文物出版社1998年版；故宫博物院、四川省文物考古研究院：《2005年康巴地区考古调查简报》，载《四川文物》2005年第6期；四川省文物考古研究院、甘孜藏族自治州博物馆、稻城县旅游文化局：《2006年稻城县瓦龙村石棺墓群试掘简报》，载《四川文物》2007年第4期；甘孜藏族自治州文化馆、雅江文化馆：《四川雅江呷拉石棺葬清理简报》，载《考古与文物》1983年第4期；甘孜考古队：《四川巴塘、雅江的石板墓》，载《考古》1981年第3期；四川省文物管理委员会、甘孜藏族自治州文化馆：《四川甘孜吉里龙古墓葬》，载《考古》1986年第1期。
② 四川省德格县志编纂委员会编纂：《德格县志》，四川人民出版社1985年版，第418页；云南省博物馆文物工作队：《云南德钦永芝发现的古墓葬》，载《考古》1975年第4期；云南省博物馆文物工作队：《云南德钦纳古石棺墓》，载《考古》1983年第3期；云南省文物考古研究所：《云南中甸县的石棺墓》，载《考古》2005年第4期；云南省博物馆文物工作队：《云南德钦县石底古墓》，载《考古》1983年第3期；木基元：《丽江金沙江河谷石棺葬初探》，载《云南民族学院学报》1986年第1期；西藏文管会文物普查队：《西藏贡觉县香贝石棺墓葬清理简报》，载《考古与文物》1989年第6期；李永宪：《昌都县热底垄墓地》，载《中国考古学年鉴2003》，文物出版社2004年版，第342页。

汇地区尤为明显，所以，在某些边缘地区，虽然石棺葬的分布较多，而碉楼却仅留下一些残迹。如在今属四川雅安的青衣江上游地区发现有众多的石棺葬地点，这些石棺葬地点大都分布于今宝兴县境内的青衣江上游及其主要支流硗碛河、陇东河和其他小支流的沿岸河谷地带。已发现的石棺葬地点有汉塔山、老场、瓦西沟、关帝庙、新江、明礼等墓地，此外还发现与石棺葬相关的宝兴雅尔撒遗址。① 但目前在青衣江上游地区，却仅在宝兴县硗碛乡境内保留一座已残的石砌残碉。

二　青藏高原南部林芝、山南、日喀则地区的石棺葬分布

另一个值得注意的事实是，在青藏高原碉楼分布的另一个大的区域，即西藏的林芝、山南、日喀则等地，同样存在着石棺葬的分布。

在林芝都普曾发现百余座石棺墓，但大部分被毁。1988 年西藏文管会在此发掘了残存的 7 座石棺墓。② 从其文化内涵看，都普石棺墓的年代较早。简报认为：“都普石棺葬的年代较之都普遗址的年代为同时或较晚，与曲贡村文化时代相当，但早于贡觉香贝石棺葬，其上限为新石器时代晚期。”③

自林芝再往西，在位于藏南谷地腹心地带即藏族最早的发祥地之一——山南地区也普遍发现了石棺葬。其中以隆子县境内发现的石棺葬地点最多和最集中。该县现已发现的石棺葬地点有：俗坡、新巴、松巴、龙许、列麦、加玉、雪萨、格西、三安曲林、斗玉乡夏拉木、库久塔等等。④

在位于隆子县南部属门域地区的错那县，也曾发现了石棺葬。据当地藏族、门巴族群众称，石棺葬俗在本民族中并不实行，故此地的石棺葬当是古

---

① 宝兴县文化馆：《四川宝兴县出土的西汉铜器》，载《考古》1982 年第 2 期；宝兴县文化馆：《四川宝兴县汉代石棺墓》，载《考古》1982 年第 4 期；杨文成：《四川宝兴的石棺墓》，载《考古与文物》1983 年第 6 期；四川省文物管理委员会、宝兴县文化馆：《四川宝兴陇东东汉墓群》，载《文物》1987 年第 10 期；四川省文物管理委员会、雅安地区文管所、宝兴县文管所：《四川宝兴汉塔山战国土坑积石墓发掘报告》，载《考古学报》1999 年第 3 期；四川省文物考古研究院、雅安市文物管理所、宝兴县文物管理所：《四川宝兴硗碛水电站淹没区考古发掘报告》，载《四川文物》2004 年增刊。

② 扎丹：《林芝都普古遗址首次发掘石棺葬》，载《西藏研究》1990 年第 4 期。

③ 同上。

④ 霍巍、李永宪、更堆：《错那、隆子、加查、曲松县文物志》，西藏人民出版社 1993 年版，第 58—69 页；霍巍：《西藏古代墓葬制度史》，四川人民出版社 1995 年版，第 32—34 页。

图 177　措美镇玉麦村土碉群

代人群的遗留。①

在山南乃东县结桑村也发现石棺葬，并进行了考古发掘。在调查发现的 15 座石棺墓中，发掘清理了 3 座墓。墓葬形制可分两种：一种是用石板拼砌墓室的石板墓，另一种则是用石块垒砌的墓室。但所出随葬品不多。其中地表无封土的石棺墓年代较早。② 根据对山南隆子县夏拉木石棺墓中人骨标本的碳 14 年代测定，其最早的年代距今约 2500—3000 年③，约相当于新石器时代末期。

此外在后藏日喀则仁布县姆乡让君村、萨迦县吉定乡典掂等地也都发现

①　霍巍：《西藏古代墓葬制度史》，四川人民出版社 1995 年版，第 34 页。

②　参见索朗旺堆主编《乃东县文物志》，西藏人民出版社 1986 年版，第 109—116 页。

③　中国社会科学院考古研究所实验室：《放射性碳素测定年代报告（十九）》，载《考古》1992 年第 7 期。

了石棺葬。[①]

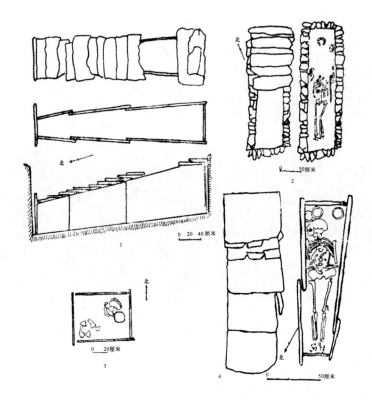

图 178　岷江上游石棺葬

理县佳山 84LJSIIM1；2. 茂汶城关 BM4；3. 茂汶三龙乡 M1；4. 茂汶营盘 M9

　　从石棺墓形制看，昌都、林芝、山南、日喀则一线的石棺墓存在明显的共性。如这一带的石棺墓均较为狭小，一般仅可容尸，且棺底均不铺底板，直接建墓于生土层上。但上述地区又有一定的差异，昌都、林芝地区的石棺墓既有用石板拼砌墓室，也有用石块垒成的墓室；山南地区则以石板拼砌墓室的作法较为普遍，墓口也多用多层石板加以封盖，但也同时存在用石块筑

　　① 西藏文管会文物普查队：《西藏仁布县让君村古墓群试掘简报》，载《南方民族考古》第 4 辑，四川科学技术出版社 1992 年版，第 73—82 页；陈建彬、丹扎、颜泽余编：《萨迦、谢通门县文物志》，西藏人民出版社 1993 年版，第 23—24 页。

墓的做法；而日喀则的石棺墓则表现得很不规则，往往是用石块筑墓。[①]

目前除拉萨曲贡和藏北有零星的石棺葬外，西藏石棺葬的分布主要是集中在昌都、林芝、山南和日喀则一带，即东起金沙江、西迄雅鲁藏布江中游的一个长条形的地带。且在这一地带中，除昌都为金沙江、澜沧江、怒江流域外，自林芝起，石棺葬主要沿着雅鲁藏布江中下游分布，并且主要是集中分布于雅鲁藏布江以南的地区。

前面已谈到，石棺葬俗在青藏高原地区的广泛存在，乃反映了青藏高原地区的古代人群可能存在着较普遍石崇拜的习俗。按照所谓"事死如生"和"生居石室、死葬石棺"的观念，也就是说，实行石棺葬的古代先民在其原始信仰及观念中可能存在着某种对"石"的独特认知与崇拜。所以，青藏高原碉楼分布同石棺葬的分布之间存在的明显对应和关联性，就反映了一个重要的事实，即碉楼的产生绝不是偶然的，而是根植于一个十分重要的历史渊源与文化背景：即青藏高原地区的古代先民曾普遍存在一种石崇拜的传统，而这种传统不仅与石棺葬存在直接的关联，也与更晚形成的石砌碉楼同样密切相关。

第四节　青藏高原碉楼所对应的若干因素之认识

从以上所述青藏高原碉楼分布所对应的几个因素来看，可使我们更进一步明了青藏高原碉楼这一独特文化现象所赖以依存的自然基础及其社会传统与类型。因而，对于青藏高原碉楼的性质，我们大体可以得出如下几个认识：

第一，青藏高原碉楼主要是存在于定居农耕地区的一种文化遗存。正如法国藏学家石泰安在提及碉楼时明确指出的，碉楼这样建筑并非游牧民所为。[②] 尽管在青藏高原地区有纯粹的牧区，却几乎没有纯粹的农区，但定居与农耕却几乎总是与碉楼相伴随的两大基本条件。虽然并不是所有存在定居

---

① 霍巍：《西藏古代墓葬制度史》，四川人民出版社1995年版，第39—41页。

② 参见石泰安著《西藏的文明》，耿昇译，王尧审订，中国藏学出版社1999年版，第133页。

与农耕两大条件的地区都有碉楼的存在，但是反过来却可以说，有碉楼存在的地方必有定居与农耕两大要素。所以，总体上，我们可以得出这样的结论：青藏高原的碉楼乃是属于定居农耕社会的一种产物。碉楼基本不见于纯粹的牧区。

第二，青藏高原碉楼主要分布在"依山"和"近川谷"的自然环境中。"依山"和"近川谷"是碉楼分布最重要的自然特点。尽管碉楼是属于定居农耕社会的一种产物，但却并非有定居农耕的地方均有碉楼，在一些非常开阔、平坦的河谷农区，尽管也存在定居、农耕两大要素，但却很难见到碉楼。碉楼主要是分布在"依山"和"近川谷"的定居农耕地带。这种格局的出现可能由多种原因所致，但其中一个重要原因，可能与石材有关。"依山"和"近川谷"的地方往往有较丰富的石材，而开阔、平坦之地却往往不易获得丰富的石材。

第三，青藏高原碉楼分布与石砌房屋分布区域呈现对应关系，显示碉楼与青藏高原地区的石砌建筑及石砌技术传统之间存在密切的依存关系。在青藏高原的碉楼建筑中，尽管也存在以夯土筑成的土碉，但从总体上看，石砌碉楼乃是青藏高原碉楼的大宗和主体，土碉主要出现在靠近云南及金沙江流域地区，西藏的山南、昌都、日喀则等地区也有一定数量的土碉。但在很多地方，石砌碉楼与土碉往往是交错并行。一般来说，在"近川谷"及石材丰富的地方多以石砌碉为主，而在一些石材少、地势相对开阔的河流沿岸台地及地形平坦的交通要道沿线，则多以土碉为主。同时，石砌碉楼与土碉之间也存在相当程度的结合，形成石、土混合结构。主要分两种，一种是上下混合结构，即碉的基座为石砌，在石砌的基座之上再以夯土筑碉身。金沙江流域以及迪庆州境内的碉楼大多属于这一类型，即均为石砌基座，碉身为夯土筑成。但现有碉楼的夯土部分大多已破损或残缺，而石砌基座的遗址则相对完整。另一种则是内外混合结构，碉墙分内外两层，外层为生土夯筑，内墙为石砌，但这种碉较为少见，目前仅见于西藏山南地区措美县的波嘎和乃西村特巴组，以及四川省甘孜藏族自治州德格县的龚垭乡喇格村等地。所以，石砌碉与土碉之间并无截然的界线，两者之间存在相当程度的依存关系。土碉很大程度上可视为是石砌碉楼这一传统在一些地区囿于石材短缺及由此造成的石砌技术传统缺乏而采取的变通形式。因此，碉楼分布与石砌房屋分布区域的对应关系，反映了青藏高原碉楼对石砌技术传统存在着很大的依赖性，也就是说石砌建筑传统乃是青藏高原碉楼赖以产生和发展的重要前提与基础。

第四，青藏高原碉楼分布与石棺葬分布区之间存在的对应关系，则更多揭示了碉楼同自然环境、历史渊源与社会传统之间所存在的复杂关联性。石棺葬的分布区域大多为石材较为丰富的地区，而这些地区也正是普遍存在石砌房屋建筑的地区。卡若遗址可以证明，青藏高原石砌房屋建筑至少在距今约5000年的新石器时代就已经出现。按照古人"事死如生"的通则，"生居石室"而有"死葬石棺"，这应是古代石棺葬的人群生活状态的一种反映。同时，石棺这一独特葬式可能意味着在行石棺葬人群的信仰及观念中已存在着某种对"石"的认知与崇拜。这种对"石"的认知与崇拜，后来也广泛地体现青藏高原地区用以表达精神与信念的"玛呢堆"等与石相关民间信仰习俗等形式上。笔者曾依据藏彝走廊碉楼分布地区的相关民族志材料发现，碉楼具有明显的神性，当地也流传碉楼"为祭祀天神"或"镇魔"而建等传说，这些事实均反映出碉楼最初的形态及起源可能与人们的信仰有关，即其最初产生可能是作为处理人与神关系的一种祭祀性建筑，以后才转变为处理人际冲突的防御性建筑。① 倘如此，则碉楼分布同石棺葬分布区之间存在的对应关系，预示着碉楼产生的基础很可能是根植于某种更为久远并与信仰相关的石崇拜传统，或者说至少与石棺葬人群有关"石"的观念之间可能存在某种我们尚难以确认的微妙的内在联系。

---

① 石硕：《隐藏的神性：藏彝走廊中的碉楼》，载《民族研究》2008年第1期。

第　八　章
青藏高原的碉楼与战争

　　青藏高原碉楼具有突出的军事防御功能是学术界一致公认的事实。[①]这种在青藏高原东南部与南部农牧混合区广泛存在的防御性建筑，能够有效地降低社会冲突对定居性居民造成的威胁与损失。青藏高原修筑碉楼以防外患的传统建筑观念可追溯至隋唐时期。唐初成书的《北史·附国传》已经明确地记载，位于今雅砻江上游的附国境内"无城栅，近川谷，傍山险。俗好复雠，故垒石为碉，以避其患。其碉高至十余丈，下至五六丈……于下级开小门，从内上通，夜必关闭，以防贼盗"。由于碉楼据险而守的特点在防御效果与范围上潜存着较大的军事威慑力，因而往往成为战争的利器。明代永乐年间，滇西北纳西族木氏土司不断向巴塘、芒康等康区南部扩张势力，移民屯殖，在与当地藏族拉锯战的过程中，双方都修筑了大量御敌的碉楼。乾隆年间修撰的《维西见闻纪》载：

　　　　万历间，丽江土知府木氏浸强，日率么些兵攻吐番地。吐番建碉楼数百座以御之。维西之六村、喇普、其宗皆要害，拒守尤固。木氏以巨木作碓，曳以击碉，碉悉崩。遂取各要害地，屠其民，而徙么些戍焉。自奔子栏以北，番人惧，皆降。[②]

　　民国《中甸县志》载：

---

①　石硕、刘俊波：《青藏高原碉楼研究的回顾与展望》，载《四川大学学报》2007 年第 5 期。
②　余庆远：《维西见闻纪》，《维西史志资料 2》，维西傈僳族自治县志编委办公室 1994 年编印，第12 页。

今县属小中甸乡尚有木氏屯兵土城，格咱、东旺、泥西各乡又有藏人所筑抵御木氏之土碉。①

这段文献记载粗略地再现了早期围绕碉楼展开的攻防战场景。对于军事实力处于弱势的康南藏族而言，在险要之地修筑大量土碉是抵御木氏土司军事扩张的主要防御手段。但是面对木氏土司的巨木碓攻碉之术，土碉的防御体系迅速瓦解。尽管如此，木氏土司意识到修筑碉楼特有的军事价值。碉楼的建筑技艺与防御理念在纷繁复杂的藏族与纳西族族际

图 179　四川甘孜州巴塘残碉

关系中得到传播与运用。我们在木里县调查期间，曾在雅砻江流域的水洛河、木里河沿岸多次见到明代丽江木氏土司修筑的碉楼。云南德钦、四川得荣白松、乡城等康南部分地区，至今尚存有碉楼残迹。② 纳西族至迟在明代仍然保存着修筑碉楼的工艺传统。因其高超的筑碉技术，木里水洛地方的纳西族被其他民族称为"修筑碉楼的人"。

然而，碉楼的军事防御功能真正在历史舞台上崭露头角，并广为外界所知，乃是通过清王朝在青藏高原进行的三大战事。在清王朝逐步将藏区纳入直接控制的过程中，武力方式解决某些争端，借以维护藏区的政治秩序和国

---

① 段绶滋纂修：民国《中甸县志》，张羽新主编：《中国西藏及甘青川滇藏区方志汇编》第 45 册，学苑出版社 2003 年版，第 229 页。

② 张玉林：《巴塘历史沿革漫述》，载《康定民族师专学校》1990 年第 1 期；潘发生：《丽江木氏土司向康藏扩充势力始末》，载《西藏研究》1999 年第 2 期。

防安全，成为清王朝处理藏事的重要举措之一。在平定两金川之役、瞻对之役和两次征讨廓尔喀的战争中，碉楼的军事价值得到充分彰显，亦给世人留下深刻印象。碉楼在清朝三次涉藏战事中所充当的角色，已不再单纯局限于军事层面，还同战争背后一系列的政治、文化因素联系起来。

第一节 "山碉之利"：乾隆时期两金川之役与碉楼

两金川（今四川阿坝州金川县、小金县一带）位于青藏高原东部边缘，为嘉绒藏族主要分布区域之一。清代雍正年间，为分小金土司之势，清廷将之划分为小金与大金，又被称作儹拉（bTsan la）、促浸（Rab brtan）。乾隆初期，两金川土司恃强凌弱，屡次侵扰邻近土司，公然抗拒清廷，不遵政令。为维护清廷在嘉绒藏区的政治权威和维系当地原有政治格局，自乾隆十二年（1747）到十四年（1749）和乾隆三十六年（1771）至四十一年（1775），清王朝先后两次发动金川之役，不惜费帑九千万，投入兵力达二十万，用时五年，倾举国之力将两金川平定，被公认为乾隆帝"十全武功"中历时最久、耗费最大的战争。两金川之役恰值乾隆盛世，是清王朝调整治藏政策、抚定西北政局的关键时期，也是嘉绒藏区政治与宗教格局发生变革的重要阶段。在此背景下，金川之役因关涉清代政治、宗教、经济、中西文化交流诸多因素，而备受国内外学者的关注。其中，有关清军在金川之役中屡屡受挫、僵持不下的原因，不少学者曾作精彩探讨，金川坚碉对清军起到较大阻滞作用是较为一致的看法。[①] 的确，金川之役中的多数攻防战是围绕着守碉与攻碉进行的。碉楼的军事防御功能在金川之役中得到极大的发挥，延缓了战争的进程。但是若要对碉楼在金川之役中的作用作全面的考察，我们不能仅停留在攻防战的层面，还需要同时着眼于碉楼在嘉绒本土军事防御体

---

① 李涛：《试析大小金川之役及其对嘉绒地区的影响》，载《中国藏学》1993 年第 1 期；齐德舜、洲塔：《清乾隆年间第二次金川战役几个问题的探析》，载郝时远、格勒主编《纪念柳升祺先生百年诞辰暨藏族历史文化论集》，中国藏学出版社 2008 年版；彭陟炎：《论大小金川战争中碉楼的作用》，载《西藏民族学院学报》2010 年第 2 期。

图 180　四川省阿坝州金川碉楼

系中的定位，碉楼防御功能的构筑与演进，以及碉楼对清代军事战术、技术
和相关政治文化因素的影响等方面。

一　以碉守土：清代嘉绒藏区军事防御体系中的碉楼

　　清代嘉绒地区的碉楼数量极为庞大，分布密集。台湾学者庄吉发依据
《平定两金川方略》粗略统计，第二次金川之役期间，清军仅攻克的战碉就
达两千四百余座。[①] 举凡河谷两岸、关隘、渡口、山顶、山梁等处均筑碉楼。
清人文献中常以"坚碉林立"、"坚碉丛立"形容之。第一次金川之役时，
张广泗便奏称，大金川地区"稍有行径，贼皆设碉"。[②] 大学士傅恒亦称，
小金川地方"处处俱有碉楼，可见番境筑碉，自古为然"。[③] 遍布各险要之

　　① 庄吉发：《清高宗十全武功研究》，中华书局 1987 年版，第 172 页。

　　② 西藏研究编辑部编辑：《清实录藏族史料》，乾隆十三年八月戊子条，西藏人民出版社 1982 年
版，第 773 页。

　　③ 西藏研究编辑部编辑：《清实录藏族史料》，乾隆十四年正月辛亥条，西藏人民出版社 1982 年
版，第 960 页。

图 181　四川省阿坝州金川周山六角碉

地的碉楼，与当地险峻的地理环境相互结合，交织成一张张层层递进的军事防御网络。

碉楼在清代两金川地区的军事防御体系中被普遍运用绝非偶然。两金川地区地狭人稀，"地不逾五百里，人不满三万众"①，兵员最多时也仅约一万五千名。② 第二次金川之役后期，因士兵减员严重，土司不得不征调喇嘛、囚徒，甚至妇女赴战。兵源的短缺极大限制了当地战事的规模，尽量减少兵员的损失成为军事行动中需要重点解决的问题。碉楼高大坚固，居高临下，且碉墙坚厚，即使"攻以大炮百数，仅缺墙壁"③，"贼人碉墙皆系斜眼，贼在碉内由上望下，窥视我兵放枪，甚便而准。我兵在外放枪击打，为上口里层斜墙所挡，不能直透"。④ "敌明我暗"的作战态势对守碉土兵起到极好的防护之用，降低了伤

①　西藏研究编辑部编辑：《清实录藏族史料》，乾隆四十一年四月己巳条，西藏人民出版社 1982 年版，第 2851 页。

②　庄吉发：《清高宗十全武功研究》，中华书局 1987 年版，第 175 页。据乾隆《保县志》卷八《夷兵》记载，两金川兵丁仅七千余。参见陈克绳：乾隆《保县志》，乾隆十三年刻本。

③　西藏研究编辑部编辑：《清实录藏族史料》，乾隆十四年正月甲寅条，西藏人民出版社 1982 年版，第 969 页。

④　西藏研究编辑部编辑：《清实录藏族史料》，乾隆三十八年七月癸未条，西藏人民出版社 1982 年版，第 3093 页。

亡率。

　　其次，嘉绒藏区土司治下缺乏训练有素的常备军。当战事爆发时，军队通过临时派夫的方式，由头人负责调派、指挥，百姓自备枪药、粮食等军事物资拼凑而成。常规军事训练的欠缺，极大影响了战斗力，这也是土兵与清军正面交锋时大多一触即溃的主要原因。碉楼易守难攻，呈俯瞰之势，视野较为开阔，"每层四面，各有方孔，可施枪炮"①，其军事防御效能能够弥补兵员不足及武器装备的劣势，增强土兵的攻击力。对此，清人赵翼曾评述道："其扼隘处，必有战碉，甃以石而窾于墙垣，间以枪石外击，旁既无路进兵，须从枪石中过，故一碉不过数十人，万夫皆阻。"②

图182　四川省阿坝州金川县境内的碉楼及地形

　　就筑碉而言，嘉绒土兵修筑碉楼并非难事。千百年传承下来的砌石技艺使当地藏族对筑碉工序的操作娴熟而快捷。且碉楼修筑系就地取材，"缘山土浮松，石碎成块，处处皆然，就近垒砌，小者数日，大者兼旬，费不过数

---

①　李心衡：《金川琐记》卷二《碉楼》，《丛书集成初编》，中华书局1985年版，第18页。

②　赵翼：《平定两金川述略》，《小方壶斋舆地丛钞》第八帙，杭州古籍出版社1985年版。

金及数十金"①，"集众合作，不难终日而成。无论大炮轰击，未必能顷刻摧坚，即幸藉大炮之力攻破一碉，贼即乘其残垒退而复筑"②。砌石技术的熟练掌握为攻防战中及时修补防御工事提供了保障，并起到节省时间、精力与财力之效。何况，两金川地区的碉楼一般以石、木砌筑，既可作为栖身的居舍，与石砌碉房近似，又可作防御设施，集居住与军事于一体，家居与战事场景难分，使守碉土兵面对战争时在心理上对战场环境具有较快的适应感和熟悉感。

最后，两金川地形并不适合大规模的兵团作战。境内地势险峻，山岭绵延，平均海拔在三千米以上，"其地尺寸皆山，插天摩云，羊肠一线，纡折于悬崖峭壁中，虽将军、大臣亦多徒步，非如沙漠之地，可纵骑驰突也"③。而碉楼据险而建，一座碉楼就是一处防御要塞，与当地高山峡谷的地貌地形相融合。守碉兵数无需过多，即可依靠熟悉的地形知识，退而据险防守，进可袭扰清军后路，攻守兼备，时常严重威胁清军的后勤运输。这与当地藏族擅长游走山地、小团队式的"暗放夹坝"（抢劫过往行人财物为生者）之习相适应。

基于政治、人口、建筑传统、文化习俗、地理环境等缘故，嘉绒藏区在长期的社会冲突中，衍生出散兵式的高原山地作战模式。碉楼则是实现散兵式山地战的重要军事依托。两者相结合对入侵之敌具有较大的潜在威胁。第二次金川之役前，在清王朝的授意与默许下，绰斯甲等九土司环攻大金，屡未奏效，其原因之一在于坚碉难攻，即便由僻路潜进，亦需顾忌守碉的大金川土兵截断其归路的隐患。乾隆三十一年（1766年），大金川土司为摆脱频遭九土司围攻的孤立困境，试图以拆除连界地方碉楼，并与绰斯甲土司联姻的"以退为进"方式麻痹清廷、离间各土司关系。大金川土司郎卡奏称："我谨依天朝大臣饬谕拆去（与党坝连界处之——引者注）战碉……惟求博

①　西藏研究编辑部编辑：《清实录藏族史料》，乾隆十三年二月甲申条，西藏人民出版社1982年版，第682页。

②　西藏研究编辑部编辑：《清实录藏族史料》，乾隆三十六年十一月丁酉条，西藏人民出版社1982年版，第1462页。

③　赵翼：《平定两金川述略》，《小方壶斋舆地丛钞》第八帙，杭州古籍出版社1985年版，第1351页。

噜古留碉五座，保守门户。"① 清代治理嘉绒藏区与明代的差别之一即划定各土司之边界，限制土司势力的膨胀，维系各土司势力之均衡。界限的明确化使得碉楼成为各土司守界、守土、"保卫门户"之资。因而乾隆三十六年（1771）第二次金川之役开战之际，小金的首要防御举措之一便是在其与木坪交界处添设碉卡，以之拒防。

　　嘉绒各土司之间的冲突源自于对土地、人口与财产的争夺，往往是短暂而小规模的。谈判的成功与严冬的来临很快将终结冲突。② 大规模的人员与财力损耗并非土司所愿。因而，碉楼与散兵式作战模式的配合，既起到保卫疆土安全、军事威慑的作用，又可避免人员的过度伤亡。因此，在嘉绒藏区本土的军事防御观念中，碉楼是防御体系构筑中重点发展的对象。

图 183　雅安宝兴县硗碛藏乡扎角坝四角残碉内的射击孔

　　① 西藏研究编辑部编辑：《清实录藏族史料》，乾隆三十一年九月辛巳条，西藏人民出版社 1982 年版。

　　② Roger Greatrex, "A brief introduction to the First Jinchuan War", Edited by Alex McKay, *The History of Tibet*. Volume II. London and New York. p. 618.

　　两金川地区的嘉绒藏族善于充分发挥坚固的碉楼与险要地理环境的双重防御优势。碉楼大多修筑在有利的地形之处，顺山势而建，或筑于两山峰之间的垭口、关隘处，仅留一线羊肠，"凡遇险仄之处，多于山顶设碉，虽有可绕之路，贼番踞在高处，易于瞭望，若绕过其地。则守卡贼兵，即在我兵之后，惟恐阻我粮运，势不得不层次而进"。[①] 险峻的地势与恶劣的高原气候进一步增强了碉楼易守难攻的防御功能，也是造成清军攻碉艰难的重要原因之一。

　　清代两金川地区碉楼还按照具体功能、建筑造型的差异，发展出各种不同类型的碉楼。见于文献记载者包括大碉、小碉、战碉（有大小之分）、水碉、双碉、单碉、尾碉、耳碉等。其中，战碉较其他碉楼更为坚固，门开得较高。紧要路口俱建战碉；耳碉即哨碉、烽火台，往往建于视野较为开阔或地形险要的高山山岭、山脊、半山、河湾台地上，与建在要道、关卡、村寨的石碉一起构成预警系统，用于战时传递信息。一旦遇警，即以烽火为号。其形体较小，作战性能较战碉弱一些；[②] 水碉则是在靠近水源处修筑，以保障防守者的饮水供给。碉楼功能与类别的细化表明，嘉绒藏族的战术观念中已经充分认识到战争中的军事攻击性、预警性、长久性和物资储备的重要性。而这种战术上的综合考量集中体现在碉楼功能的发挥上。

　　碉楼的防御功能并非是以独碉实现的，而是以碉楼群或某一主碉为核心，或围绕寨城，附加其他不同功能的碉楼或木（石、土）卡、木城、木栅、横墙、石洞等防御设施，构成一个以碉楼为主体多种形式的防御体系。根据其具体组合方式的不同，大致可分为三类：连环碉群，此类碉群依据地形连环排列，互通声息。攻碉者需逐次攻之。倘若一碉被攻，其他各碉守兵皆能前来应援。如赤布寨"有战碉七座，回环互守"。[③] 昔岭"多贼碉，当

　　① 阿桂等撰：《平定两金川方略》卷三，西藏社会科学院西藏学汉文文献编辑室编印，《西藏学汉文文献汇刻》第1辑，1991年版，第214—215页。
　　② 徐学书：《藏羌石碉研究》，载《康藏研究通讯》2001年第3期；杨嘉铭：《四川甘孜阿坝地区的"高碉"文化》，载《西南民族学院学报》1988年第3期；四川省阿坝藏族羌族自治州金川县地方志编纂委员会编纂：《金川县志》，民族出版社1994年版，第204页。
　　③ 西藏研究编辑部编辑：《清实录藏族史料》，乾隆四十年五月戊辰条，西藏人民出版社1982年版，第2583页。

道碉凡十，我师遇贼碉，若山峰纵横并列，往往为之次第"①；核心碉群，此种碉群往往以一主碉为核心，其他次要碉楼、碉房或石卡等环绕、拱卫其旁或与其相接，为其附属防御设施。如腊岭之下，卡撒之右的四道山梁中，头道山梁上的双碉"旁有水卡碉房二座"，其旁又有"三层碉房一座，下又有小碉石卡"②；护卫碉群，此类碉群大多是环聚于官寨或石城周围，或与官寨建筑连为一体，和其他防御设施共同起到防御护卫的作用。在修建碉楼时，通常修筑两座石碉楼遥相呼应，或位于官寨左右，或分布于官寨前后，或一座碉楼在官寨旁，另一座碉楼在官寨扼守往来的交通要道处，构成作战防御堡垒。土司官寨大多"地必雄险，坚碉四围"，"寨子之旁亦必有碉楼一两座，为守望之所"。③ 如大金川勒乌围官寨旁有转经楼，与大碉相犄角，"中间碉卡鳞次，又阻以高磡五层"。④ 官寨刮耳崖（即噶喇依）"四山围抱，中间天成大谷，因山为城……四围山顶，坚碉百座环之"。⑤ 无论是连环碉群、核心碉群，还是护卫碉群，或各自独立，有时并存一处，遥相呼应，依据地势层层设置，占据制高点，形成杀伤力较强的交叉火力网，并与居民的平顶碉房相互结合，共同构成纵深梯次的防御体系。⑥

　　随着战事的推移，嘉绒藏族针对清军攻碉方法，总结守碉攻防经验，还不断完善与加固以碉楼为核心的防御体系。早在乾隆初年的瞻对之役后，藏区不同地域之间的人员往来与信息的流通，已经使两金川嘉绒藏族获悉清军在瞻对的攻碉之法。至第一次金川之役时，为防范火攻，碉楼外部全为石包土裹，晒扬碉顶的粮食被挪离至清军火箭射程之外，致使火攻全无功效。为应对清军大炮的轰摧，减轻炮火对碉墙的破坏程度，碉楼四围、内外还设置深壕、木栅栏、石墙等外围防御工事，加以防护。达围（今小金达维）以西

　　① 赵尔巽、柯劭忞等撰：《清史稿》卷331《海兰察列传》，中华书局1977年版，第10936页。
　　② 西藏研究编辑部编辑：《清实录藏族史料》，乾隆十三年闰七月辛巳条，西藏人民出版社1982年版，第769、770页。
　　③ 《金川旧事》，张羽新主编：《中国西藏及甘青川藏区方志汇编》，学苑出版社2003年版，第43册，第2、3页。
　　④ 李心衡：《金川琐记》卷1《两金川御碑亭》，《丛书集成初编》，中华书局1985年版，第2页。
　　⑤ 程穆衡：《金川纪略》卷2《金川案、金川六种》，西藏社会科学院西藏学汉文文献编辑室编印《西藏学汉文文献汇刻》第3辑，1994年版，第269页。
　　⑥ 李鸿彬、白杰：《评乾隆朝金川之役》，载《清史研究》1998年第2期。

图 184 党坝碉楼内引水的暗道

各碉内排札木植，防护石墙，使炮弹不能直透内层。[1] 清军攻碉常攀跃登碉，自上而下施放鸟枪、抛掷火球等，两金川土兵遂"豫于碉顶挖穿小孔，俟我兵跃上，贼于孔内施枪，各兵鞋袜底皆穿，不能站足。所带火炮，不及挖投"。[2] 至第二金川之役期间，碉楼最外围堆放木栏，或筑有护碉石墙，与碉楼相连，守碉者可以土壕或石墙为掩体，潜伏其后。其外挖掘深壕，壕中松签密布，泼水凝冰，延缓清军进攻步伐，并借此防范清军挖掘地道，以地雷轰毁碉楼。如"约咱碉内刨挖地窖，碉外刨挖土壕"。[3] 章噶"碉甚坚，碉外为壕三重，壕外立木栅"。[4] 此外，为破除清军围困之法，碉楼内储存粮食，并暗中埋有通往外界的陶制引水管道。[5] 上述事例说明，以位置固定的

① 庄吉发：《清高宗十全武功研究》，中华书局 1987 年版，第 140 页。

② 西藏研究编辑部编辑：《清实录藏族史料》，乾隆十三年十一月戊午条，西藏人民出版社 1982 年版，第 864 页。

③ 西藏研究编辑部编辑：《清实录藏族史料》，乾隆三十六年十一月丙辰条，西藏人民出版社 1982 年版，第 1476 页。

④ 赵尔巽、柯劭忞等撰：《清史稿》卷三一三《丰昇额列传》，中华书局 1977 年版，第 10681 页。

⑤ 张孝友、宋友成：《金川县古代土陶管供水系统调查小记》，载《中国藏学》1995 年第 4 期；黄清华：《〈御制平定金川勒铭噶喇依之碑〉考介》，载《四川文物》2007 年第 3 期。

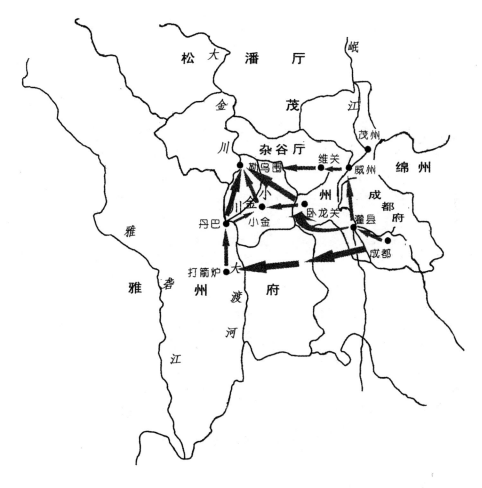

图 185 第二次金川之役示意图

碉楼为中心构筑的军事设施，尽管是以防御为主要目的，守碉者在攻防战中
却并不是处于被动境地。附属设施与碉楼的搭配在细节上的完善与加固，使
碉楼防御体系本身带有较大的杀伤力和攻击力。

　　总之，碉楼防御体系的形成根植于嘉绒藏区特殊的政治、文化背景中。
在实战中，此防御体系得到不断完善，连同散兵式山地作战模式，取长补
短，以碉守土，弥补了嘉绒藏区在军事上的诸多劣势，将清军拖入持久的战
争泥潭中。

二 攻碉如攻城：碉楼与清代的军事战术、火器和政治

面对两金川峻固的碉楼防御体系，起初乾隆帝并未引起足够的重视。第一次金川之役爆发的前一年，即乾隆十一年（1746）四月瞻对之役刚刚结束。在乾隆帝统治期间涉藏的首次大规模军事行动中，清军进剿瞻对时已领教碉楼易守难攻的防御特性。而且，川陕总督庆复在瞻对善后事宜中，明确将拆除战碉作为抚定瞻对的重要举措之一。碉楼的军事防御能力初次展现在清军面前，显然给封疆大吏留下深刻印象。但是瞻对之役的草草完结，无形中减弱了清廷对碉楼在清军攻剿时造成巨大阻力的关注度。

图 186　阿桂奏报攻克勒乌围图

（图片来源：庄吉发：《清高宗十全武功研究》，中华书局 1987 年版）

两金川地区尺寸皆山、险峻无比，险要隘口，处处设碉。第一次金川之役初期，大学士张广泗将平定金川之战的战事归结为攻碉。各类在瞻对之役中出现的传统攻碉之法轮番运用。火攻之法是针对碉楼建筑中易燃的木质结构，或将火箭、火罐等投射到碉楼之上，引燃木料或堆放在碉楼上

的粮食。或遣兵潜伏至碉下，撬挖、穿凿碉墙，或用大炮轰开弹洞，向碉内抛放火球，即可将碉楼焚毁。因火攻之法起初行之有效，川陕总督张广泗曾一度主张以火攻为攻碉的主要方法，因"大金川地势，尺寸皆山，险要处皆设碉楼，防范周密，枪炮俱不能破，应用火攻。现派弁兵多砍薪木，堆积贼碉附近，临攻时，各兵齐力运至碉墙之下，举火焚烧，再发大炮，易于攻克"；① 掘地道攻碉则是招募矿夫，"掘地穿穴至碉底，多以火药轰放地雷，即可震塌碉墙"；② 围困之法是因攻一碉卡，费时过久，"或断其粮道，或绝

图187 北京香山石碉

其水路，使之坐困"；③ 铸造大炮，直轰碉楼是清军使用最多的攻碉之法，攻碉时大多先以大炮轰摧，再以兵力攻扑。

但是以上诸法并不能使清军摆脱攻碉的困境。在以碉为守的嘉绒藏区散

---

① 西藏研究编辑部编辑：《清实录藏族史料》，乾隆十二年九月庚子条，西藏人民出版社1982年版，第640页。

② 西藏研究编辑部编辑：《清实录藏族史料》，乾隆十三年二月己卯条，西藏人民出版社1982年版，第679页。

③ 西藏研究编辑部编辑：《清实录藏族史料》，乾隆十二年九月丁未条，西藏人民出版社1982年版，第643—644页。

图 188　北京香山石碉远景

兵式作战方式面前，擅长骑射和兵团配合作战的清军战术俱难施展，"石难饮羽，长技举无可展"。① 战事进行约一年后，清军始终攻碉乏术，战绩不佳。张广泗采取逐碉而战、逢碉必攻的战术，强令扑碉。攻碉常使清军官兵苦不堪言，"仰而攻之，彼据建瓴之势，下以击我，人非木石，焉能抵枪炮之险"，② "攻一碉伤数十百人"，③ 致伤亡惨重。清军统领对攻碉一筹莫展。大学士张广泗遂有"贼碉险峻，枪炮难施，攻一碉不啻攻一城"的无奈。④ 乾隆帝见清军阻碉不前，战事拖延，申斥张广泗专持火攻之术，而不知多方筹划、变通，且绿营兵丁已不可依恃，逐渐对张广泗办理攻碉事务失去耐心和信任。无奈之下，乾隆帝令大学士讷

---

① 西藏研究编辑部编辑：《清实录藏族史料》，乾隆十四年正月甲子条，西藏人民出版社 1982 年版，第 983 页。

② 昭梿撰，何英芳点校：《啸亭杂录》卷 6《梁提督》，中华书局 1980 年版，第 182 页。

③ 西藏研究编辑部编辑：《清实录藏族史料》，乾隆十四年正月甲寅条，西藏人民出版社 1982 年版，第 969 页。

④ 西藏研究编辑部编辑：《清实录藏族史料》，乾隆十二年十月丙寅条，西藏人民出版社 1982 年版，第 650 页。

亲前往金川军营经略，却未分张、讷之专责，两人间隙丛生，无法协同共事。大学士讷亲在下令强攻大金川官寨刮耳崖受挫后，建议采取以碉逼碉、以卡逼卡的方法。此法立即遭到乾隆帝的否定。最终，张广泗、讷亲成为金川攻碉屡次失利负责的牺牲品。

此时，乾隆帝认识到碉楼在战争中的角色与地位，不得不承认"坚碉奇险实非人力可施。即据奏谓专事攻碉，一年尚难必克，意欲领率精兵直捣刮耳崖。无论未能克期前进，即使经由无碍径抵崖前，而彼地碉楼必更完固，守御必更严密，亦非必胜之算"。[①] 攻碉的失利固然与清军将领陈腐、僵化的以攻碉为务的战术思想有关，却也充分暴露出清代中期绿营与吏治的日益败坏、封疆大吏的钩心斗角、满汉官员关系的紧张与清廷中枢对将领的不信任等种种弊端。[②] 鉴于西北政局未定、国库帑币耗费殆尽、川蜀民生疲敝、战事旷日持久及缅甸局势恶化等多重因素的考虑，乾隆帝衡量战争的得失，在大金川土司象征性的归附之后草率了结战事。

进剿金川的一再失利迫使乾隆帝重新审视和探索清军的作战方式。乾隆十三年，乾隆帝下令从八旗前锋护军内挑选勇健者演习云梯，以备攻击碉楼之用。次年，以随征金川云梯兵一千名，组建健锐云梯营，分为两翼，后扩充为两千名。此后，乾隆帝又谕令在京城西山（今北京西郊香山）山麓仿筑金川石碉，"建寺于碉之侧，名之曰'实胜'"，"并于寺之左右，建屋居之，间亦依山为碉，以肖刮耳勒歪之境"。[③] 期间，又将第一次金川之役中俘虏的金川土兵和工匠迁至北京，编入健锐云梯营，"因于京师香山设石碉，造云梯"，"其筑碉者，即金川番兵也"。[④] 健锐营衙门设在香山静宜园东南，围

---

① 西藏研究编辑部编辑：《清实录藏族史料》，乾隆十四年正月丙寅条，西藏人民出版社1982年版，第991页。

② 齐德舜、洲塔：《清乾隆年间第二次金川战役几个问题的探析》，载郝时远、格勒主编《纪念柳升陞祺先生百年诞辰暨藏族历史文化论集》，中国藏学出版社2008年版。

③ 《实胜寺碑记》，张羽新辑注：《清代喇嘛教碑文》，载《西藏学汉学文献汇刻》第2辑，西藏社会科学院汉文文献编辑室编辑1991年版，第62页。

④ 魏源撰，韩锡铎、孙文良点校：《圣武记》，中华书局1984年版，第302页。有关北京香山藏族与碉楼的历史，可参见张羽新《清代前期迁居北京的大小金川藏族》，载《西藏研究》1985年第1期；陈庆英：《关于北京香山藏族人的传闻及史籍记载》，载《中国藏学》1990年第4期。

图 189　北京香山石碉

墙四角有碉楼四座，官兵营房在静宜园左右两翼，共建有碉楼六十八所。[1]
其左翼建四层碉楼十四座、三层碉楼十八座，右翼建五层碉楼两座、四层碉
楼十座、三层碉楼二十四座，[2] 以便于令健锐营官兵操练鸟枪、马步射及鞭
刀等技艺。

　　健锐营组建最初是为增强清军在第一次金川之役战场上攻碉的作战效
率。这在乾隆帝的谕旨中说得极为明确："就西山所有旧碉，习云梯登城之
技，以为明年破贼用。"[3] 而且，香山的碉楼一律为藏式，绝大部分至今仍屹
立于山腰和平川处。当地居民俗称作"梯子楼"，高约十五米，大多为实心，

　　① 于敏中等编纂：《日下旧闻考》卷 73《官署》，北京古籍出版社 1981 年版，第 1225 页。
　　② 昆冈等撰：《钦定大清会典事例》卷 872，台北新文丰出版公司 1976 年版，第 15865 页。
　　③ 《御制诗文十全集》卷一《初定金川第一之一·静宜园驻跸》，西藏社会科学院西藏学汉文文献
编辑室编印，载《西藏学汉文文献汇刻》第 2 辑，1993 年版，第 1 页。

以石为之，箭窗布满碉身。① 碉楼的此种设计与造型明显是为满足清军演练围攻嘉绒藏式碉的实战之用。但是健锐营的创建又并不是完全针对金川战事。关于健锐营组建的目的，乾隆帝强调的是"已习之艺不可废，已奏之绩不可忘"。② "已习之艺"实指清初皇太极开疆拓土时代清军以云梯攻城的进攻性围城战术。乾隆帝决意选拔八旗子弟组成健锐营也是受此旧事的启发。云梯攻城在清军入关前与明朝军队的攻防战中确曾收到出人意料的战绩效果，清廷却并未在其军事体制中将云梯攻城为核心的战术剥离出来，专门成立操练此类战术的作战部队。康乾盛世，承平日久，满洲八旗军队久不习此攻城略地的战术，"旗人已不知有此艺矣。朕思金酋恃其碉极险固，正可用此破敌。即使金川无所用之，亦满洲武艺所当训练者"。③ 金川之役在军事上的不断受挫，促使乾隆帝决定在原有的军队序列之外，另组特殊兵种，习练攻城战和山地作战。因此，健锐营的组建既是金川攻碉战事后清军为应对山地战与攻防战，而在兵种类型与作战模式上的尝试与变化。事实证明，这一转变对于清军在第二次金川之役中攻碉拔寨起到实质性的作用。④ 另一方面，健锐营精选八旗少壮勇健者组成，主要习练"云梯登城"技艺，亦是乾隆帝对满洲八旗子弟应秉持清初先辈尚武之风、铭记清朝以武勇开国历史的强调。

后世在评价第二次金川之役中清军的作战表现时，曾特别提及："京城之健锐、火器二营，功绩最多。"⑤ 火器，即明清时期中原人士对枪炮的俗称。第二次金川之役期间，乾隆帝再三申谕："官兵断不可轻率攻扑，只宜

①　黄颢：《在北京的藏族文物》，民族出版社 1993 年版，第 61—62 页。有的学者也指出，健锐营碉楼与川西北碉楼在规划特点、形制、室内空间、砌筑方法等方面存在着显著的差别，在建造过程中，汉族工匠也参与并发挥了重要作用。参见安沛君《清代健锐营碉楼研究》，载《建筑史》第 23 辑，清华大学出版社 2008 年版。

②　《实胜寺碑记》，张羽新辑注：《清代喇嘛教碑文》，《西藏学汉学文献汇刻》第 2 辑，西藏社会科学院汉文文献编辑室编辑，1991 年版，第 62 页。

③　西藏研究编辑部编辑：《清实录藏族史料》，乾隆十三年七月己亥条，西藏人民出版社 1982 年版，第 745—746 页。

④　彭陟炎：《论清朝的健锐营与金川土屯兵》，载《中央民族大学学报》2011 年第 3 期。

⑤　赵尔巽、柯劭忞等撰：《清史稿》卷 139《兵十·训练》，中华书局 1977 年版，第 4142 页。

用大炮轰摧。"① 言外之意，要充分发挥火炮在攻碉战中的攻击优势，尽量减少官兵的伤亡数量，并视之为制胜之道。因而火炮技术的改进至为重要。攻碉之战需要借助穿透力强的火炮。但是因普通大炮对碉楼的破坏程度极为有限，清军通过增加火炮的填弹量、炮种及提高命中精确度的方式，不断强化火炮的杀伤力。具体表现为：浇铸威力更大的火炮，加大炮弹的重量，食药从最初的十一、十二斤增至十六斤、二十斤，并配用数十斤的生铁炮子；火炮的类型与功能各有优劣，需集合各类炮种和火器，弥补单一炮种轰摧碉楼的效果缺陷。如清军攻打小金约咱大碉时，史籍载：

> 因间寻常炮位不甚得力，是以赶铸大炮。近已铸成，日逐轰打。以大炮之力原能打透碉墙，第贼匿碉内，炮势一过，旋即在内填补。今复用靖远、劈山等炮，随同大炮一齐迸发，使贼番不及补葺。且贼碉受炮处既多，被击时复久，修筑虽坚，必归倾塌。②

除一般大炮外，清军还大量运用爆炸性强的火炮，"因思昔年曾以冲天炮击贼，即俗所称西瓜炮者，用力颇为得力。若施放有准，炮子坠入碉中，随药烘发，碉内之贼无难一炮而毙"。③ 为保障炮击的精确度，乾隆帝特命选派钦天监精于测量的人员，在演炮处所，仿照碉楼模样捆扎木架，或在山冈处立架，试炮多次，以求精准。

火器与各种大炮在17世纪70年代前后的广泛使用，对于改变清朝入关前与明王朝的军事对峙局势，乃至清王朝的崛起和巩固，具有不容忽视的重要性。作为欧洲军事技术的成果，火器与火炮推动了明清之际军事的现代化和变革。在与明朝军队的实战中，清军围绕火器与火炮形成一套较为成熟的

---

① 《上谕温福派员增兵驰援兜乌一路》，中国科学院民族研究所中国少数民族社会历史调查组编印：《金川案·元》，1963年复制，第19页。

② 西藏研究编辑部编辑：《清实录藏族史料》，乾隆三十六年十一月甲辰条，西藏人民出版社1982年版，第1465—1466页。

③ 西藏研究编辑部编辑：《清实录藏族史料》，乾隆三十九年六月癸卯条，西藏人民出版社1982年版，第2392页。"一名西瓜炮，形如西瓜，中实火药，燃药线投入碉卡，药发，人物值之，俱成灰烬，甚者碉卡亦被轰裂，杀敌致果，功同大将军炮"。参见李心衡《金川琐记》卷1《两金川御碑亭》，《丛书集成初编》，中华书局1985年版，第17页。

作战技术和围城战术。清初，在汤若望、南怀仁等耶稣会士的主持下，火器的制造与配备进一步完善，在对抗三藩之乱战事中的作用十分突出，并促使1691年火器营的建立。[①] 第二次金川之役期间，乾隆帝再次向精通测绘的葡萄牙耶稣会士傅作霖（Felix da Rocha，1731—1781年）寻求改进火器技术的帮助。乾隆三十九年（1774），傅作霖奉命前往金川前线，以其精良的测绘技能，提高火炮的精准度和设计运输便捷的轻型火炮，以适应山地作战。[②]

火器，尤其是火炮技术的提高，对清廷金川战事中的碉楼确实构成较大威胁，将清军从攻碉战的困境中部分地解救出来，并且在这场发生于西南偏远之地的战事融入了中西文化交流的元素。但是西方学者从军事角度在谈及清廷在金川战事的胜利时，往往只是强调西方火炮技术在清廷平定金川的作用。[③] 实际上，清廷赢得第二次金川之役的最终胜利，需要综合清代中期政治、经济形势等多方面考虑。即便是从军事领域看，技术上的革新也只是一个因素。与前次金川之役不同，清军在战术思想上有较大变化，具体的攻碉方式更为灵活、机动。早在第一次金川之役结束前，大学士傅恒已论及强攻碉楼的弊端，主张"避实就虚"的攻碉之法：

> 臣惟攻碉最为下策，枪炮不能洞坚壁，于贼无所伤。贼不过数人，自暗击明，枪不虚发。是我惟攻石，而贼实攻人。贼于碉外为濠，兵不能越，贼伏其中，自下击上。其碉锐立，高于浮屠，建作甚捷，数日可成，旋缺旋补。且众心甚固，碉尽碎而不去，炮方过而复起。客主劳佚，形势迥殊，攻一碉难于克一城。即臣所驻卡撒，左右山巅三百余

① 狄宇宙：《与枪炮何干？火器和清帝国的形成》，司徒琳主编，赵世瑜、韩朝建、马海云、杜正贞、梁勇、罗丹妮、许赤瑜、王绍欣、邓庆平译：《世界时间与东亚时间中的明清变迁》下卷，生活·读书·新知三联书店2009年版。

② Dan Martin. Bonpo Canons and Jesuit Cannons, "On Sectrarian Factors Involved in the Ch'ieh-lung Emperor's Second Goldstream Expedition of 1771–1176 Based Primarily on Some Tibtan Sources", Eedited by Alex McKay, *The History of Tibet*. VolumeII. London and New York. p. 618；陈玮：《乾隆朝服务宫廷的西方传教士》，载《历史档案》2006年第4期。

③ Karmay, S. G. *Feast of the Morning Light*：*The Eighteenth Century Wood-engravings of Shenrab's Life-stories and the Bon Canon from Gyalrong*, National Museum of Ethnology in Osaka, 2005, p. 116；Joanna Waley-Cohen. *The Culture of War in China*：*Empire and the Military under the Qing Dynasty*, I. B. Tauris, 2006, p. 58.

碉，计日以攻，非数年不能尽。且得一碉辄伤数十百人，得不偿失。兵法，攻坚则瑕者坚，攻瑕则坚者瑕。惟使贼失所恃，我兵乃可用其所长。拟俟诸军大集，分道而进。别选锐师，旁探间道，裹粮直入，逾碉勿攻，绕出其后。番众不多，外备既密，内守必虚。我兵既自捷径深入，守者各怀内顾，人无固志，均可不攻自溃。①

在乾隆帝多次申明不宜轻易扑碉，致官兵伤亡，挫伤士气之后，绕开坚碉，间道而行，避免强行攻碉的方法在第二次金川之役中被清军广泛采纳。清军一改以往顿兵攻碉的死板战术，依据战场情形，对攻碉之法灵活处理，提升野战技巧：绕越碉楼，截其后路，两面夹击，"阿桂凡遇攻战贼碉多系绕道分兵而得"；② 先攻破最为险峻碉楼，据其险要，沿山梁自上下压，顺次攻破各碉；分割攻围，断其联络，使其首尾不能相顾，击破碉楼群掎角之势。其攻碉之具体情形犹如赵翼所言：

> 必步步立栅自护，以次进逼，轰大炮击碉，使贼陜输不能立足，官兵亦随炮入，毁而杀之。其有碉多径阻，必不能攻克者，则用绕道别进之法，视危岩绝巘，无可措足，贼所不备处，乘昏夜扪萝攀石，手足并行，如蠖循条猨引臂以出其后，夹攻之。故常分路各进，或三四百人为一队，一二百人为一队，贼伺隙于丛菁深涧，亦不过数十人，即突出来搏击。自用兵以来，我兵不下七八万人，从未有列堂堂正正之大阵，辟战场以决胜负者，皆凿山裂巇，而后突入。③

清军战术思想的变化集中表现为放弃原有固定的兵团作战方式，转向高度机动性的山地作战，这也是总结攻碉实战成败经验的结果。此种攻碉战术后来也被运用到瞻对之役与廓尔喀之役的攻碉战中。

---

① 赵尔巽、柯劭忞等撰：《清史稿》卷三百一《傅恒列传》，中华书局1977年版，第10446—10447页；又参见魏源撰，韩锡铎、孙文良点校《圣武记》，中华书局1984年版，第300页。
② 西藏研究编辑部编辑：《清实录藏族史料》，乾隆四十年十月壬辰条，西藏人民出版社1982年版，第2670页。
③ 赵翼：《平定两金川述略》，《小方壶斋舆地丛钞》第8帙，杭州古籍出版社1985年版。

图 190　阿桂奏报攻克喇穆喇穆等处图

（图片来源：庄吉发：《清高宗十全武功研究》，中华书局 1987 年版）

　　以碉楼攻防战为核心的两次金川之役是对清代中期政治体制与军事技术的一次全面考验。乾隆帝轻率发动金川之役，很大程度上是由于中央决策机构无法从地方官府中获悉藏区地方事务的全部信息，地方官员在瞻对之役中的欺瞒妄报，无形中掩盖了碉楼对攻碉清军的巨大威胁，致使乾隆帝在解决藏区冲突争端时带有明显的盲目性，在军事上并未对碉楼引起足够重视。下情无法通畅上达的政治弊病，迫使乾隆帝不得不屡次专门派中央大员前往访查或插手地方事务，期望查明实情。从金川之役中攻碉军事技术与战术的演变看，乾隆帝在金川事务的处理中展示出强大的控制欲，甚至直接插手具体的作战细节，并随时查问满洲八旗官兵的作战表现，这常常造成高度的专制权力与日益败坏的官僚和军事体系之间关系的紧张。在获悉攻碉接连失利后，乾隆帝对绿营作战效率低下与地方官员办事无能的极度震怒和忧虑，遂将希望寄托于满洲臣僚和八旗，以及战术与兵器上的改进。但是无论是兵种、火器，还是军事技术、战术的变化，并未预示着清代中期一个军事领域变革时代的到来。健锐营设立吸纳的是清初的作战经验，而火器是在技术层面上对以往武器的再利用和改进。在两次金川之役中，清军遭受到惨重的代价后，军事上的革新仅仅是清初军事制度与技术上的延伸，没有能够彻底改变清代的军事技能，以及清廷对火器技术缺乏足够关注的态度。相反，通过金川之役，中原人士开始意识到碉楼的军事防御特性，诚如清人魏源所言："自金川削平，中国始知山碉设险之利。"① 此后，碉楼被各类文献提到，成为中国冷兵器时代行将终结前最具典型性的军事防御体之一。

附录：攻碉战事二例

攻碉战事之一：攻克喇穆喇穆及日则丫口

喇穆喇穆在大金川境内，为清军西路阿桂一军攻入大金川后首当其冲的阻障，其形势险峻，山梁碉卡连绵，"其东附近登古丫口者，丑徒聚守最严；其南近萨斯甲赤沟者，亦为坚固；惟迤西峰峦突起，两大碉居山绝顶，两旁坡崖如削；北面山势更陡，贼度官兵不能往据"。② 自乾隆三十九年（1774年）正月起，清军开始攻喇穆喇穆山梁，历时半年有余未能攻克。但是喇穆喇穆战略地位颇为重要，"后山梁上有贼战碉，直进仍虞彼掣肘，我兵相势分营围，而匪众徒亦严守。惟彼峰尖两大碉，肋崖如削，猿难走，以故贼不甚提防"，清军遂主攻此处，以为"捣虚抵隙"之计。③《清实录》载攻克喇穆喇穆山梁经过曰：

> （乾隆三十九年，七月）二十二日晚令额森特、乌什哈达等带兵，分为两路进攻色溂普南面山腿贼碉，福康安带兵接应。又令普尔普、海禄等进攻喇穆喇穆山梁东边贼碉，保宁、彰霭等进攻其次贼碉。并令成德、特成额等仍于喇穆喇穆左边山腿进攻，海兰察等直取喇穆喇穆山梁后尾峰峦突起处两大碉……二十三日额森特等见海兰察之兵已抵贼碉之下，督兵直奔山腿，官兵争先跳跃，越过三道沟濠，射殪多贼。其普尔普等攻扑喇穆喇穆第一贼碉，官兵不避枪石，抛放火弹，刨挖碉根，贼

---

① 魏源撰，韩锡铎、孙文良点校：《圣武记》，中华书局1984年版，第308页。

② 阿桂等撰：《平定两金川方略》卷3，西藏社会科学院西藏学汉文文献编辑室编印：《西藏学汉文文献汇刻》第1辑，1991年版，第42页。

③ 同上。

图 191　阿桂奏报攻克康萨尔碉寨图

（图片来源：庄吉发：《清高宗十全武功研究》，中华书局 1987 年版）

人窘迫出碉，官兵枪箭齐发，毙贼甚众……成德等将贼人护碉木卡尽力攻开，连克石卡四座。维时海兰察等所带各兵，先于半夜月出之前鱼贯而上，不但并无人声，并将火绳藏起，从石壁陡滑处官兵手足攀附而进，埋伏碉旁。黎明一涌而登，直上东边峰峦起碉顶，砍开碉门，跃入碉内，将贼众尽行杀死，即扑进西峰尾碉围攻，奋力剿杀无遗，并将木城两座放火围烧，焚烧殆尽……此次共计攻得战碉三十六座、木城五座、石卡五十余处、平碉一百余间、马骡十一匹头、杀贼数百余名……①

攻碉战事之二：攻克康萨尔山梁

康萨尔山梁被清军视作大金川的第一要隘，距官寨勒乌围（今金川县东）仅二十余里，为其门户，地势险要，跬步皆山石，碉楼密布山梁。《清

---

① 西藏研究编辑部编辑：《清实录藏族史料》，乾隆三十九年七月己未条，西藏人民出版社 1982 年版，第 2409—2410 页。

实录》、《平定两金川纪略》所载清军攻碉经过尤为详尽：

> 贼以勒尔策依山势延长，周防不易，因于康萨尔山梁多筑碉卡，守拒不遗余力。阿桂遂派兵三队，泰斐英阿等攻其前，瑚尼尔图、乌什哈达等左右夹击，福康安等在后策应。（乾隆四十年，1775年——引者注）正月十二日寅刻，各路潜进，拔其鹿角，跃过重濠，至第一碉根，向上抛掷火弹。贼人枪石雨集，抵拒益急。我兵举枪注矢以待，贼有露身碉外者，即击射殪之。官军遂一呼而上，跃登碉顶。其碉内外地窖覆以石板，为我兵踹塌，贼多有压毙其下者，寻即攻得此碉。察其下有穴潜通第二碉，即以石填塞。是日巳刻，复得其第二碉。戌刻，又克其第三碉。贼人除歼戮外，余皆负伤而遁。十三、十四两日并将其下各处寨落尽行攻取。是役也，计克大碉十，木城四，大石卡二十，寨落七，捉生二，杀贼二百余，获铜炮二，鸟枪刀矛、糌粑等无算。康萨尔山梁悉行剿平。①

第二节　"战守之资"：瞻对战役中的碉楼

清代瞻对（今甘孜州新龙一带）地处雅砻江上游，北接甘孜、章谷，南连理塘、雅江，东界道孚，与明正土司接壤，西北至白玉、德格，与德格土司为邻，位于川藏线南北大道之间，控扼咽喉要道，地理位置颇为重要。瞻对民风彪悍，以"夹坝"之习为勇，各土司少受约束，时常暗放"夹坝"扰袭川藏线，对内地与西藏之间的交通往来构成严重威胁。为此，清王朝不惜在雍正、乾隆两朝三次用兵瞻对，但事未竟功，屡剿屡叛，终成嘉庆至同

① 阿桂等撰：《平定两金川方略》卷首5《天章五》，西藏社会科学院西藏学汉文文献编辑室编印，载《西藏学汉文文献汇刻》第1辑，1991年版，第47页。另可参见西藏研究编辑部编辑《清实录藏族史料》，乾隆四十年正月甲戌条，西藏人民出版社1982年版，第2522—2523页。

治四朝"三千里地方，一百余年边患"。① 延至清末，随着西方势力不断涉足藏事，藏政日益恶化。瞻对自同治年间赏予西藏地方政府后，如同芒刺在背，对川藏政局走势颇为不利。"瞻对问题"演变为关乎川藏安危的政治问题，遂有光绪年间鹿传霖征剿瞻对之举。② 乾隆与清末两次征剿瞻仰之役，俱以攻碉战为主，但前者是清廷初识碉楼的军事防御功能，后者则是青藏高原碉楼军事防御时代围绕碉楼展开的大规模战事的谢幕。

一　初遇碉楼：乾隆年间瞻对之役中的碉楼

瞻对境内沟壑林立，地势险峻，"近寨皆山围绕，后山峥嵘若虎踞，前山委蛇若龙蟠"。③ 碉楼大多傍山而建，或在山顶，或在山腰，地势险要，墙垣坚固，又有大小战碉与住碉之分，"其高大仅堪栖止者，曰住碉，其重重枪眼高至七、八层者，曰战碉。各土司类然，而瞻对战碉为甚"。④ 战碉自碉楼中分离出来，军事功能突出，并独成一类，与住碉有别，亦可反映出当地社会关系的紧张与冲突的频繁。战碉兼具攻防之用，以瞻对战碉为代表。而且，瞻对碉楼数量相当可观，分布颇为密集。仅乾隆十一年（1746 年）四月大学士川陕总督庆复等奏称，攻克瞻对之脉陇冈、曲工山梁、上谷细等处，毁险要碉楼达一百五十余座。乾隆初征伐瞻对之役共焚毁战碉、碉楼七百六十余座。⑤

乾隆瞻对之役初期，当地藏民依恃坚固战碉，施放枪石，与清军相抗

---

① 西藏研究编辑部编辑：《清实录藏族史料》，同治四年十二月乙巳条，西藏人民出版社 1982 年版，第 4367 页。参见张秋雯《清代雍乾两朝之用兵川边瞻对》，载《中研院近代史研究所集刊》1992 年第 21 期；张秋雯：《清代嘉道咸同四朝的瞻对之乱——瞻对赏藏的由来》，载《中研院近代史研究所集刊》1993 年第 22 期。

② 任新建：《论清代的瞻对问题》，载贾大泉主编《四川历史研究文集》，四川省社会科学院出版社 1987 年版；张秋雯：《赵尔丰与瞻对改流》，台北蒙藏委员会编印 2001 年版；刘源：《乾隆时期的瞻对事件》，载《中国藏学》2007 年第 3 期。

③ 张继：光绪《定瞻厅志略》，载张羽新主编《中国西藏及甘青川滇藏区方志汇编》第 40 册，学苑出版社 2003 年版，第 101 页。

④ 西藏研究编辑部编辑：《清实录藏族史料》，乾隆十一年十二月丙子条，西藏人民出版社 1982 年版，第 569 页。

⑤ 程穆衡：《金川纪略》卷 1，《金川案、金川六种》，西藏社会科学院西藏学汉文文献编辑室编印：《西藏学汉文文献汇刻》第 3 辑，1994 年版，第 259 页。

图 192　甘孜新龙县境内的格日土石碉

衡。清军初遇碉楼之阻，尚未谙知破碉良法，难以施展长技，一时无足无措，后以火攻、炮轰、地雷炸碉等攻碉之法应对，或数千人共围烧一碉寨。如乾隆十一年六月清军围攻瞻对泥日寨，"至二十三日一更时分，齐扑碉下，直冲碉门，劈开挖孔，施放地雷，连烧碉楼"。① 因瞻对地势高寒，碉坚壁厚，攻碉战事困难重重，代价较高。庆复鉴于战碉为当地"战守之资"，在善后事宜中特别规定"嗣后新定地方，均不许建筑战碉，即修砌碉房，亦不得高过三丈，违者拆毁治罪"②，并令当地统辖土司每年差土目分段稽查，严禁修筑战碉，仅留住碉居住。

二　火器与碉楼：清末瞻对之役中的碉楼

乾隆征瞻的善后事宜未能付诸实施。清末鹿传霖收瞻之役时，清人描述瞻对尚称"碉寨林立"。晚清学者刘声木指出，瞻对地方碉楼基址大多选择在有利地势处，"咸于山中凹处最为险要者倚山为室，或数十百家，群聚一

① 西藏研究编辑部编辑：《清实录藏族史料》，乾隆十一年六月丁卯条，西藏人民出版社 1982 年版，第 553 页。

② 西藏研究编辑部编辑：《清实录藏族史料》，乾隆十一年六月戊子条，西藏人民出版社 1982 年版，第 558 页。

处，多则数千家。俗名其室曰碉楼，又有大碉、小碉之称。建筑极坚固，全系以大石堆成，厚有至寻丈者，俨如城垣。上开小孔，可以望远，其意原欲用以避火器，探敌情。每碉之中，皆有兵器，虽无前膛、后膛等名目，而制作亦甚精固。类如旧式之火绳枪，无不应有尽有，且准头极善。原是平日用以打牲，练习素久，心手纯熟之故"。① 火器何时传入藏区，尚未见专文论及。从此段描述来看，火器在清末瞻对的广泛运用，已经改变了乾隆时代当地藏人依恃碉楼、以礌石御敌的传统作战技术，增强了守碉者的攻击性和战斗力，但是火器的普遍使用并没有撼动碉楼的军事防御地位。数量众多的碉楼依然是标志性建筑。曾亲历清末征瞻之役的张继在《定瞻厅志略》中称："碉为御盗而设，碉小而寨大，寨可群居，碉乃独居者也。五屯之碉因前剿平金酉时，皆夷之独。定瞻之碉，至今巍然独存，大致似寨而小，其高过之，工亦精巧结实，昔工布囊吉之碉木已焚，而空墙露立三十余年不倒，其坚可知，谓之限日，极言其高耳。"② 时至今日，新龙是川西高原高碉的重要分布区域，尤以土、石碉楼最具特色。其中，格日土石碉为其典型代表。

因而，清末进剿瞻对时，清军武器装备，尤其是火器技术，已较乾隆时代大为改进，但四川总督鹿传霖奏称："惟贼志蓄逆已久，布置极为周密，恃其地险碉坚，墙厚楼高，以暗击明，最为得势，故虽已合围，一时猝难得手。"③ 碉楼常与官寨建筑相依存，如中瞻对有新旧两官寨，依山临江，寨的右山有哨碉三座，形如品字，是新寨的屏障。新旧大寨之外，十七座小碉三面环列，其余星罗棋布，互为掎角。新旧寨之前又有水碉四座，成掎角之势。清军的攻碉之法仍主要为炮轰与火攻。清军或自备喷筒火弹、枪械、斧锄并带树枝，夜半攻碉，深挖碉楼墙角，向内投掷火弹；或用开花炮轰击碉楼门窗等薄弱处。尽管碉楼在清末瞻对之役中仍扮演着举足轻重的防御角

① 刘声木撰，刘笃龄点校：《苌楚斋随笔续笔三笔四笔五笔·三笔》卷7《瞻对情形》，中华书局1998年版，第609—610页。

② 张继：光绪《定瞻厅志略》，载张羽新主编《中国西藏及甘青川滇藏区方志汇编》第40册，学苑出版社2003年版，第114页。

③ 《围攻瞻巢迭次获胜并续调营勇出关助剿疏》，鹿传霖：《筹瞻奏稿》，载《西藏学汉文文献丛刻》第2辑《松潘桂丰奏稿、筹瞻奏稿、有泰驻藏日记、清代喇嘛教碑文》四种合刊，西藏社会科学院西藏学汉文文献编辑室编辑，全国图书馆文献缩微复制中心1991年版，第41页。

色，面对火器技术的长足发展和不断更新，此次瞻对之役在短时间内的结束，已预示着伴随热兵器时代的到来，青藏高原碉楼的强大防御性能使其在战争中充当主导地位的时代即将终结。

附录：

鹿传霖《筹瞻奏稿》载光绪二十二年（1896）攻中瞻情形：

（四川提督）周万顺相度地形，攻其不备，先图其环列小碉，则大寨势成孤立……周万顺察看形势，必须先克水碉，始有进兵之路，当饬赶造极厚木牌，以御枪石，并雇募矿夫，挑选健勇开挖地道，深入寨墙，激励各营将士决策进兵……九月初一日，周万顺侦知贼之水寨守御甚严。议乘其不备，攻取右山第二碉，当令鄢明庆等乘夜率队潜往攻扑，曹怀甲、李飞龙及明正土兵同往埋伏接应。是夜二鼓，衔枚急进，直抵贼巢，贼以长矛飞石直犯我军，李飞龙所部哨弁陈守信伏兵突出，贼不得逞，我军亦多受伤。查此碉直立岩际，路极陡险，有新寨遥为掎角，时以铜炮轰毙，我军猝难前进。正在相持，忽闻新寨，铜炮炸裂，哭声震天，哨弁杨荫棠急放大炮轰击，我军一涌而前，挖成地道，急以洋药填入，轰塌碉墙，乘势攻入，将碉内悍贼歼除净尽。哨弁丁玉堂、刘长胜奋勇先登，均受重伤，阵亡勇丁三名，受伤十二名。惟右山尚有两碉未克，贼之守御益严，未易攻取，查逆巢新旧大寨之左尚有贼碉五座，为进兵大寨必由之路。其第一碉居高临下，坡陇层叠，最为险峻。周万顺查看地势，在所必争。督饬各营连夜猛攻，未能得手。至十三日……周万顺当饬白昼进攻，分派寿字后营、长胜中营、长胜副中营、新健营分路猛扑。碉内放枪轰击，哨长余凤鼎并勇丁一名当时阵亡，游击丁玉堂、军功龙迎廷均受重伤。众欲退避，哨弁陈有珍躬冒枪石，奔赴墙下，鄢明庆复自后督队，众始奋勇扑陇，力挖墙脚，各营枪炮环施，他寨之贼，不敢出援。相持两时之久，碉已挖穿，陈有珍急负洋药，安放洞内，滚岩而下。俄顷，火发，碉墙齐摧，守碉悍贼数十人无一脱者。周万顺复饬乘胜进攻下游一碉，韩国秀即督队直前。此碉本为镇桥而设，极为高厚，左凿深池，右筑围墙，墙外掘有深壕，壕外梅

花桩密布，杂以荆棘。韩国秀亲督弁兵将梅花桩奋力拔去，而墙内伏贼
枪石如雨，相持时许，阵亡守备王胜美、把总张仕臣、六品军功马才品
三人，勇丁亦多有伤亡，势且不支。周万顺急令外委梁长泰用开花炮轰
击。时已亥刻，贼复出队救援，各军奋勇接战，毙贼甚多，纷纷败退碉
内，逃出六人请降，余为炮火轰毙。枪炮渐稀，陈有珍即督率勇丁乘势
猛扑，跃登围墙，复督令急挖碉墙，大寨之敌迭出救援，均经击退。时
至五鼓，碉墙挖至八尺，尚未洞穿，急以洋药轰放，仅去碉墙一角，我
军乘势攻入，斩杀殆尽，计一昼夜连夺贼碉二座，逆巢藩篱已撤，进兵
之路已通，当饬培修桥梁，以通大路，开挖明壕，以图逆巢……臣等伏
查提督周万顺督军进剿，中瞻对合围两月余，先后攻破碉八座，现仅存
逆巢新旧大寨两座，小碉五座。[①]

第三节　征讨廓尔喀战争中的碉楼

廓尔喀（Gorkha 今尼泊尔）崛起于十八世纪，自并吞尼泊尔全境后，
积极向外扩张。18 世纪末期，廓尔喀因与西藏地方政府之间在贸易纠纷、新
旧尼泊尔钱在藏行使价值等问题上出现纠纷，加之觊觎六世班禅圆寂后的财
富，遂于乾隆五十三年（1788）和五十六年（1791）两次侵入后藏地区。
为维护西藏地方的安全，清廷先后派兵入藏驱逐廓尔喀。[②] 特别是第二次廓
尔喀之役（1791—1792），清军仅用两个月便收复失地，并深入廓尔喀境内，
迫使其求和入贡。

一　廓尔喀之役中的攻碉战事

在整个战争过程中，碉楼同样是廓尔喀抵御清军的重要军事防御建

① 《迭克瞻巢碉寨扑灭援贼剿抚兼施疏》，鹿传霖：《筹瞻奏稿》，载《西藏学汉文文献丛刻》第 2 辑《松湘桂丰奏稿、筹瞻奏稿、有泰驻藏日记、清代喇嘛教碑文》四种合刊，西藏社会科学院西藏学汉文文献编辑室编辑，全国图书馆文献缩微复制中心 1991 年版，第 43—45 页。
② 戴逸：《一场未经交锋的战争——乾隆朝第一次廓尔喀之役》，载《清史研究》1994 年第 3 期；冯明珠：《中英西藏交涉与川藏边情 1774—1925》，中国藏学出版社 2007 年版，第 28—69 页。

图 193 攻克擦木图

(图片来源：庄吉发：《清高宗十全武功研究》，中华书局 1987 年版)

筑。据廓尔喀领兵将弁咱玛达阿尔曾萨野的供述，廓尔喀王子喇特纳巴都尔与其叔父巴都尔萨野同住的官寨"四面有四个碉楼，南面高十一层，东西两面都高五层，北边高十二层"。① 这与两金川以碉楼护卫官寨的作法极为相似，而且廓尔喀在选择筑碉位置与发挥碉楼军事威力等方面也与两金川、瞻对地区相仿，往往将石碉与石卡等防御设施有机结合起来，凭借险要的地势，构建起颇具杀伤力的防御体系。为抵御清军，廓尔喀兵在要隘处增设碉卡。济咙官寨原已砌筑有坚固的石墙，廓尔喀占据后，又在"周围迭〔叠〕石为垒，高及二丈，密排鹿角桩木，为守御之计。又在官寨西北临河，砌大碉一座，直通官寨，为取水之地。官寨东北，在石上砌大碉一座，倚石为固。官寨东南山梁甚陡，另砌石碉一座，贼匪分据险要，负

---

① 《廓尔喀档》，乾隆五十七年五、六月份，第 129 页，六月三十日，咱玛达阿尔曾萨野供词，转引自庄吉发：《清高宗十全武功研究》，中华书局 1987 年版，第 420 页。

隅固守"①，各碉依险而建，互成犄角之势，拱卫官寨。相比之下，廓尔喀境内的甲尔古拉大山则"与集木集大山连属，山梁自东向西横长七八十里，木城、碉卡据险排列，不下数十处，尽西山腿有木栅一道，约长数里，守御极为险固"②，清军付出惨重代价，最终也未能将其攻克。廓尔喀之役中碉楼的数量远不及两金川、瞻对，但碉楼之险固，与高海拔的喜马拉雅山区恶劣的气候、复杂的地形令清军颇为困窘。乾隆五十七年（1792）五月攻克擦木是清军与廓尔喀军队展开的首次较大规模的战事。擦木地方，两山夹峙，中亘山梁，山势高峻，树林茂密，路径艰险，山梁极高之处，视野开阔，易于观察敌情，"山梁扼要之处前后有石碉两座，大河环绕山梁，三面周围砌筑石墙，即在临河墈上约高二丈有余向北留门，只有一径可上"。③《钦定廓尔喀纪略》记攻克擦木石碉情形称：

> 屯兵等踏肩登墙，奋勇越墙，先开寨门，官兵等一拥而入，贼匪出碉抵死抗拒。我兵枪箭如雨，杀死贼匪一百余名，遂将前一座石碉夺据。其后一座大碉在高磡之上，里外墙垣两层，用石块堆砌，上留枪眼，密排木桩、鹿角，势更险要。贼匪见前面碉座已失，东、西山梁上四队官兵亦已围截严密，无从逃逸，因在碉内藏匿不出，放枪、投石，并力固守。臣等令官兵等进攻碉座西面，贼匪俱撤至西面抵拒，随即将东面墙脚石块尽力撬开，立时塌一缺口。官兵等奋勇先登，短兵相接，杀死贼目咱玛达杜拉尔木等三名、贼匪九十余名。④

攻克擦木后，清军迅速进兵至济咙。济咙"官寨层碉高耸，形势险固，各处碉卡贼匪又可互相援应，共成犄角之势"，五月"初十日丑刻发兵，令各路同时并进……巴彦泰等进至临河碉下。贼匪因系取水要隘，恐官兵断其

---

① 《福康安等奏克复济咙情形折》，载中国藏学研究中心、中国第一历史档案馆、中国第二历史档案馆、西藏自治区档案馆、四川省档案馆合编：《元以来西藏地方与中央政府关系档案史料汇编》，中国藏学出版社1994年版，第732—733页。

② 方略馆编，季垣垣点校：《钦定廓尔喀纪略》，中国藏学出版社2006年版，第608页。

③ 同上书，第518页。

④ 同上。

图 194　攻克济咙图

(图片来源：庄吉发：《清高宗十全武功研究》，中华书局 1987 年版)

水道，抵御甚坚，枪毙贼匪多人尚敢抗拒。随将攻克山梁兵丁撤下添往协攻，并用炮轰击碉座，塌去一角……其石礚碉座距官寨较近，桑吉斯塔尔等带兵攻扑，抛入火弹焚毁上两层，将贼匪焚毙……贼匪犹藏匿碉座下层向外放枪，实属悫不畏死。火力延烧直至日暮始行烧塌，仅剩贼匪二名冒火窜出，即被挈获……"① 清军攻碉之法仍为火攻与炮轰。

二　清军对碉楼防御体系的运用

值得注意的是，经历金川之役的挫折后，清军已经充分意识到碉楼的军事防御功能，并运用到驱逐廓尔喀的战事中。早在第一次廓尔喀之役前，清军便开始在后藏萨喀等险要之处加固与修筑碉楼，将其与卡寨联为一体，构筑防御工事。第一次廓尔喀之役（1788—1789）结束后，清政府的驻藏官员在制定善后事宜时，鉴于后藏胁噶尔"地势险峻，原建喇嘛寺、官寨、碉房均在山冈，极为巩固，是以前经巴勒布贼番攻围月余，未能得手"，下令在

---

① 方略馆编，季垣垣点校：《钦定廓尔喀纪略》，中国藏学出版社 2006 年版，第 526—527 页。

宗喀、聂拉木、济咙等"紧要处所，须令修砌卡隘坚碉，以资瞭望而严防守"。① 从后藏济咙向南延伸至廓尔喀境内，地势较两金川险峻、复杂，清廷深知碉楼易守难攻的特点，单纯依靠清军难以速胜。因此，第二次廓尔喀之役期间，清廷调派熟悉高原山地作战、擅长砌筑石碉的嘉绒藏族土兵参战，仅先后调派大小金川土弁兵多达七千九百余名。② 这些土兵成为构筑碉楼军事设施的中坚力量，在紧要隘口修建碉楼，以防范廓尔喀的攻击。嘉绒藏族土兵、藏兵曾多次在聂拉木等与廓尔喀相通的山口、要隘修砌战碉，驻兵堵御。如乾隆五十四年（1789），因后藏地区的宗喀原有碉寨残破，鄂辉遣金川土弁兵依其地势，在险要处修砌碉寨。清廷主动调派嘉绒藏族土兵参战、筑碉的行为，表明清廷对碉楼在高原作战中防御功能的认可和借鉴，而嘉绒藏族土兵则是碉楼防御体系构建的直接实践者，在某种程度上反映出青藏高原东部，尤其是嘉绒藏区碉楼军事防御功能在整个藏区军事发展脉络中占有重要地位。

通过展现清代青藏高原碉楼的军事防御功能及三次相关战事具体的攻碉情形，我们已大致认识到青藏高原碉楼军事防御体系的出现，具有深厚的社会文化传统和政治基础，是与高原山地作战相迎合的特殊防御设施。围绕碉楼攻防战展开的青藏高原三次战事的地域由青藏高原东部一直延伸到后藏地区，既体现出碉楼在易守难攻特性上的相似性，即充分发挥碉楼高大坚固的防御优势，将之与地理环境巧妙结合，从独碉各据其点，到群碉掎角互通，并与其他各类防御设施相互配合，点面相维，混成一体，同时也折射出碉楼在不同时代的不同面相，以及碉楼背后隐含着与之紧密相关的政治、文化与军事因素。碉楼也因之成为青藏高原，乃至我国军事发展史上不可或缺的重要组成部分。

① 季垣垣点校：《钦定巴勒布纪略》，中国藏学出版社 2006 年版，第 315—316 页。

② 西藏研究编辑部编辑：《清实录藏族史料》，乾隆五十八年五月辛酉条，西藏人民出版社 1982 年版，第 3566 页。王健康：《略论嘉戎屯兵抗击侵藏巴勒布的作用》，载《西藏研究》1992 年第 1 期。

第　九　章

碉楼与青藏高原的民族和社会

　　碉楼作为青藏高原一种古老的文化遗存，自然是由生活在高原地区的民族创造、传承并发展，在不同地域又衍生出种种与其相关的传说，并与诸多民俗事象发生联系，从而形成独具历史与社会内涵的碉楼文化。但因碉楼现今已基本失去实际功用，加之史籍记载简约，导致历史上不同时期大量与碉楼相关的民族与社会文化内涵在不知不觉中流失。为此，本章将着重通过对民族志材料的深入挖掘，尤其是对碉楼分布地区当地民族中有关碉楼的种种传说与民俗事象的搜集与认识，即将碉楼置于碉楼建造者的文化背景中，从民族和社会的视角来探讨青藏高原碉楼的历史面貌、文化内涵及其社会功能。

第一节　碉楼与民族

　　前已指出，碉楼主要分布于青藏高原东南部的横断山脉和西藏南部的喜马拉雅山脉两大区域，而在青藏高原的东北部、西部与北部却基本未见，这表明碉楼在青藏高原的分布具有鲜明的地域特征。也就是说，碉楼只可能是由生活在青藏高原东南部与南部地区的民族创造，并已成为这些民族传统建筑文化的重要组成部分。不过，生活在该区域的民族不仅数量众多，而且成分也十分复杂，因此甚有必要厘清碉楼究竟是哪些民族的建筑风俗？即从民族的视角来探讨碉楼在中国的分布。鉴于族群代表有自己独立起源与世系的人群及由该人群创造的文化单元，故可从族群与碉楼的对应关系发现碉楼文化植根最深的是哪些族群？因此，从民族与族群角度出发是探讨碉楼及碉楼文化起源的一个重要路径。

对于中国碉楼分布现状的研究，据检索目前主要有刘亦师的《中国碉楼民居的分布及其特征》① 与张国雄的《中国碉楼的起源、分布与类型》②，二文均不同程度梳理了碉楼在青藏高原地区的分布情况。其中，刘文认为碉楼分布集中在川西北的羌藏少数民族地区；张文则指出，除藏、羌外，在彝、傈僳等民族的居住区也有碉楼存在③。不过，这两篇成果均未提及青藏高原以下区域有碉楼：西藏的山南、林芝、昌都地区，四川的木里、冕宁、盐源等川西南地区④，云南迪庆州的部分地区⑤。

综合前人研究、民族志材料及实地考察，从民族角度视角看，青藏高原碉楼的格局是：呈片状或带状分布于藏、羌民族，零星的点状分布于彝、纳西、傈僳等民族。从语言系属角度而言，这些民族的语言均属于藏缅语族系统，可见青藏高原的碉楼主要为藏缅语民族所特有的建筑习俗。不过，彝族碉楼主要见于过去土司官寨前，或与彝族头人院落相连，表明其主要为防御、保卫功能或系权力象征。⑥ 纳西族象形文字中虽有"碉"，但民间传说木里等地的碉是木天王修建的，目的是为了防御。此外，傈僳族的碉楼不仅分布零星，且多为清朝兴建的防御性建筑。⑦ 故从民族角度而言，碉楼最直接对应的乃是藏缅语民族中的羌、藏两个民族，今中国碉楼无论类型、风格，还是数量均以羌、藏最为丰富正证明这一点。

具体从族群角度而言，碉楼主要分布在西藏藏族、尔玛（羌族自称）以及嘉绒、扎巴、里汝、木雅、纳木依、贵琼⑧、却域等藏族支系生活的地域

---

① 刘亦师：《中国碉楼民居的分布及其特征》，载《建筑学报》2004 年第 9 期。

② 张国雄：《中国碉楼的起源、分布与类型》，载《湖北大学学报》2003 年第 4 期。

③ 同上。

④ 请参见马文中《江流三曲地带的古建筑——碉》，载《凉山藏学研究》2001 年第 1 期；木广：《木里古碉堡群碉调查记》，载《凉山藏学研究》2007 年第 8 期。

⑤ 邓廷良：《嘉戎族源初探》，《西南民族学院学报》（社会科学版）1986 年第 1 期。

⑥ 吉木布初、黄承宗：《凉山彝族的古代建筑》，载《四川文物》1991 年第 1 期；张国雄：《中国碉楼的起源、分布与类型》，载《湖北大学学报》2003 年第 4 期。

⑦ 张国雄：《中国碉楼的起源、分布与类型》，载《湖北大学学报》2003 年第 4 期。

⑧ 郭建勋：《川西贵琼人碉房中的锅庄石及其象征意义》，载《西南民族大学学报》2010 年第4 期。

上。此分布格局有两个现象值得重视：

第一，除西藏藏族外，以上族群无论尔玛，还是嘉绒、扎巴、里汝、木雅等，均被民族语言学界划入"羌语支"语群中。[1] 这就是说，"羌语支"族群与碉楼之间形成鲜明的直接对应关系。尽管目前语言学界对于"羌语支"这个学术概念尚存在不小的争议，但以上族群属于同一个语言系属则确定无疑。一般说来，凡是在语言上有着亲属关系的民族，常常是有着相近起源、相近传统和相近文化的民族。很显然，今"羌语支"民族在古代是一个有着共同祖源与传说的氏族人群，碉楼起初很可能就是由这支氏族人群创造、发展并向四邻传播的。

第二，从碉的种类、类型、数量与分布等方面综合考察，不难发现现今碉楼种类最丰富、类型最多样、现存数量最多、分布最密集的要数嘉绒藏族地区，其分布范围约自岷江上游以西一直漫布到大渡河上游地区。这表明，嘉绒藏族与碉楼之间形成最直接的对应关系。故从族群角度而言，可认为碉楼文化植根最深的是今嘉绒族群。

第二节　青藏高原各地关于修建碉楼的传说

目前有关为何修建碉楼的传说在藏族地区保留较为丰富，不但川西高原有，西藏也有。从总体上看，关于为何要修建碉楼，主要存在以下四种说法：即大鹏鸟巢穴说、祭祀天神说、镇魔说、战事说。

一　大鹏鸟巢穴说

此说主要流行于西藏的山南、林芝一带。2006 年本课题组在对西藏碉楼分布密集的山南地区泽当、加查、隆子、错那、措美和洛扎等县进行调查时发现，当地民众尽管对当地碉楼具体建于何时及由何人所建均十分茫然，几

---

[1] 嘉绒语目前虽被归于藏语支语言，但据刘辉强先生告知，嘉绒语在语法特点、词汇等方面更多的是与"羌语支"语言接近，应归于"羌语支"中。关于羌语支的划分请参见孙宏开《六江流域的民族语言及其系属分类》，载《民族学报》1983 年第 3 期。

处于失忆状态，但对于碉楼的功能与作用，当地民众中却存在一个颇为流行的说法。由于被采访者各异，其表述与说法各不相同。归纳起来，主要有以下两种：第一，碉楼是"琼"即大鹏鸟的巢。当地民众将碉楼称作"琼仓"（khyung-tshang）。"琼"指"大鹏鸟"；"仓"（tshang）指住所。也就是说，碉楼是人们为"琼"即大鹏鸟建造的巢穴，是大鹏鸟栖息的地方。第二，碉楼是为杀死大鹏鸟而建，是为大鹏鸟设的陷阱。此说法在夏格旺堆的调查中也得到印证，他称："西藏境内高碉所在的有些百姓认为，这些是在很古的年代里，人们将力大无比、无法制服的大鹏鸟引至碉内，把它杀死的场所。"① 人们为了不让大鹏鸟捕杀牛等牲畜，建起碉楼，并在碉楼上放置牛皮，于是大鹏鸟误以为牛在碉楼上，即飞到碉楼上捕杀牛，而不致危害真正的牛。旺堆所著《巴松错》一书中也提到，碉楼的修建"有人认为，是古人为了防备鲲鹏的袭击所建"。②

图195　四川阿坝州金川邛山民舍门楣画上的大鹏鸟

以上两种说法虽存在一定差异，但有一点是共同的，均反映碉楼与"琼"即大鹏鸟有关。正因为如此，碉楼在当地被普遍地称作"琼仓"（意为"大鹏鸟巢穴"），即"琼"栖息之所。

此外，我们在西藏山南地区的调查中还有一点值得注意，当我们问及碉楼为何不住人，为何不拆掉它时？人们普遍的说法是碉楼不适合住人，

① 夏格旺堆：《西藏高碉刍议》，载《西藏研究》2002年第4期。
② 旺堆：《巴松错》，西藏人民出版社2006年版，第9页。

也不宜拆毁它，因为那样会"对人不好"。这一点与碉楼被人们视为崇拜对象——"琼"栖息之所的说法是相一致的。

二　祭祀天神说

此类传说称，碉楼乃是为敬奉天神而修建的。例如在川西高原雅砻江支流鲜水河流域生活的扎巴藏人中，流传着这样的说法：

> 在很久以前，人们寿命很长，能活千年，甚至万年，而且当时世间还无教派之说，但天神存在，故为敬奉天神，就修建了多角碉，用以向天敬奉，修建此碉需十几甚至几十年。[1]

在扎巴藏人中，以碉楼作祭神之用的传统至今仍然得到延续。据刘勇、冯敏调查，扎巴洛曲寨的碉即"主要是用于祭神用的，碉内放置一盏很大的酥油灯，该灯容量极大，盛满了酥油能燃一年。每年寨民就将酥油灯内的酥油盛满之后点灯、供神，这盏灯就昼夜燃亮，直至一年。"[2] 此外，扎巴藏人在搬迁房屋时，一般旧房可拆除但碉不能拆，因为"当地人认为碉是神居住处，神经常在碉内活动，如果移走碉，就会惹怒神，会给家带来不顺"。[3]

碉楼的祭祀功能及传说在今凉山冕宁泸宁区的里汝藏族中也同样存在。当地流传着其祖先每迁一地就修建碉楼的说法。据拉乌堡的孙根和亚巴（王）家老人谈道："祖先每迁一地住，就要在那里修碉。拉乌碉即是其远祖拉乌拉卡修的。"据接波堡的喇里（李）家老人讲："碉是其远祖喇里松果所修，修时还捉了大川号（锣锅底）一个独儿子祭祀（后喇里松果被对方打死）；接波的是徒弟修的，故垮了，接兴的是师傅修的，所以未垮"。据调查，今天接兴堡的里汝藏人每逢过年还要到碉前用鸡蛋、鸡肉、猪肉并烧柏香祭祀，"碉四周不准晾晒衣服"[4]。根据这则传说，我们

---

① 刘勇、冯敏：《鲜水河畔的道孚藏族多元文化》，四川民族出版社2005年版，第34页。

② 同上书，第35页。

③ 同上书，第36页。

④ 马文中：《江流三曲地带的古建筑——碉》，载《凉山藏学研究》2001年第1期。

图196　四川省甘孜州道孚县扎巴碉楼上的"卍"符号

可以发现三点重要现象：第一，藏族里汝支系历史上有迁至新地即建碉的故例；第二，建碉时需要进行祭祀，接波堡喇里（李）家先祖建碉时甚至用人祭，为此还被对方打死；第三，碉建好后每年要进行祭祀，周围不得有衣物。由后两点，可知碉在里汝藏人心目中具有神圣性。

　　1929年中央研究院黎光明偕同伴王元辉调查川西北西番民族（即今之嘉绒藏族和羌族），对碉楼曾作这样的记述："碉楼的形状，很像大工厂里的，方形的烟囱，高的有二十几丈。基脚的一层，宽敞可容数榻，愈上愈狭，最高的有十几层，那最上的一层只能作仅容一人念经的经堂。"[①] 这段记述的最后一句话极为重要，说明在20世纪20年代把碉楼顶层只用作"念经的经堂"即祭祀场所的情况仍然是相当普遍的，几为一种惯例。但今天这种情况在碉楼所在地区已十分少见，仅在扎巴这样较闭塞的地区还较好地延续这一传统。不过，还有一种形式也可看作是此传统的孑遗和延

---

　　① 黎光明、王元辉：《川西民俗调查记录1929》，台北"中研院"历史语言研究所，2004年版，第178页。

续：即专作经堂使用的碉，当地称"经堂碉"。经堂碉过去较多，现仅在今丹巴中路乡保留两座、金川县保留一座①，经堂碉主要为藏传佛教内容，碉内多绘有佛教壁画和佛像，或供奉有佛像。经堂碉是后传入的佛教与碉这一古老形式的嫁接，是佛教信仰向碉的植入。但佛教信仰能够与碉相嫁接本身就揭示了这样一个事实：即在当地人眼中碉原本就是神圣场所，或原本就是祭神之地。只有这样，将佛教信仰的内容植入碉内才会成为可能且顺理成章。而扎巴地区的碉楼文化恰好也印证了碉楼为祭神之所并具有神性的事实。

三　镇妖驱魔说

在丹巴长期流传着这样一则传说，称：很久以前，大渡河谷中有凶猛的妖魔，专门摄取男童灵魂，为保佑孩子成长，谁家生了男孩，便要修筑高碉，以御妖魔。孩子每长一岁，高碉就要加修一层，而且要打炼一坨毛铁。孩子长到18岁的时候，碉楼修到了18层，毛铁也打炼成了钢刀，此时将钢刀赐予男孩作成人礼物，鼓励他勇敢战斗，克敌降妖。②

此传说在康定朋布西村衍生出另一个版本，曰：

> 很久以前，在朋布西村中有一只凶猛的妖魔，专门摄取男童的灵魂，村里人为之极为恐惧，一位活佛路经此地听了村民的抱怨，便决定除去妖魔为村民除害，于是他将妖魔引进了朋布西的白杨林，用随身携带的塔锣法宝将妖魔制服，并将其收于一个地窖里面，他对村民们说谁家生了男孩，便要修筑高碉。孩子每长一岁，高碉就要加修一层，而且要打炼一坨毛铁，保佑孩子成长，这样就能远离妖魔的侵袭，孩子长到18岁的时候，碉楼修到了十八层，毛铁也打炼成了钢刀，此时将钢刀赐予男孩作成人礼物，鼓励他勇敢战斗，克敌降妖。③

---

① 金川县的经堂碉承杨嘉铭教授告知，笔者未实地见到。
② http：//www.qqywf.com/view/b_1665520.html.
③ http：//www.sc157.com/wiki/index.php? doc-view-375.

图197　扎巴民居

　　这两则传说均透露修筑高碉是为了镇妖驱魔这一信息，即建碉可保证家中男孩远离妖魔侵袭，只不过康定朋西村的传说植入了藏传佛教因素。碉楼有镇魔的功能，在扎巴人的说法中也同样存在，据调查：

　　　　按扎巴人的说法，人要在一个地方居住必先建碉，碉是"为了保证人类的生存，因为没有多角碉的地方人类就无法生存和定居，住房生命都要被神秘的力量摧毁"。①

　　"没有多角碉的地方人类就无法生存和定居"也可算作对碉楼多角形制的解释之一，而妖魔正具备摧毁住房与生命的"神秘的力量"。据传说，蒲角顶的十三角碉"是专门用来伏魔的"②。
　　徐学书先生在川西北黑水县芦花镇搜集到一个关于碉楼与芦花镇得名来源的传说：

---

　　① 刘勇、冯敏：《鲜水河畔的道孚藏族多元文化》，四川民族出版社2005年版，第35页。
　　② 韦维、李贵云：《千碉之国》，载《中国西部》2005年第10期。

　　在很久很久以前，魔兵（汉人军队）将妖魔（羌人）从北方追赶
到了临近芦花的地方，从此以后妖魔猖獗，经常侵犯人（芦花地方嘉
绒藏族传说自称）的地方，人不得安宁。为了抵抗妖魔的进攻，居住
在芦花附近的两兄弟决定用石头修砌一座高大的石碉来镇妖除魔。由
于妖魔来得快，兄弟两在慌忙之中将石碉楼碉身修砌倾斜了，成了一
座碉身倾斜的石碉——"笼垮"，从此人们便称该石碉楼所在地方为
"笼垮"。①

图 198　四川省阿坝州黑水县民居

　　两兄弟"用石头修砌一座高大的石碉来镇妖除魔"，表明碉在黑水芦花
当地民众文化心理中具有"镇魔"功能。马尔康一带流传一种传说，称碉楼

---

　　① 徐学书：《川西北的石碉文化》，载《中华文化论坛》2004 年第 1 期。

是"由本教徒为该地镇魔修筑"①。这与扎巴地方"没有八角碉的地方人类就无法生存和定居，住房生命都要被神秘的力量摧毁"的说法完全吻合，且正好可看作是对后者的诠释。同时马尔康还存在一种奇特的碉："碉楼无窗、无门、无枪眼，均四角、高9层，宽5至6米，顶无盖，是人们崇拜和神圣的地方。"② 此外，嘉绒地区还有一种"风水碉"，其功能正是为了驱邪镇魔。据徐学书的调查：

> 由于嘉绒藏族地区盛行原始自然崇拜，相信在某些特定的地方存在危害人畜的地下厉鬼、妖魔，如果这种地方位于村落内或村寨附近，人们便于其地修建一座高大的石碉楼用以镇邪，使地下的厉鬼、妖魔不能出来危害人间。这种风水碉目前仅发现八角碉一种，数量较少，皆为清代中晚期修建。当有被认为是妖魔附体的外来或由村外归来的传染病患者入村时，村寨中的人们亦登上建于村寨内外的石碉（无论是风水碉还是军事防御碉）顶部鸣枪、舞刀、跳跃、吼叫以驱逐附着在病人身上的妖魔。③

据徐先生的调查，可知此类风水碉（目前仅发现八角碉一种）的修建与当地人群信仰有关，且人们登上普通石碉顶部"鸣枪、舞刀、跳跃、吼叫"可以驱逐妖魔。

以上材料说明，镇妖驱魔同样是人们修建碉楼的一个重要理由。

四　战争防御说

这种说法总体上较为模糊，且明显混入了一些较为晚近因素。如《嘉绒藏族史志》中记载了这样一个故事，称西藏有一位叫盘热的将军来到嘉绒地区：

---

① 四川马尔康地方志编纂委员会：《马尔康县志》，四川人民出版社1995年版，第631页。
② 同上。
③ 徐学书：《川西北的石碉文化》，载《中华文化论坛》2004年第1期。

　　（他）历时九年完成了统一嘉绒地区的使命。在西山八国里有至高无上的威望。他是国王代理人的身份，担任过唐蕃统一修筑西南"万里长城"（石碉）的任务。他利用天然防险为基础共修筑有一千零二十个大小战碉，北至青海果洛玛尔曲河源头，南到云南中甸之间，向唐与吐蕃共同树立联盟碑献了一份厚礼，并赐给盘热一枚西海郡护法都督（嘉绒语：叫格里蕃坚）的印号，这印长 16 厘米，宽 6 厘米，长方形，纯金质。四面有汉藏文字图案，文字周围有一千零二十个战碉缩影。①

图 199　四川省甘孜州丹巴县梭坡乡莫洛村石碉群

　　这一故事将盘热将军所修建之碉称作"万里长城"或"战碉"，且称其修筑的战碉达一千零二十个，其中虚幻和神话成分以及将后世因素混入痕迹十分明显，但这则传说却模糊地隐含了碉楼在战争防御上的功用。

　　在今四川丹巴县的藏族中，还流传着一则与碉楼有关的故事，其大意

---

①　雀丹：《嘉绒藏族史志》，民族出版社 1995 年版，第 216 页。

如下：

> 古代小金河两岸住着两个大力士。有一天，两位力士隔河吆喝，互示威力，惹得兴起，便要比武，河西的力士捡起一块石头朝河东扔去，石头击中一座高碉腰部，高碉虽未倒掉，却已变得弯曲。这一下河东的力士发怒了，顺手捡起一块石片朝河西扔去，石片飞旋过河，击中河西悬崖峭壁上一座高碉，将高碉顶部削去，石片却平平稳稳地盖在了高碉顶上。至今这块重千余斤的石片还稳稳当当地盖在丹巴县边古山寨悬岩峭壁上那高碉的顶上，河东中路村里的那一座被打弯了的碉堡则在前几年倒掉。①

这则传说反映分别居住于小金河两岸的力士，其比武均以攻击对方的碉楼为目标，这暗示了在当地地方性的战事与冲突中，碉楼不但起重要的防御作用，而且也成为双方攻击的主要对象。

碉楼用于防御的说法也同时流传在碉楼用于祭祀说法的地区，如在扎巴藏族中，也存在八角碉是战时用于传达信息的烽火台说法。② 扎巴地区瓦日乡孟拖村的村民中也有这样的说法：

> 此地碉楼为远古时富裕人家为躲避仇家寻衅而建，平时居房，战时家人、牲畜、粮食、饮水全迁入碉内，因其易守难攻，可避战祸。③

据里汝藏族果果嘎（高）姓老人讲："碉是我们祖人修来防汉兵的，都是雍正、乾隆时修的。"④ 接兴堡子的老人在介绍其碉楼时明确指出："这碉，有堡子就有碉了。你看有箭眼，后来做枪眼，是防守用的。"⑤ 另据夏格

---

① 牟子：《丹巴高碉文化》，载《康定民族师范高等专科学校学报》2002年第3期。
② 刘勇、冯敏：《鲜水河畔的道孚藏族多元文化》，四川民族出版社2005年版，第34页。
③ 同上书，第35页。
④ 马文中：《江流三曲地带的古建筑——碉》，载《凉山藏学研究》2001年第1期。
⑤ 杨光甸：《凉山州冕宁县泸宁区藏族调查笔记》，载李绍明、刘俊波编《尔苏藏族研究》，民族出版社2007年版，第221页。

旺堆对西藏工布等地碉楼的调查，当地人中也存在这样的说法，称碉是防御准噶尔入侵时因战事而修建的。① 所以，战争防御的说法中存在着一些较为晚近的时代痕迹。

综合以上有关青藏高原修建碉楼传说的梳理与探讨，可发现修建碉楼的动因起初主要是基于特定区域的人群信仰，战事防御是一个较为晚起的说法。

第三节　碉楼与民俗生活

一　与碉楼相关的传说及其民俗事象

在嘉绒地区，至今流传着不少与碉楼相关的传说及相关的民俗事象。其中有两种说法值得注意：一是碉楼与男性有关；一是男女婚姻往往与碉楼联系在一起。

1. 碉楼与男性相关的传说与民俗事象

在川西高原的嘉绒地区，特别是丹巴县一带，广泛流传着每户人家若生有儿子就必须建修碉楼的说法，称："凡家中添丁进口，即开始备石、备泥、伐木，准备修建高碉。"② 在金川县集沐乡代学村离这个村寨不远的山脚下，有九个四角碉楼遗址，当地人传说以前这里的一户村民因生了九个儿子所以建了九座碉楼。所以在丹巴地区，相传过去谁家生了男孩，便必须开始备石、备泥、伐木，准备修建碉楼。孩子每长 1 岁修筑 1 层高碉，直至 18 岁成年并可成家立业。③

此外丹巴地区还流行一种说法，"凡生子必建一碉，否则成人后娶不到

---

① 夏格旺堆：《西藏高碉刍议》，载《西藏研究》2002 年第 4 期。
② 杨嘉铭、杨艺：《千碉之国——丹巴》，巴蜀书社 2004 年版，第 106 页。
③ 牟子：《丹巴高碉文化》，载《康定民族师范高等专科学校学报》2002 年第 3 期。

妻子"。① 倘若谁家男孩成人时，家中还未建起碉楼，就娶不到女人，成不了家，立不了业。②

据称在历史上，丹巴地区不仅男孩 18 岁成年，要在古碉下举行成丁礼；女孩 17 岁成年，也需在古碉下举行成年礼。③

2. 男女婚姻往往与碉楼联系传说和民俗事象

由于碉楼与男性相关，由此也派生出了另一重要现象，这就是碉楼往往也与男女婚姻关系紧密。在川西高原地区存在不少有关碉楼与男女婚姻相联系的传说。

传说一：在嘉绒地区，相传在很久很久以前，一位部落首领，当自己的儿子长大成人，需要婚配成家之时，他既不求媒妁之言，也不需喇嘛占卜，而是采取了一个十分独特的选媳方式。有一天，首领把全部落的姑娘召到自家的碉楼之下，先请喇嘛诵经祈祷，燃烧柏枝进行"煨桑"。完毕后，首领便从古碉顶上抛下信物，这个信物也十分特别，是一个春盐棒，这时，所有的姑娘便扯起围裙，争先恐后地去接那根春盐棒，春盐棒落在谁的围裙里，谁便成为未来首领的妻子。④

此传说还有另一个版本，称：

> 一个国王为了给自己的王子寻找媳妇，召集全国的姑娘站在高碉下，经师站在高碉上念完经，王子便把春盐棒从高碉上扔下，姑娘们都裹着围裙接春盐棒，春盐棒落在谁的围裙里，谁便作王子的妻子。⑤

传说二：很古很古的时候，山寨里有一位聪明、能干、美丽的姑娘。全

① 宋友成：《嘉绒藏族历史及族源》，载四川省藏学所编《嘉绒藏族研究资料丛编》，1995 年，第 821 页。

② 杨嘉铭：《丹巴古碉建筑文化综览》，载《中国藏学》2004 年第 2 期；牟子：《丹巴高碉文化》，载《康定民族师范高等专科学校学报》2002 年第 3 期。

③ 杨嘉铭：《丹巴古碉建筑文化综览》，载《中国藏学》2004 年第 2 期。

④ 徐学书：《川西北的石碉文化》，载《中华文化论坛》2004 年第 1 期。

⑤ 牟子：《丹巴高碉文化》，载《康定民族师范高等专科学校学报》2002 年第 3 期。

村寨的小伙子都想追求她。当时邻近的部落常来侵扰，姑娘便向小伙子们提出一个条件，让小伙子们一夜之间在自己屋后修筑一座碉堡，谁的碉堡修得最高最漂亮她就嫁给谁。这一下小伙子们来了劲，立即动起手来，一夜之间寨子里家家户户的屋后都耸起了一座碉堡，村寨遂变成了高碉林。①

"传说一"表明了碉楼具有见证婚姻的功能，这一方面反映了楼碉所具有的神圣性，在当地人们的眼中是一个神圣场所；另一方面也可能与前面提到的碉楼往往与男性相关有内在的联系。"传说二"则表明当地往往以能否修建出漂亮的碉即建碉技艺作为判别男性未婚青年是否优秀的一个重要标准。这一点，从以下这则有关碉楼的传说故事也可得到很好的说明。故事的大意是：

> 古时在丹巴中路村寨住着一位能干的巧匠和一位了不起的诗人。有一天，巧匠和诗人碰在了一起，诗人说他一天能写一百零八部"丹珠尔"，巧匠说他一天能修一百零八座高碉。谁也不服谁的气，于是二人决定比试，诗人和巧匠各显神通，诗人在天黑前写完了一百零八部"丹珠尔"，巧匠在天黑前只修完了一百零七座半碉堡，他只好在天黑后继续修完这半截尚未修完的碉堡，天黑前修完的半节碉堡是白色的，天黑后修完的半节碉堡是黑色的，至今这半节白半节黑的高碉还耸立在中路村的海子坪边上。②

这则传说所表述的显然是杜撰之事，但在该传说中，能够把建碉楼的巧匠同写"丹珠尔"的诗人相媲美，说明一个问题，在当地人的心目中，对具有修建碉楼的高超技艺的男人极为看重，也就是说，一个拥有高超建碉技艺的男人，在当地人的心目中会获得几乎同能书写佛经的诗人一样的社会地位。

传说三：在丹巴地区，还流传着一则关于蒲角顶十三角碉的建造传说。当地百姓称，这座十三角碉是当地的首领岭岭甲布所建。由于岭岭甲布的势

---

① 牟子：《丹巴高碉文化》，载《康定民族师范高等专科学校学报》2002 年第 3 期。
② 同上。

图 200　四川省甘孜州丹巴县蒲角顶十三角碉

力很大，地方又富庶，于是想要建一座前人所没有建过的十三角碉，以显示自己的权力和富有。有一天，岭岭甲布召来所有远近闻名的能工巧匠，当他把自己的设想说出来后，所有的工匠都感到束手无策。正值此时，一位来自大渡河对岸的梭坡村、手里不停地捻着羊毛线的姑娘恰巧来到此地，这位姑娘十分聪慧伶俐，她在看到因岭岭甲布要建十三角碉而难住众多工匠的场面时感到好奇，思忖之余，便胸有成竹、自告奋勇地说她能为建十三角碉实地设计施工画线。姑娘的这一举动，不免使在场的工匠一片哗然，认为她自不量力，说大话。岭岭甲布听后迟疑良久，勉强答应让她一试。姑娘便将手中的捻羊毛线的坠子插入地里，按照岭岭甲布提出的尺寸要求，就坠子上的羊毛线拉够尺寸在地上画了两道大圆圈。并很快地在两道圆圈上各分出十三个点，然后插上白蒿小棍，再用羊毛线绕内外两道圆圈套上，十三个阳角和十三个阴角便呈现在人们的面前。工匠们按照姑娘所放的线进行砌筑施工。没过几个月，一座精美的十三角碉就矗立于蒲角顶的最高处。岭岭甲布为姑娘的睿智所打动，于是爱上了她，在十三角碉落成的那天结成了夫妻。①

此传说也有另一个版本，内容大同小异，只不过岭岭甲布被换称作"年轻的国王"，曰：

> 蒲鸽顶是一个很富庶的地方，年青的国王突发奇想，要修一座十三个角的高碉作为自己的宫殿。这一下难住了所有的能工巧匠，谁也不知道这十三个角的高碉到底该怎么设计，这时来自对岸梭坡村寨的一位美丽姑娘吊着羊毛走进了村寨，自称能设计十三角高碉，看着这位姑娘，谁也不相信她的话。还是国王走到她面前说，你试一试吧。姑娘折了许多白蒿棒子，一根根插在地下，然后用羊毛线顺着木棒套来套去，一会儿便套出了一个十三角形。大家按照她的方法设计修建成了一座十三角碉。国王爱上了这位聪明的姑娘，在十三角碉落成典礼那天他们结了婚。至今这十三角的碉还屹立在蒲鸽顶山上。②

丹巴蒲角顶的十三角碉是目前嘉绒地区唯一保存下来的一座十三角碉，这则传说虽将该碉楼的修建归功于一位捻羊毛线姑娘的智慧，但更重要的是，该传说同样隐喻了碉楼在男女婚姻爱情上的作用。

二 碉楼与地名

无论是旅游者、探险家，还是政府官员或从事民族学调查的研究者，走进藏、羌民族首先映入眼帘的便是那一座座高耸云霄的碉楼。也就是说，藏、羌碉楼以其独特的建筑技艺与令人惊叹的高度，给观赏者带来强有力的视觉冲击。一些人在游历后可能并不知道所游历的藏、羌村寨名称，但仍能记得他（她）是在哪里看见的某座碉楼，说明碉楼具有地标的作用。今阿坝藏族羌族自治州黑水县芦花镇藏名"笼垮"，意为"倾斜的碉"，可见芦花镇得名于位于其地那座斜碉的音译。据调查，今藏、羌民族中有不少地名都与碉有关，兹以课题组在小金、黑水、汶川、理县等地的考察及前人相关调

---

① 杨嘉铭：《丹巴古碉建筑文化综览》，载《中国藏学》2004 年第 2 期。
② 牟子：《丹巴高碉文化》，载《康定民族师范高等专科学校学报》2002 年第 3 期。

表 10 　　　　　　　　　　阿坝州与碉有关的村寨、地名统计简表

县名	名　称	地 理 位 置	来　　　源
小金县	达维	达维乡政府驻地	藏族称"石碉"为"达雍"，后转音为"达维"
	木尔寨	达维乡滴水村	系嘉绒语木尔振达勇（意为山包山的碉）的音译
	破寨子	美兴镇春厂坝村	因有残破古碉而得名
	大雍扎	崇德乡策耳脚村	雍扎，嘉绒语意小碉，此地曾建一小碉
	碉房包包	崇德乡策耳脚村	山梁上建有碉房
	穿心碉	新桥乡新民村	该处有一座清乾隆兴兵金川时被炮弹洞穿的古碉
	高碉	美沃乡兴道村	因有一高大碉而得名
	四坪碉	美沃乡美沃村	相传清乾隆兴兵金川前，此地建有四座碉
	双碉	日隆乡双碉村	当地有两座石碉
	达勇碉	木坡乡登春村	达勇勒，嘉绒语"红碉堡"之意
	黑虎碉	木坡乡青春村	村寨的一阴森险峻的山岩上，曾建有古碉
	四方碉	扶边乡段家村	该处曾有一四方形古碉
	包木龙碉	沃日乡包木龙村	因包木龙（嘉绒语意"阳山沟的人"）建有石碉
	八角	八角乡政府驻地	因境内桥头山岩建有八角大碉
	鸡心碉	宅垄乡鸡心村	村寨附近形似鸡心的山包上建有一碉
	双碉沟	扶边乡菜园村	该地沟口建有两座石碉
黑水县	芦花	芦花镇政府驻地	藏语称"倾斜"为"笼垮"，汉语译为"芦花"
汶川县	碉头	绵虎乡碉头村	此地原有一座石砌高碉
理县	鸭惹	米亚罗镇八角碉村	藏语方言为"八角"，汉语称为小八角碉
	哪瓦	米亚罗镇八角碉村	藏语方言为"沟口之寨"，汉语称为大八角碉

县名	名 称	地 理 位 置	来 源
金川县	塘房	沙耳乡沙耳村	大、小金川事件时修建，用以传递消息
	大碉	沙耳乡山埂子村	因该地原有高大石碉而得名
	黄土碉	咯尔乡复兴村	因有两座石砌高碉而得名
	杨家碉	咯尔乡得胜村	此地曾住有杨家并有石碉而得名
	线碉沟	万林乡二甲村	因沟口有"线碉"而得名
	高碉	万林乡苟尔光村	该地有一高大石碉而得名
	高碉	河东乡八字口村	该地原有一个12丈高的石碉而得名
	高碉	河西乡马道村	因原有一石碉得名
	周山	集沐乡周山村	因该地有13层高的六角形石碉（周山：藏语嘉绒方言"六角形石碉"）而得名
	碉坪	观音乡石旁村	该地有一石碉而得名
	雀克	太阳河乡麦地沟村	嘉绒语意"有碉的地方"
	玛雀	二嘎里乡俄枯村	藏族方言"矮碉之意"
	高碉	安宁乡末末扎村	该地原有一高碉而得名
	碉坪	安宁乡八角碉村	该地原有一高碉而得名
	八角碉	安宁乡八角碉村	该地有八角形石碉一座而得名
	猫碉	卡撒乡猫碉村	该地有一八角形石碉、顶上设4个木猫装饰
	卡撒	卡撒乡三埂子村	"石碉多的地方"
	碉坪	卡撒乡脚姆塘村	该地原有一石碉而得名
	色木古尔	金川场壳它村	"金碉"之意
	双碉	咯尔境内	此地有清乾隆年间修建的两座石碉
	双碉	城厢境内	相传此地原有两座石碉

查举例如下：

第一类是与碉有关的藏语地名。例如，"达维"系藏语"达雍"（意为"石碉"）一音之转；"木尔寨"系嘉绒语"木尔振达勇"（意为"山包山的碉"）之音译；"大雍扎"，系嘉绒语"小碉"之意；"鸭惹"，系藏语"八角"之意，指当地有一小八角碉；"周山"，嘉绒语"六角形石碉"之意；"玛雀"，藏语"矮碉"之意；"卡撒"，藏语"石碉多的地方"之意；"色木古尔"，藏语"金碉"之意。

第二类是直接用汉语之"碉"组成词汇来作为地名。如碉房包包、穿心碉、高碉、四坪碉、双碉、达勇碉、黑虎碉、四方碉、包木龙碉、八角（碉）、鸡心碉、双碉沟、大碉、黄土碉、杨家碉、线碉沟、碉坪、猫碉等。

第四节　碉楼的象征意义

值得注意的是，在碉楼分布地区，除了上述有关碉楼的传说与民俗事象外，碉楼在当地民众中还明显地具有象征的意义，这些象征意义对我们了解有关碉楼的观念及文化内涵有十分重要的启示。

从目前有关碉楼的民族志调查来看，青藏高原碉楼的象征意义主要较清晰地体现于以下四点：

一　权力的象征

藏、羌民族地区的碉楼往往是与土司官寨相连的。如直波碉群碉身石墙面平整，内外分角准确，碉角线由下至上极为端直，石块间的缝隙较小，多少次大大小小的地震，百年风雨的摇撼都未使它受到损坏。[①] 又如在（卓克基）官寨左面耸立着一座与西楼相连通的四角形石碉，通高 20 米，形态稳健，气势轩昂。[②] 一些土司官寨碉遗迹都能体现这一点，如今丹巴县境内的巴底土司官寨碉、金川县绰斯甲土司官寨碉、小金县沃日土司官寨碉、马尔

---

① 庄春辉：《川西高原的藏羌古碉群》，载《中国西藏》2004 年第 5 期。
② 同上。

图 201　金川绰斯甲土司官寨碉楼

康县松岗土司官寨碉、理县桃坪羌寨陈氏家族寨碉、茂县黑虎寨杨氏将军宅碉等。那么，为什么位于土司官寨的碉在形体、高度及精美程度上远远大于其他类型的碉呢？

对于这一疑问，目前学界较为一致的意见是其与土司官寨之碉象征土司至高无上的权力这一因素有关。总而言之，土司官寨之碉具有象征权力的意义主要基于以下三条证据：

第一，在川西高原的藏、羌民族地区，一般民众所修之碉在高度、角的数量以及精美程度上皆远不能超过土司官寨之碉，说明高碉、多角碉本身就是土司权力的体现。据张先进先生调查，嘉绒藏寨的高碉一般为四角，稍有实力和地位者为五角，土司头人和部落首领的可多达八角、十三角。①

第二，大凡土司头人，其官寨中碉的高度或角的数量均与当地其他家庭的碉存有明显的差异，在官职较高的土司辖区的碉比起官职较小的土司辖区的碉在体形、高度、精美程度等方面也存在明显差异，这似乎成为一种不成文的规制。对此，徐学书先生调查后指出："石碉的高低、大小，亦往往与土司的等级、势力大小相应。当人们远远望见高耸的土司官寨碉的时候，就能根据石碉的高低、大小对该土司的等级、势力大小作出判

---

① 张先进：《嘉绒藏寨碉群及其世界文化遗产价值》，载《四川建筑》2003 年第 5 期。

图 202　松岗土司官寨碉楼

断。"[1] 土司官寨之碉越高、越大、越精美者，土司等级越高、势力越强，反之则等级越低、势力越弱，表明碉的大小直接体现了土司权力的大小。

第三，今丹巴存留有嘉绒藏区唯一的一座十三角碉，关于这座碉，当地传说认为：古碉的角是一种权力的象征，多一个角就代表古碉的主人在当地高一层权力和地位，角越多权力就越大，地位也就越高。[2] 这则传说直接说明了碉的角度与权力成正比。实际上，碉的角越多，所需的材料自然越多、修建的难度也越大，导致修筑周期越长、成本越高，这一点显然只有权力大、财富多的土司才能承担。

二　财富的象征

在藏、羌民族地区，传统上凡拥有权力者皆掌握了一定区域的土地、百姓及其他自然资源，这些掌权者同时自然也成为了财富的拥有者。从这个意义上说，权力与财富在这些地区是直接对应的，也就是说，土司、头人既是

①　徐学书：《川西北的石碉文化》，载《中华文化论坛》2004 年第 1 期。

②　杨嘉铭：《丹巴古碉建筑文化综览》，载《中国藏学》2004 年第 2 期；牟子：《丹巴高碉文化》，载《康定民族师范高等专科学校学报》2002 年第 3 期。

权力占有者又是财富的拥有者。因此，碉楼在具有权力象征的同时，自然也就成了财富的象征。

不过，与碉楼权力象征意义不同的是，碉楼作为财富的象征不仅体现于各土司、头人之碉，且体现于普通民众所建之碉上。如藏区过去人们比富的标准各地不一，有些地区是根据女人们陪嫁的嫁妆贵贱来判定，有些地区是看牛羊的多少，有些地区则看男人们所骑的马和佩戴的腰刀好坏来判定；而在嘉绒地区，是要看谁家的猪膘挂得多，谁家的碉修得高来判定。可知碉在嘉绒地区成了人们比富的标准。[①] 扎巴地区一则关于八角碉的修建传说也证实了碉确实可作为财富的象征。据说，当地富户为炫耀其财富，以显其雄厚的势力就修建八角碉，并认为修的角越多、越高就表明其财富多、势力大。[②]

三　性别的象征

在丹巴等地现存古碉遗存中，不难发现墙体上还保留了许多符号，其中很大一部分是体现信仰的符号，譬如"王"、"十"以及苯教的"卍"字符等。[③] 不过，在有些碉的墙体上还绘有"一"字形。据调查，这个标记，体现着当地人们原始的生殖崇拜。主人说，那些古碉上用石头垒砌的凸出部分，即代表男性生殖器，一方面它代表着这座古碉修建时是男人当家，所以垒砌了这样的标记，神灵就会保佑这个家庭人丁兴旺，多子多孙。这种碉就叫"公碉"。一般家碉才有这样的标记，寨碉是不会有的。[④] 与"公碉"相对应的是"母碉"，至于其表现方式则众说纷纭，有的认为家由长女当家则所建之碉为"母碉"；有的说"古碉外墙凡看得出横向的一道道砌墙时所留下的找平线木板条痕迹，便意会是女性的百褶裙，此即代表'母碉'"；也有的认为"母碉"的标记在碉内[⑤]，或称墙筋内藏者为雄碉、墙筋外露者为

---

①　杨嘉铭：《丹巴古碉建筑文化综览》，载《中国藏学》2004 年第 2 期。

②　刘勇、冯敏：《鲜水河畔的道孚藏族多元文化》，四川民族出版社 2005 年版，第 34 页。

③　庄春辉：《川西高原的藏羌古碉群》，载《中国西藏》2004 年第 5 期；李星星：《藏彝走廊的历史文化特征（续）》，载《中华文化论坛》2003 年第 2 期。

④　杨嘉铭：《丹巴古碉建筑文化综览》，载《中国藏学》2004 年第 2 期。

⑤　同上。

雌碉①。故对于"母碉"的形制或标记尚需作进一步的访谈与了解方可知。此外，据王怀林先生调查，九龙民居也有类似丹巴"母碉"的墙体形状。②碉既有"公碉"、"母碉"之分，可知碉亦具有象征性别的意义。

图 203　扎巴碉房凸出的石片

四　家业或祖先记忆的象征

有关碉楼具有象征家业的意义目前主要见于嘉绒藏区。如丹巴曾有一段时间高碉的有无和大小是家族和根基的体现，没有高碉的人家，儿子是娶不到媳妇的。③ 又如位于青衣江上游东河流域嘉绒文化边缘区的雅安市宝兴县

① 牟子：《丹巴高碉文化》，载《康定民族师范高等专科学校学报》2002 年第 3 期。（引文在该文中未找到，注释有误）
② 王怀林：《神秘的女国文化带》，载《康定民族师范高等专科学校学报》2005 年第 4 期。
③ 牟子：《丹巴高碉文化》，载《康定民族师范高等专科学校学报》2002 年第 3 期；张先进：《嘉绒藏寨碉群及其世界文化遗产价值》，载《四川建筑》2003 年第 5 期。

硗碛藏族乡，虽然今天已基本不见有碉建筑，但新中国成立前凡本族生男孩后，均要捏制一黄泥小碉由父母均在世的男孩（称"咎尤"，帮手之意）放于大门上方，意为祖先住的是碉房。可见，硗碛藏族现今乃至新中国成立前的一段时间里虽不居碉房，但仍保留了祖先是住碉房的历史记忆，而生男孩子才捏碉表明此举意在纪念祖先，象征家业。①

由上可知，碉楼不仅象征着权力、财富，还具有性别、家业或祖先记忆等象征意义。此外，也有学者指出碉楼象征连接天地的载体②，在一些地区碉也被作为地界的象征③，等等。可见，碉楼在青藏高原地区不仅拥有悠久的历史，且还在各区域与当地族群相结合而孕育出丰富的象征文化。

---

① 此据 2005 年 9 月陈东、邹立波在宝兴县硗碛藏族乡的调查，参见邹立波《一个"边缘"族群历史与文化的考察——以宝兴硗碛嘉绒藏族为例》，四川大学硕士学位论文，2006 年。

② 季富政：《中国羌族建筑》，西南交通大学出版社 2000 年版，第 241 页。

③ 徐学书：《川西北的石碉文化》，载《中华文化论坛》2004 年第 1 期。

第　十　章

青藏高原碉楼的建筑技术

第一节　青藏高原碉楼建筑的结构技术

任何建筑物的结构，大体都由基础、主体建筑、楼层和顶盖四大结构以及附属结构组成，青藏高原的碉楼建筑的基本结构亦没能除外，此其一。其二是结构承重体系，大致可分为墙承重和柱承重两种，青藏高原碉楼建筑皆为墙承重体系。

一　基础结构技术

一座建筑物的基础采用什么样的质地与结构，一般与建筑物的高度、建筑物的自重和地基地质性质、地基承载力面的大小等因素密切相关。青藏高原碉楼建筑的高度一般都在 15 米以上，最高高度可达 50 余米，主体建筑物特别是砌石建筑的自重较大，主体建筑物占地面积比起民居而言要小，这种建筑多建在多山地区，地质状况复杂，地基一般都较破碎，整体性较差。面对以上诸种条件，就必须在地基结构上采取特殊措施，以最大限度地减小地基的均衡承载力。这个特殊措施是扩大基础与地基的接触面，采用最保险的筏式基础，来减小压强的办法。所谓筏式基础，就是在大于主体建筑物层面积的挖好的地基上，将基础处理成板状，形成如同水中的筏一样的整体性基础。青藏高原碉楼建筑无论是夯筑土碉还是砌石碉，大都采取这种结构类型的基础。其基础所用材料以天然片（块）石为

主，适当填充调和生土的砌石法来施工。这种用天然石块和生土砌筑的筏式基础应当说是最为古老的筏基了。藏、羌先民在处理碉楼建筑的基础时采用筏式结构的技术，是建立在对环境的准确把握和碉楼特殊形体和特点的认识上。用今天的眼光来审视，藏、羌先民早在2000年前就已掌握了这种基础结构技术，不能不说是一个奇迹。

二　主体墙体结构技术

主体墙体结构技术主要体现在以下三个

图204　丹巴梭坡乡莫洛村四角石碉

方面：

（一）墙体收分技术

墙体收分技术是一项集提高视觉艺术效果、减轻主体建筑物自重和降低重心三者为一体的结构性技术，三者之中，减轻自重和降低重心是关键，是结构性的技术需要。众所周知，藏、羌地区的建筑（含民居、宫殿、寺庙、宗堡等建筑物）的墙体都是采用这种技术的，因此许多文章和著作中，将此项结构技术，视为藏、羌民族建筑的基本特征。这说明了在古代藏、羌建筑中，收分技术的运用是十分普遍的。由于碉楼建筑楼层高、重心高、自重大，为满足结构性技术需求的必要保证，所以，收分技术在碉楼建筑中显得尤为重要。碉楼建筑从外部形体上看，立体呈梯形，之所以这种形状明显，完全系墙体收分所致。墙体收分一般是指外墙从下至上逐步向上收敛，而内墙则呈垂直状，不作收分。收分的主要目的是减轻墙体的自重和降低碉体本身的重心和增加墙体由外向内的支撑性。外墙体收分的比例，均视其高度而定，而各地的碉楼的收分比例不是一成不变的，均根据当地匠人的经验而定，但差距并不太大。举例来讲，如果一座碉楼高度为 40 米，墙体底部厚度 1.8 米，顶部厚度控制在 0.5 米，那么，下部和上部的厚度差为 1.3 米，将 1.3 米除以 40 米，得出的收分比为 0.0325∶1。也就是说，外墙体每增长 1 米，则向内收 3.25 厘米。一般来讲，碉楼的高度越高，墙体基部的厚度就越厚，其关系是成正比的。在四川藏、羌地区的碉楼中，比较而言，比西藏地区的碉楼高度明显要高，所以从视觉效果上感觉收分要明显得多，而墙体的厚度自然也就要厚一些，最厚的墙体达到 2 米左右。墙体收分，首先是可以较大程度减轻主体建筑部分的自重，自重减轻了，那么碉楼地基的荷载就可以减小，同时还可以节约部分建材的消耗。关于荷载减轻的程度也可以举例说明。如果 1 座碉楼的高度为 30 米，墙体基部厚度为 1.5 米，而顶部厚度为 0.5 米，墙体每立方米自重为 2.4 吨，墙体外围长度为 24 米（每边长 6 米），那么所减轻的自重计算方式为：墙体基部厚度减去顶部厚度所得的差，再乘以高度除以 2，再乘以四面墙体的总长度，还要乘以每立方米墙体的自重，就可以得出最终结果。根据这个计算方法，我们所列举的碉的减载重量为 864吨。这仅仅是按四边形的碉楼来计算的，如果是多角形的碉楼，其减轻重量的计算公式还要复杂得多。墙体收分的第二个作用是可以降低碉楼的重心，重心降低，自然就在一定程度上提高了建筑物自身的稳定性。第三个作用是使外墙产生一个由下而上的斜向支撑力，而碉楼内部由于有各楼层的横向支撑，这种既对碉楼墙体自身起到一个支撑作用，同时还可以避免墙体向外倾斜的可能。

（二）墙体外部的加角技术

所谓碉楼墙体外部的加角技术，是指墙体外部的墙角（指阳角）在五角及其五角以上的碉楼。加角的作用也是多方面的，但至关重要的是为满足结构需求而设计的加强型技术性保障。加强型技术性保障主要体现在纵向和横向两方面。从纵向角度讲，每增加一个角，实际上就是增加了一根变形的斜向支撑柱，从纵向上提高了碉楼的稳定性。五角碉是一种非对称性的多角碉，它的作用比较特殊，在实地调查中，据当地人讲，这种碉在修建时，基础深挖后，发现地基结构有差异，属于半边硬半边软的基础，为了避免在修建后，出现由于地基的沉陷不均而造成碉楼倾斜，于是在地基较软的方位上加一个角来克服这个矛盾。结果非常理想，数百年来，五碉依然挺立如故。六角以上的碉楼均属于对称形的多角碉，这些多角的对称形碉比一般碉楼的体形要大得多。需要通过加角来增加其纵向的稳定形。加角碉楼从横向角度来讲，在墙体横截面上形成了多道匣状三角形，三角形在力学上具有较强的稳定性，因此从横向上也提高了碉楼的稳定性。由于多角碉从纵向和横向两个方面使碉楼自身的稳定性能得到增强，所以较之于四角碉和民居抵御自然灾害特别是地震灾害的能力要强得多。著名历史学家、民族学家任乃强先生在《西康图经·民俗篇》中曾经写道："番俗无城而多碉。最坚固之碉为八棱……凡矗立建筑物，棱愈多则愈难倒塌。八角碉虽仍为乱石所砌，其寿命常达千年之久，西番筑建物之极品，当属此物。"[①] 其道理就在于此。

（三）墙体内部圆形驳壳技术

六角以上的碉楼，其内部墙体结构发生了变化，即从四角、五角碉内部墙体呈"回"字形变为筒体。为什么六角以上的碉楼内墙结构会发生如此变化呢？原因很简单，多角碉楼外墙体加角后，分别从纵向和横向增强了碉楼的稳定性，同时向内产生了相应的、较大的内倾力，碉楼内部"回"字形墙体不足以抗拒这种内倾力，为了使碉楼内外墙体相互之间的作用力达到一个相对平衡的程度，藏、羌先民把内部墙体砌成圆形筒状，充分应用了圆形驳壳有较强的向外张力和抗压能力强的特点。在我国内地历史上，曾极善修筑弧形石拱桥，石拱桥的修建就是应用了圆形驳壳结构的墙体具有较强的张力，从而抗压能力增强的原理。碉楼内部墙体砌筑成圆形筒体与石拱桥的原理和性能是大致相同的。

---

① 参见任乃强《西康图经·民俗篇》，西藏古籍出版社2000年版，第254—255页。

多角碉中将外墙加角与内墙砌圆相互对应的运用是青藏高原碉楼建筑技术上一个了不起的创造和发明。

三　碉楼内部楼层结构技术

碉楼内部楼层的结构与民居的结构是一致的，它主要由两个部分组成。一个部分为楼层。楼层以圆木作梁木，上面横铺树枝、树叶或草，其上履以生土。铺生土时，需将生土发湿，然后用木制的工具拍实，使地面平整并使生土板结即可。每层楼面均需预留一个方形梯孔，以便安放楼梯，供人上下。另一个部分为楼梯。无论藏、羌碉楼，在楼层中均安放活动的用圆木制作的独木梯。这种楼梯不仅制作简单，而且安放自如，随撤随安。

图 205　隆子县羊子颇章四角碉楼内部楼层梁木

在喜马拉雅区系类型内的碉楼，由于多数地区木材缺乏，加之碉楼楼层平面面积较大，所以多采用有隔墙楼层，每层多室，一般在三室以上，各室之间均有石墙或土墙分隔，并设门相通。在横断山区系类型内的碉楼，碉楼内基本为无间隔墙单室。

图 206　措美县台巴村的四角石碉
楼内独木楼梯

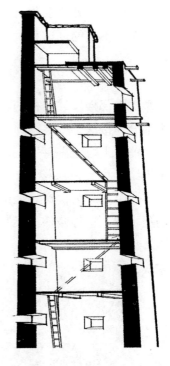

图 207　四川藏羌地区碉楼内部
楼层结构示意图

资料来源：《中国羌族建筑》。

　　无论是单室碉或多室碉，其碉楼内的承重体系均为墙承重。即各楼层的梁木两端，均需搭在墙体上，完全靠墙体来分担各楼层的荷载。在多室碉中，室内间隔墙成为两端梁木的搭接点。在单室碉内，梁木无需搭接过渡，两端直接伸入到碉墙之中。

四　顶层结构技术

　　"藏家住碉楼，碉楼皆平顶"，这是民间对藏族建筑特点的概括性认识，以至于把具有碉楼特点的民居也说成是碉楼。可见平顶则是民居和碉楼顶层结构的一个共性。

　　碉楼顶层平顶和民居顶层的结构与作法基本相同。与楼层的作法稍有不同的是：平顶平面需有一定的斜度，在低处一角的墙角处开一小口，以便走水。在平顶与墙的接触部位，要有一个弧形护坡，以避免渗漏。平顶要作面层，作面层的土要特选，在藏区，这种层面用土叫"阿呷土"，土质细腻，黏合性强，铺设后，要用木制工具反复拍打、提浆，使其形成一个光滑防渗水的保护层。平顶在每年雨季来临之前，都要进行保护性维修，以确保防水性能。

五 其他附属结构技术

其他附属结构技术主要是门、

图208 理县碉楼的门和开窗

窗结构以及特殊局部结构。

在藏、羌碉楼中，一般一座碉只开一道门，各地门的开法不尽一致。归纳起来为两种，一种是高开门，另一种是低开门。所谓高开门，是指门开在离地面3米或更高一些的墙体上，上下碉楼靠独木楼梯攀登，上下完毕后，将独木楼梯收进碉楼之中。所谓低开门，即是开门位置与地面位置相同，为防止来犯者破门而入，这种碉楼有一套相对完整的护门措施，此其一。其二是开窗，碉楼除一、二楼外，其余各层的四面均开小窗，小窗呈喇

图209 西藏山南措美乃西村特巴组石碉的门

叭状，外小内大，以供观察和防御时作为射击孔。其三是在碉楼的中部或接近顶部区间，还开有二至三道类似碉门大小的门洞。这种门洞的用途现无准确说法。据分析，它可能有三个作用，一是作为运送较重物资的提升洞；二是发现敌情，作为投掷石块等的投掷洞；三是倘若碉内发生不测，楼层上的人又无法下楼夺门而出，便可利用绳索作为紧急出口用。

第二节　青藏高原碉楼建筑的施工技术

一　夯筑土碉的施工技术

青藏高原碉楼按所使用的主要建材来划分，可分为土碉（即土木结构）和石碉（即石木结构）两个大类。这两类碉楼的施工技术是不相同的。从宏观上讲，土碉采用的是夯筑技术，而石碉采用的是砌石技术。在夯筑技术中又可分为大板夯模技术和箱形夯模技术。

（一）大板夯模技术

大板夯模技术一般在四川藏羌地区的土碉建造中使用，特别是在四川藏区，不仅建造土碉时使用这种技术，就是在一些较大型的建筑物如寺庙大殿、土司官寨等施工中也采用大板夯模法。德格县现存的著名建筑德格印经院、八邦寺卓拉康大殿都是用大板夯模的技术夯筑而成。采用大板

图210　藏区村民夯筑土墙场景

夯模法建造碉楼多是森林资源相对丰富的地区，因为它所需要的支撑和模板所用的木材较多。大板夯模法的施工较之箱形夯模法的施工要复杂得多。其基本程序如下：碉楼的基础砌筑完工后，分段在基础两侧竖立安放模板的竖桩，竖桩为排立圆木，在排立竖桩的一定高度相向位置上，先安放事先制作好的木撑，木撑的尺寸十分关键，是夯筑墙体宽度的标尺，需由主持施工的工匠经过计算

图211　四川甘孜州得荣县土碉

后制作。木撑支好后，然后将内外相向的木排桩用皮绳或牛毛绳连牢，并在绳中插一木棍作撬，可任意旋转木棍来调整木排桩之间的松紧度和距离。之后在筑墙位置内的两边安放模板，内模板须与地面垂直，外模板则须向内倾，倾斜度要合乎外墙的收分尺寸比例。在支好的内外模板内还要加顶撑，在模板外侧依木排桩处加好楔形木楔，将模板固定。支撑系统和模板安装等工作就绪后，便可将事先已配制好的生土往模板内输送，待厚度达到20—30厘米时，即开始夯筑。大板夯筑所需人力较多，场面也十分热烈，夯筑的人们都同声歌唱节拍明快的打夯歌，以歌声的节拍来协调统一打夯的节奏。夯筑者们手握自制的夯筑工具，站立在夯筑墙体内，在主持施工的工匠指挥下，有条不紊地进行夯筑。自制的夯筑工具很简单，是木制的长约1.6—1.7米，中间细，一头呈楔形，另一头为圆柱形的连体夯筑器。使用时，使用者手握中间细部握柄，用楔形的一头夯实墙体转角处和生土与模板交结处，用圆柱形的一头夯实墙体大面。一层夯实后，

再添一层土，逐层夯实。大模模板每安装一次的高度大约相当于一层楼高的一半，每夯筑一层楼的高度，须安装两次模板。在门、窗部位，需预留孔洞。在每一次安装模板的夯筑中，并非一次夯筑完成，大约夯筑到60—70厘米高后，应有一定的停歇期，这个停歇期便是夯筑层的收水、凝结期，使夯筑墙体的强度达到一定要求后，再往上面输土夯筑。当一段已夯筑的墙体处于收水、凝结期时，可在与这段墙体相连的另一段支模模板支好后便进行如前的夯筑。两段墙体的接合部处理应注意以下环节：一是接头部位断面不能垂直，应做成坡面接口；二是转角处不能对接；三是每一层的接头应错位，避免对缝影响墙体结构。在纵向上，每向上安装一次模板，均须在墙体水平位置上大约1.2—1.5米处预埋水平模板支木，支木长度大于墙体厚度，以保证在墙体内外各伸出约20厘米以上的长度，作为安放上一层模板下端支撑点，以便下层墙体模板脱模后上翻。支木一般使用小圆木，当夯筑墙体达到一定硬度时，在未脱模之前，设法使支木松动，以便墙体脱模后，可以将支木取出，继续在下一层施工中使用。

（二）箱形夯模技术

箱形夯模法与大板夯模法之间的区别主要体现在模具上。所谓箱形，顾名思义，是将模板做成一个类似箱子一样的长方体规则模具。这种夯筑法多用于土木结构民居建造中。在人力较为缺乏，或是建筑周期较长，抑或是木材缺乏的地区的碉楼建造中，也常应用这种施工技术。西藏山南的措美、隆子等地区的土木结构碉楼建筑，绝大部分应用这种施工技术。箱形模具的制作较为简单，由四块板模和两个定型卡子组成。其中两块短模板的长度与墙体厚度相等，它一方面起箱模的内支撑作用，另一方面以准确控制墙体厚度，短模板的长度可视建筑物的墙体厚度而定，一般在50—80厘米。两块长模板又叫外模板，内侧大约在1.8—2米位置上作一道卡槽，卡槽的作用一方面是用以固定纵向短模，另一方面控制箱体的固定长度。卡槽的位置可以视施工时的具体情况，随时重新拆安定位。例如夯筑时，向另一端夯筑，当到达墙体另一端端头时，若夯筑墙体长度达不到一模长度时，卡槽则可拆除后内移再重新安装。此外，在两块长模板的端头中间位置，各开一个凹形卡口，以便安装卡子，固定整个箱体。长模板的总长一般要长于墙体实际夯筑控制长度的50—60厘米，留作端头卡口位置。当箱模安装完毕后，即可向箱体内投放配制好的生土进行夯筑。箱形夯模体积小，在夯筑中，一具箱模上，最多容纳两人操作，也可以一箱一人夯筑。

图 212 隆子土碉

在碉楼建造过程中，箱模的数量可根据实际情况而定，为加快施工进度，可制作三至四个箱模，在不同段面上同时施工。如此周而复始地安装箱模，夯筑、拆除，碉楼便层层上升。在箱形夯模法的施工过程中，一个至关重要的技术要求与大板夯筑法是相同的，便是夯筑墙体的上下层之间横向接口处，必须借位。由于箱形夯筑法的夯筑体端头断面的接口是垂直的，所以这项要求更为严格。在转角处，夯筑体端头

图 213 措美波嘎土碉

必须上下交错搭接。

图 214　丹巴梭坡乡莫洛村修建碉房场景

　　无论是大板夯筑法还是箱形夯筑法，有几个环节需共同遵守，而且十分重要。一是夯筑墙体所用的土质应有较好的黏结性能；二是所使用的黏土中须含有一定的骨料——小石子，以增强墙体的强度；三是加添的水分必须适度，一般含三四分水即可，水加多了土太湿，在夯筑过程中难于定形，水加少了则又影响黏土的黏合性；四是在墙体中适时在横向和纵向加以木筋，以增强墙体的整体性能；五是起墙时，须从转角处开始，以保证大角与其余墙体的有机连接。[①] 在此，需要补充说明的是，土木结构的夯筑技术是一项在世界上多土地区普遍使用的施工技术，也是青藏高原高山峡谷地区民居及其他建筑中经常使用的施工技术。在碉楼建筑中，藏、羌先民并不宥于单一的施工技术，而是根据当地的具体情况作出恰当的选择。在大板夯模法施工中，能够建造与砌石碉楼那样既具有明显的收分，又有较高高度的土碉，集

---

①　杨嘉铭、赵心愚、杨环：《西藏建筑的历史文化》，青海人民出版社 2003 年版，第 172—173 页。

中显示出青藏高原土碉建筑的高超技艺。用现代建筑观念来认识，夯土技术实际上就是原初的"素混凝土"技术。在使用的生土中讲究一定的石子作为骨料，是当今混凝土施工技术中水泥、沙石配合比的一种体现；适度加水是控制水灰比的变通形式；使用夯筑器，反复夯筑墙体实际上就是一种原始震搅法。我们在长期考察中发现，凡水灰比、骨料与黏土配合比比较恰当，人工震搅夯筑效果特别好的土碉夯筑墙体的强度大约可达到80%—100%。

图 215　丹巴梭坡乡莫洛村修建碉房场景

二　砌石碉楼的施工技术

砌石碉楼的施工技术是确保碉楼质量的一项技术环节，它主要包括放线施工技术、找平施工技术、加筋施工技术、分段施工技术等。

（一）放线施工技术

放线施工包括基础放线和主墙体底层放线两道工序。基础放线时，先确定中轴点，然后根据事先已经确定的碉楼形体（或为四角、五角或其他多角碉)、层数和高度来分线,若为四角或五角碉,则从中轴点按碉楼的正方位作一条直线,再依这条直线作出一条垂直线交中轴点,这两条直线便成为所要建造碉楼的纵、横两条中轴线,从中轴点起按碉楼的边长的二分之一加上基础应加宽的部分和分别在两条中轴线的两端量出距离,并作上记号,依此记号又分别依两条中轴线垂直作四条线,四条线相交处便是碉楼基础四角的四至。只要确定了碉楼基础的四至,并打桩或作上记号即可开挖基础和砌筑基础。若为六角以上的碉楼,亦先确定中轴点,依中轴点为圆心,以基础宽度的二分之一为半径画圆,在圆周任意选几个点打桩或作记号,便可挖基和砌筑基础。

基础砌筑好后,以基础中轴点不变,若为四角碉,其放线方法基本与基础大致相同,但需在基础上作出实线,民间一般叫"放大样"或"放实样"。稍有增加的是还需作出碉楼内墙的实线(若有间隙墙,包括间隔墙实线)。若为五角碉楼,则需在加角的一方放出加角线即可。六角及六角以上的碉楼,以基础中轴点为圆心,需画三道圆,第一道以碉楼任意一角顶端距离为半径画圆并作实线,再以碉楼外部阴角部分至中轴心的距离为半径画圆作实线,还要以内墙边长为圆心画出另一道圆并作实线。碉楼方位确定后,先按方位画出一条过中轴点的直径线作为方位基准线。然后按角数计算角度依基准线放样。若为六角碉,依基准线放60°的过中轴线的直径线,之后依次做下去,六个角的对角线作出后,再在每个60°角中作出30°对角线,与第二道圆相交处,便是六角碉阴角的角顶位置,将第一道圆和第二道圆与对角线相交的位置点连线作实线,六角碉底部平面放线便基本完成。其他八角、十二角、十三角的碉楼的放线施工技术大体与六角碉楼的放线施工技术相同。

(二)找平施工技术

找平施工技术是砌石碉楼建造中的一项重要技术环节,它不仅与加筋、分段等施工技术相关联,而且是确保碉楼质量的重要技术保障之一。

所谓找平,即是说建筑物在砌筑过程中,砌筑墙体达到一定高度时,需要进行一次整体平面的水平检测,若发现有较大误差,应及时进行调整。之所以说找平技术是砌石碉楼建造中的一项重要技术环节,是确保质量的技术保障之一，其原因是碉楼建造过程中，每砌到楼层时，要安放楼层梁木并基本完成楼层施工，如此，就不可能在碉楼内部继续利用中轴点来控制其垂直度，于是通过控制砌筑墙体水平度的一种转换方式来解决这个矛盾，是一个十分有效的技术方法。在早期历史上，由于生产力水平的局限，没有专门的测定水平的工具，大都采用以容器盛水的办法来进行观察和测定。只要碉楼的每一层找平层的水平面控制住了，那么碉楼无论建得再高，它与中轴点的垂直度都会得到保证。

砌石碉楼的每一找平层的高度大约在 1.4—1.5 米，这与其他砌石建筑物的找平经验数据是一致的。在这样的高度做找平层，一是方便工匠操作。众所周知，藏、羌地区工匠砌石均为反手砌墙①，1.4—1.5 米恰好是人的齐胸位置，在这个高度以下是工匠操作的有效位置，同时也便于工匠上墙目测。第二个找平层恰恰又是楼层，墙体找平后，即可安装楼层木梁，同时还保证了楼层的水平。今天，当人们在观察已历数百年的古老碉楼时，仍然可以清晰地看到其施工过程中留下的找平线。这一道道找平线便是有效控制碉楼轴线垂直度的生命线。

（三）加筋施工技术

青藏高原上砌石建筑所使用的主要建材全是采集的极不规则的天然片（块）石。而这种石料的石性，正如梁思成先生所言，片（块）石石性"强于压力，而张力曲力弹力至弱"，而且石头又极不规则，石头与石头之间横向的相互拉扯就很难控制。藏、羌先民在长期的实践中，总结出了一套在墙体砌筑过程中，充分利用找平层横向加木筋的方法，来弥补石墙体的这一缺陷。在墙体找平层加木筋一般都是以板材为筋，也有在较低的找平层上以半圆木或圆木作筋的，因为碉楼下层墙体厚，内加半圆木或圆木不仅拉结力更强，而且更耐久。在安放筋木时，在转角处上层与下层的木筋要借位，以避免对缝。在找平线上加筋的施工技术看起来似乎是一件十分平常、不起眼的事，但它在保证碉楼的整体性能上所起的作用是至关重要的。

---

① 在藏、羌地区，砌筑建筑物是不搭外脚手架的，砌筑工匠，只能站在墙体内砌石，工匠在砌筑墙体时，其墙体的平整度等都是站在墙上靠眼睛由上往下观察外墙体的相关位置来控制的。

（四）分段施工技术

在横断山区砌石碉楼的施工中，其施工周期是较长的。往往一座碉楼的建造工期长达数年，有的甚至达 10 余年之久。为什么砌石碉楼的工期会如此长呢？一方面是在青藏高原上，任何一座碉楼与当地普通民居相比，除了结构技术含量高之外，体形也较大，无论是家碉还是公共碉楼所投入的人力、物力都是比较大的。在当时的社会条件下，物力的积累需要时间，每一时间段的投入是有限的。更重要的是，当碉楼每修到一定高度时，受技术检测手段和工具的制约，不可能提出可靠的检测数据，但这项工作又不能不做，于是采取了看起来既十分平常、原始，但又极为可靠的一种"自然检测"法来实现。这个"自然检测法"便是分段施工法。西南财经大学教授季富政在《中国羌族建筑》中，就曾经提及道："碉楼一般采取分层构筑法，石砌与土夯都如此。当砌筑一层后，便搁梁置桴放楼板，然后进行第二层，再层层加高。每加一层要间隙一段时间，待其整体全干之后方可进行上一层的砌筑。原因在下层若是湿土润泥，或石泥尚未黏合牢固，那么，无法承重压力，上下层必然坍塌。所以碉楼或住宅要砌多年方可竣工。"其实，季先生关于分层构筑法是为保证砌筑墙体有充分凝合周期的认识是其一个方面。另一个方面碉楼一般都是高层建筑，其荷载较大；加之高山峡谷地区，地质结构十分复杂，要确保碉楼建筑物的质量，避免在地基、结构技术、施工技术和工匠砌石技艺上可能出现的问题得到及时的补救，避免造成更大的损失。所以当碉楼砌筑到一定高度后，搁置一段时间，让其在自然状态下观察是否有异常情况的发生，但当万无一失后，便可继续施工向上垒砌。

三　青藏高原碉楼建筑工匠的传统技艺

青藏高原上的建筑工匠（这里主要指砌石工匠）绝大多数是兼职的，他们既是普通农民，从事农业劳作，但又是建筑技艺的传承人和继承者。应当说，在农村各种工匠中，砌石建筑工匠最为普遍，其技艺也是十分高超的，有的技艺堪称绝技。在青藏高原上，建筑砌石工匠的传承，大致为两类，一类为以师带徒型，另一类为父子传承型。一些身怀绝技的工匠，往往拖带一帮弟子，既有外传徒弟，又有父子相传。

　　青藏高原砌石工匠高超的技艺是社会公认的。任乃强先生于 20 世纪三四十年代在四川藏区考察时，曾大加赞赏，他在《西康图经·民俗篇》中言：

康番各种工业，皆无足观。惟砌乱石墙之工作独巧。"蛮寨子"高数丈，厚数尺之碉墙，什九皆用乱石砌成。此等乱石，即通常山坡之破石乱砾，大小方圆，并无定式。有专门砌墙之番，不用斧凿锤钻，但凭双手一筐，将此等乱石，集取一处，随意砌叠，大小长短，各得其宜；其缝隙用土泥调水填糊，太空处支以小石；不引绳墨，能使圆如规，方如矩，直如矢，垂直地表，不稍倾畸。并能装饰种种花纹，如褐色砂岩所砌之墙，嵌雪白石

图 216　笔直的棱角

英石一圈，或于平墙上突起浅帘一轮等是。砂岩所成之砾，大都为不规则之方形，尚易砌叠。若花冈岩所成之砾，尽作圆形卵形，亦能砌叠数仞高碉，则虽秦西砖工，巧不敌此。此种乱石高墙，且能耐久不坏。曾

经兵燹之处，每有被焚之寨，片椽无存，而墙壁巍然未圮者。甚有树木自墙隙长出，已可盈把，而墙不倒塌者。余于丹巴林卡南街，见一供守望用之碉塔，塔基才方丈许，愈上愈细，最高约 4 尺许，中空，可容持枪番兵上下，凡 18 层，每层高约丈许，各有窗眼 4 口。此碉亦用乱石叠成，据土人云，已百余年，历经地震未圮，前年丹巴大地震，仅损其上端一角，诚奇技也。①

青藏高原的碉楼建筑之所以能砌筑得那么高，那么稳固，造型那么精美，除了前面所讲的结构和施工技术的保证外，工匠自身的砌石技能自然也是一个重要方面。工匠的砌石技能归纳起来，主要体现于以下方面。

（一）对石性理解的转化技能

对石性的理解，是一个合格工匠所应具备的最基本技能。它需要工匠从最初学艺时就逐渐能从所储备的大堆天然片（块）石中，去分辨哪些石头可以用来砌筑墙角，作墙角石，哪些石头可以作为墙体横向和纵向压缝用的过江石，哪些石头可以用作调整墙面平整度的照面石，哪些石头仅可用于墙体的填充石。也就是说，要作一名名副其实的砌石工匠，首要的技能是将对石性的理解，具体转化为对石形的分辨应用上。每当打杂工将片（块）石运送到工匠身边，工匠只需端详一下，心中便明这些石头分别各自的用场部位。这种对石形敏锐的观察能力是青藏高原砌石工匠的一种独特的技能。

（二）恰当处理石块、黏土之间关系的满泥满衔技能

工匠的砌石过程，实际上就是一个恰当处理大石块、小石块、黏土之间关系的过程，在民间有一个关于这方面的俚语称："大石头需小石头垫，大小石头之间的缝隙和连接需要黏土来填和连。"处理好大石头、小石头、黏土三者之间关系的要领就是使墙体的砌筑达到"满泥满衔"。所谓"满泥满衔"，即是指工匠先在墙体上摆放好大石头后，便需用一些小石头进行塞垫，使大石头稳定，并与下层已经砌筑好的墙体的接触呈硬连接，使压力的传递

---

① 参见任乃强《西康图经》，西藏古籍出版社 2000 年版，第 253—254 页。

充分，大石头与小石头之间的稳定关系还需要在二者之间的空隙处填充调和黏土来保证，不能留缝隙。在砌石墙体中，调和黏土作用的黏结性只是一个方面，另一方面是起填充作用。在青藏高原上的许多年代久远的石砌碉楼遗存中，人们都会发现，这些石碉的外墙面，久经风霜雨雪的吹打后，多已看不见调和黏土的痕迹，仿佛那些碉楼完全是石头砌成似的，这便足见砌石工匠大、小石头摆放与塞垫的过硬本领。

（三）反手砌石技能

在青藏高原上，无论是民居建筑，还是其他建筑和碉楼建筑，都不搭设外脚手架，工匠砌石时均位于内墙内进行操作。工匠站在墙内砌筑墙体的技能，就叫做反手砌石技能。这种反砌、反观的技能亦是藏、羌工匠的一项绝技。他们能够在无法吊线，无法正眼观察砌体外照面的情况下，准确把握每一段墙体的收分度，能够保证外墙面的平整度，并使其达到"西秦砖工"之效果。在反手砌石的过程中，工匠还有几个技术环节需要把握，一是要注意上下石块之间的叠压切忌对缝，注意大石头与大石块之

图217　藏族工匠砌石场景

间横向与纵向的照应，在必要的时候，要选用特别颀长的石头作为"过江石"，来调节和加强石块上下层之间的错缝关系和叠压关系；二是在摆放大石块时，特别要注意水平方向的平顺与稳定；三是在外墙面墙体的砌筑中，选择至少有一面较为平整石面的石块作为照面石，来保证砌筑墙体外墙面的平整度。

（四）墙体转角砌筑技能

墙体转角砌筑技能是碉楼建筑中对工匠要求最高，也是最难、最关键的一项技能。所以，大凡砌筑墙体转角的工匠，均需经验特别丰富、砌石技能特别熟练的工匠来担当。特别是多角碉楼的建造，对工匠的砌角技能要求则更高。因为多角碉楼除多个阳角外，还有多个阴角，角数多。此外这种碉楼的高度均较高，大都在 10 层以上。角墙砌筑的好坏，直接关系到整座碉楼的结构性能和外观效果的好坏，是碉楼砌筑的基准。其要求具体如下：1. 对石料的选择的要求高于其他部位的石料，需保证有至少两个和两个以上的照面，且石料形体还应顾长。2. 转角的横向角度必须准确，误差不得超过 1—1.5°。3. 保证每一个角（含阳角和阴角）和全部转角的收分系数基本统一。4. 无论是阳角线和阴角线都应笔直、棱角清晰。5. 每一角上下石块的摆放都需错位，并且与内向墙面的搭接留出足够的搭接长度。

砌筑工匠所用的工具十分简单，一是一把一头为圆、另一头似楔的铁锤。圆的一头用来敲击和塞垫石块，楔形一头用以石块的局部修样。二是用牛的扇子骨或带头柄的一对撮泥板。藏、羌工匠就用如此简单的工具，凭着灵巧的双手和智慧，将成千上万的天然片（块）石，以天然黏土作填料和黏合剂，建造起一座座堪称杰作的石碉楼。

第 十 一 章

青藏高原碉楼建筑的比较研究

青藏高原碉楼作为世界防御性建筑的杰作，具有强烈的地域性和鲜明的民族性。比较而言，在高原内部不同的环境区域中，以及不同的民族间是有一定的差异性的。与国内外一些典型的防御性碉式建筑存在着明显的差别。

第一节　喜马拉雅区系类型与横断山区系类型碉楼比较

应当说喜马拉雅区系类型与横断山区系类型的碉楼的同一性特点多于差异性。在同一性方面，主要为：（1）历史悠久，形成时间距今约2000多年；（2）就材料结构类型而言，石木结构、土木结构、石土木混合结构的碉楼均齐全；（3）就碉楼的防御与象征性两大功能而言，两区系统内基本相同；（4）对环境的依存性与协调性均明显；（5）结构技术、施工技术与工匠技艺基本相同；（6）象征性功能均存且大同小异。

其差异性主要体现在以下几个方面：

一、外形形体的差异

比较而言，喜马拉雅区系类型内的碉楼外形形体较为单调。从已经披露的调查资料、已发表的研究成果，以及我们的实地考察证明，在这个区系类型的碉楼，以四角形（含石碉和土碉）碉楼为大宗，仅有极少量的圆形和不规则的半圆形碉楼。而在横断山区系类型内的碉楼，除四角形的碉楼外，还有三角、五角、六角、八角、十二角，乃至十三角的碉楼，其外形形状的多样性特点十分突出。

二、土碉施工技术的差异

在喜马拉雅区系类型内，极少使用大板夯模技术建造的碉楼，多为箱形夯模技术建造的碉楼。这种碉楼，层高较低，一般为3—5层；夯筑块体与块体之间的拉结，多使用长条片（块）石作拉结筋；墙体收分较小；由于多室的原因，占地面积较大。在横断山区系类型内的土碉楼，既有以箱形夯筑法夯筑的土碉，也不乏以大板夯模法夯筑的土碉，而且多以大板夯筑法建造土碉，这种碉楼在德格、白玉、新龙、乡城、汶川、江达等地均有分布。在其结构上，不仅加有横向木筋，在纵向上也加有木筋。此外，不仅收分明显，而且层数多，高度相对较高，最高者可达30米左右。

三、碉楼楼层结构差异

由于在喜马拉雅区系类型内，相对海拔高度较横断山区系类型要高，除气候环境更加恶劣外，森林植被也相对稀少，木材极度缺乏，加之营造习惯等因素所致，无论土碉或石碉，绝大部分楼层内部为多室，或称有隔墙结构的碉楼。在横断山脉区系内，除极个别碉楼有间隔墙结构外，绝大多数为单室，基本无间隔墙。

四、碉楼防御体系的发散差异

随着时代和社会的变迁，喜马拉雅区系类型内的碉楼防御体系大致呈两种形态，一种是以若干独立碉楼组成的碉楼群防御体系，这种体系从其产生起一直成为一种主流形态延续下来。另一种是自吐蕃王朝分裂后，一些吐蕃王统后裔独居一方，建立自己的"小王朝"，明代西藏地方政府在各地设立宗一级的地方行政机构后，出现了另一种防御性发散体系，这个防御性发散体系的特征是，碉楼已经不再是独立的防御性建筑，它与围护墙、其他建筑乃至地下通道、护卫河等共同组成一个防御系统，以提高其整体防御功能，满足新的防御需求。这种发散系统在横断山区系类型内基本不见。

五、四角碉外形的差异

在喜马拉雅区系类型内的四角碉楼，其外形大体有两种，一种是碉门高开，外形与横断山区系类型的四角碉外形基本一致。但更多的石、土碉，外

形呈"凹"字形，成为一种变体四角碉，这种碉的正立面砌筑了一道宽约
1.5米从底至顶的凹形墙，槽底开门，其槽成为一道特殊的防范设施，顶部
有一用横木搭设的百叶窗形观察孔，若发现来犯者企图破门而入时，顶层的
人便顺着凹槽投掷石块，由于凹槽的导向作用，从上往下投掷的石块会百发
百中地击中来犯者。这种四角碉，正门一方由于有了这道凹墙从而外形变形
成为六角。我们在隆子、措美、错那一带考察时发现，这一区域内的大部分
土碉和石碉都属于这一类型。在横断山脉区系类型中则完全不见这种外形的
四角变形碉。

第二节　四川藏、羌地区碉楼建筑的比较

四川藏族和羌族地区的碉楼建筑均属于横断山区系类型。这两个民族地
区的碉楼建筑除了大致相同的生态环境外，在古代历史上，两者之间有着千
丝万缕的渊源关系。在民族形成后，区内藏族特别是嘉绒藏族与羌族又相互
毗邻，文化上的相互交往频繁。所以，两者之间的碉楼建筑的同一性与喜马
拉雅区系类型比较更为突出。其差异性主要是体现于民族性上。这种差异性
主要表现于以下几个方面：

一、碉楼外部造型差异

羌族地区的碉楼外部最显著的特点是外墙体的"鱼脊背"的造型。所谓
"鱼脊背"造型，是羌族先民在碉楼建筑过程中，总结提炼出的一种特殊造
型的砌石特技。它最初运用于民居建造之中，是克服地基承载力的有效作
法，类似于五角碉楼"山"字形墙面。但是，它的具体做法与五角碉楼的
"山"字形墙面做法差异明显。工匠砌筑墙体时，从两墙角处开始起弧，及
至墙中时渐收，在双弧线交汇处起一道夹角，当地人称"干棱子"。这种造
型，与鱼的脊背十分相似，故取名为"鱼脊背"。这样做的目的有三个：一
是通过起弧，在一定程度上减少墙体自重，减轻地基荷载；二是通过起弧使
外墙体向内的张力加大，是圆形驳壳力学原理的具体运用，用以进一步平衡
角碉楼内部的圆形驳壳所产生的向外张力与外部张力；三是增加碉楼的艺术
感染力，同时在客观上成为与藏族碉楼的明显区别的一种标志。羌族碉楼外

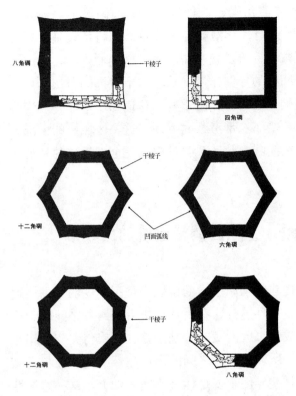

图 218　四川羌族地区古碉平面示意图

墙体"鱼脊背"做法有两种，一种是前面所述的墙面中部有"干棱子"的"双鱼脊背"做法。还有一种是整个墙面只起一道弧的"单鱼脊背"的做法。在羌族碉楼遗存中，不仅多角碉楼有这种做法，例如茂县黑虎羌寨碉中的六角、八角、十二角碉，而且四角碉楼也有这种做法。如桃坪羌寨的两座四角碉楼，一般都称之为四角碉，但因其背面均起了两道鱼脊，中间有一道"干棱子"，所以又可称之为五角碉。

二、碉楼顶层造型差异

羌族碉楼的另一个突出特点体现在顶端部分变换花样上。

第一种变化是"在顶层削去一半围墙，使外形成椅子形"。① 这种退台式敞口楼多在藏、羌民居中出现，羌族却将这种顶层结构做法运用于碉楼之中。

第二种变化是在"碉楼顶端两层出现有楼桴挑出以在上面铺板置栏成台的结构。②"在汶川县布瓦寨碉楼中，在顶端楼桴挑台部分还作披檐，"檐下斜撑采用汉族'顶花牙飞'（斗拱）作法。四角悬吊风铃"。③

---

① 参见季富政《中国羌族建筑》，西南交通大学出版社 2000 年版，第 246 页。

② 同上。

③ 同上。

图 219　茂县黑虎羌寨五角碉和
　　　　十二角碉的鱼脊背

图 220　阿坝茂县四瓦寨八角羌碉

以上做法，除了防止雨水直接冲刷墙体外，更为主要的是"顶层有枋挑出（或桴），在上面形成挑台以作瞭望、观察之用。同时在前面民居顶层的罩接顶上亦可作祭祀天神之用。杀牛（羊）祭天，其挂于挑枋之下。展示距天之近的虔诚"①。

在临近羌族地区的嘉绒藏区碉楼顶部装饰，沿袭了当地民居顶层的做法，比较简单。即顶部四方（多为四角碉楼）墙砌成半月形，以示对四方神的膜拜。这种顶饰是嘉绒藏区民居和碉楼中的一种特殊的象征性符号，同时与羌族碉楼顶部做法形成鲜明的对比。

---

①　参见季富政《中国羌族建筑》，西南交通大学出版社 2000 年版，第 246 页。

图 221　理县桃坪羌寨①

图 222　茂县黑虎寨碉

---

① 资料来源:《周小林碉楼建筑艺术随笔》, 友多—搜狐博客 http://youduowawa. blog. sohu. com/。

图 223 四川省甘孜州道孚县扎巴碉楼上的符号

图 224 桃坪羌寨四角石碉顶部的白石、敞口楼、围廊及石耳等

图 225 桃坪羌寨碉楼民居中的十字象征符号

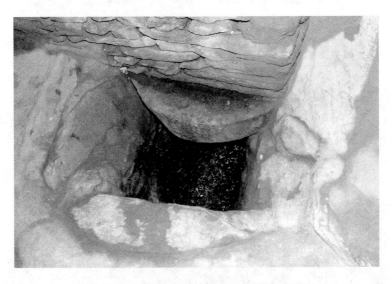

图 226 桃坪羌寨封闭水网系统中的取水口

此外，在桃坪羌寨碉楼顶部两侧还对称安装了两个带孔的石耳。据当地人们讲，这两个带孔的石耳主要是用以提放物品的绳孔，十分特殊。

三、碉楼墙体特殊符号的差异

在羌族的碉楼和民居建筑中，最常使用的特殊符号有四个：一是在墙体上嵌作羊（或牛）头图，或是在屋顶摆放羊（牛）头骨；二是在房前和碉下安置"泰山石敢当"石雕；三是在顶层砌筑白石带，或安放五方白石；四是在有的碉楼上，还砌有不同形状的"十"字形标记。在以上特殊符号中，羊（牛）头和白石是羌民族最具代表性的象征性符号，而"泰山石敢当"明显是受汉文化的影响所致。在嘉绒藏区民居与碉楼中，安放白石以及牛（羊）头骨的习俗是一种共同的文化现象。但

图227　桃坪羌寨碉楼与民居的连接点及通道

在嘉绒藏区，还有诸如"卐"（雍仲），白塔、日月等宗教信仰标志符号。

四、防御体系差异

四川羌族地区的碉楼建筑的防御功能与该区域内的藏族碉楼是基本相同的，在防御体系上也有许多共同点。但也有一些局部区域内的防御体系显得较为特别，其典型实例便是理县的桃坪羌寨，其防御体系是以碉楼为中心，同时还由紧邻的民居、水网、各通道共同组成，形成一个立体的防御体系。这个防御体系的空间通道便是通过民居与民居之间的天桥相连，应当说这在四川藏羌地区碉楼建筑防御体系中绝无仅有，是一个创造。

第三节 青藏高原碉楼建筑与欧洲
碉楼建筑的比较

19 世纪末，英国皇家学会会员伊莎贝拉·伯德曾于 1896 年来到今四川马尔康一带考察。她对岷江、杂谷脑河、梭磨河流域地区的藏、羌民族的社会生活、风土人情、自然景观等进行了描述和评价，其中不乏对区内碉楼和村寨的记录。其在书中写道：

> 多数村子有外表神秘的方形石塔（指碉楼——引者注），从基础到顶点稍微有点内向倾斜。40 到 90 英尺高。一些塔的基底在 30 英尺见方，侧面有狭窄的开口贯通，比枪眼宽。石塔的门距地面 15 英尺，我看不出再有什么方法进入其中……一座孤村里有三、四座石塔是很普遍的，有时多达 7 座。在远处，这些石塔给人一种冶炼厂的单调外观，使峡谷里的村庄平添出浪漫情调，还给高原上的这些村庄增加一种非凡的尊严和遗世独立的印象。建造这些石塔不用灰泥，是用光石块"准确地垒放"而成，尽管向内倾斜有一定难度；石头都有足够的大，使人想调查它们是如何提升到现在的位置……建筑的风格远超过"野蛮"民族的才智。①

20 世纪初，法国传教士舍廉艾在今四川丹巴任天主教堂神父时，亲眼目睹了那里高耸云际的碉楼群，竟情不自禁地发出"我发现了新大陆"的感慨。之后，他亲赴当地碉楼密集的梭坡等地，拍摄了许多碉楼与民居照片，并寄往里昂参加 1916 年摄影展，使西方人士了解到我国四川西部藏、羌碉楼的风采。在欧洲人的眼里，青藏高原碉楼之所以使他们感到惊奇，自然是他们通过这些碉楼和与碉楼相关的风土人情，与欧洲建筑的比较后所发出的

---

① ［英］伊莎贝拉·伯德：《1898：一个英国女人眼中的中国》，卓廉士、黄刚译，湖北人民出版社 2007 年版，第 274—275 页。

感悟。

碉楼，一般在国外多呼之以"塔楼"。在历史上，以中亚和欧洲的塔楼最为著名，对于欧洲的碉楼，有学者曾作过如下描述：

> 碉楼这种单体塔楼式建筑在西方比较多。比如 10 至 12 世纪西欧以教堂建筑为代表的"罗马风"建筑中，在教堂的两立面往往建有砖石结构钟塔，它发挥着召唤信徒、授时的功能，在封建战争频繁的时期又用于瞭望。起初，钟塔独立建在教堂旁边。这种"罗马风"教堂最初兴起于法国，后来传到了西班牙、意大利和德国等地。到 12 世纪，单体塔型建筑似乎走出了教堂，进入到城镇，不仅继续起着瞭望的作用，而且增加了军事防御和火警监护的功能。这样的城镇在西欧现今保存较好的是意大利的锡耶纳，该城在 12 世纪建有 70 多座石结构的高层塔楼，高高耸立在城镇的各个角落，迄今还保存有十余座，其上部造型丰富，给人很强烈的视角冲击。在东欧格鲁吉亚东北部的外高加索山区曼克顿一带，至今保存着不少的碉楼，分布在村中或山岗，当地人称其为"塔楼"。有的建于千年以前，有的是 15 世纪的遗物。全部都是石质建筑，或块石垒砌，或片石砌结。其楼高一般都在四五层，有的更达 7 层。塔楼造型非常简单，多数是下宽上窄的四方型，顶部有的为尖顶，有的为平顶，少数塔楼的上部一层四边向外悬挑。所有塔楼的每层四面墙都开设有射击孔。楼内的陈设极其简单，空间狭小。当地碉楼的大量出现，一是来自这一带家族之间的仇杀，一是为了抵御车臣人的进攻。在现存的西方古代著名建筑中，建于 16 世纪初期的葡萄牙里斯本的贝伦塔也是一座典型的碉楼，它采用的是灰白色石材。贝伦塔坐落在里斯本港弯的特茹河中，四面环水，原为一座军事用的碉堡，其主体建筑是一座 5 层高的四边形碉楼，第二层正面为一敞廊，连拱的排柱和哥特式栏杆为这座威严、坚实的碉楼增添了几分明亮、轻快、宽敞的气氛。第 4 层往后收进，留出一圈巡逻道，女儿墙上的雉堞为救世十字盾牌造型；第 5 层平台四周也建有带雉堞的女儿墙，四角各有一个突出的圆筒形岗亭，这些造型和建筑部

件都凸现了贝伦塔军事防卫的性质。①

此外，在欧洲还有许多城堡式建筑，著名的城堡式建筑如德国著名的奥都斯堡和瓦尔特堡，以及法国、英国的一些典型城堡中的碉楼，往往与居室、护城墙、护城河连成一体；这些城堡式建筑，多为王公、贵族所建、所据，不具大众性。欧洲碉楼，十分注重内外装修，特别是碉楼的顶部装饰，以此来体现碉楼的艺术美感，这与青藏高原上的碉楼始终保持自然原色，把重点放在稳固性上是大相径庭的。在这点上，广东开平碉楼却与欧洲碉楼有着较大的相似性。此外，从碉楼的外形形体上看，欧洲碉楼多为方形碉楼，也有少量圆形碉楼，而青藏高原上多角碉楼则体现出丰富的多样性特点。其次，在碉楼的起源和发展历史上，欧洲碉楼则至少晚了一千年。其三，是青藏高原碉楼建筑的高度更高，层数更多。其四，则体现在原材料方面，欧洲碉楼仅有极少数地区就地取材，多数原材料均为二次加工。其五，是文化与生态环境上的差异。

第四节　青藏高原碉楼建筑与福建土楼、开平碉楼的比较

在我国许多地区都有建造防御性建筑的传统，至今也还保存着一些历史遗迹。但是，体系庞大、完整，极具代表性，在国内外都享有较高知名度的却主要是青藏高原碉楼、福建土楼和广东开平碉楼。下面，兹将三者作一比较。

一　建造历史的比较

青藏高原的碉楼建筑是从当地民居中脱胎而出的本土原生态建筑。中国历史典籍中最早记载青藏高原碉楼是在东汉时期，距今已达 2000 年。据国内外专家考证，青藏高原现存的碉楼中，也有不少公元 12—14 世纪的遗存。

_____

①　参见张国雄《中国碉楼的起源、分布与类型》，《湖北大学学报》2003 年第 4 期。

青藏高原碉楼建筑的活态延续时间也是相当长的，大约从公元前2—3世纪始至公元18世纪（清中叶）以后才逐渐退出历史舞台，成为一种历史遗存，其历史跨度也相当长。福建围楼始创于公元12—13世纪，被誉为福建最古老土楼遗存的裕昌楼，建于元末明初（约1368），及至17世纪以后，才臻成熟。开平碉楼的建筑历史最短，"清初时，开平县一带的村落就有这种特殊的建筑了。到了20世纪初，由于海外侨资的大量汇入，侨眷的经济大为改善，于是侨乡富户成为匪盗的'财源'，土匪海盗横行乡里、打家劫舍、掳人勒财，民众只好自发组织起来，建立碉楼，以求自保。一有紧急情况，人们都搬到碉楼居住，以求自保"。① 据有关资料载，广东开平碉楼中，建造年代最早的是迳龙楼，其创建时间约于16世纪60年代，距今也仅440多年。这个年代较青藏高原碉楼见于记载的年代已晚了千年以上。

二　生态与文化背景的比较

青藏高原碉楼分布于我国西部世界屋脊的青藏高原上，海拔高、气候恶劣、山高谷深、地貌复杂多样，这种环境在世界上绝无仅有。福建土楼地处我国东部群山环绕、绿水蜿蜒的亚热带地区，那里环境朗润明丽，生态环境相对优越。而开平则位于我国珠江三角洲地区，那里海拔低、气候炎热、水网密布、近临大海，是珠江三角洲典型的"水乡式园林"。三者之间在生态环境方面，存在着十分显著的差异。

青藏高原碉楼的建造者和使用者是今藏族和羌族的先民，藏、羌是我国历史上的两个古老民族。青藏高原碉楼建筑创建初期，这两个民族都还未正式形成，应当说，这一区域内的碉楼建筑是生息在这一区域内众多部落，或者说是众多族群的产物。碉楼建筑历史，见证了藏、羌地区奴隶制、封建领主制社会漫长的社会历史过程。

福建围楼则是我国汉族移民中特殊的社会群体——客家文化的产物。对于福建围碉的产生，有学者作过如下分析：

尽管客家人的祖先是中原汉人，客家人也自我强调为汉族子孙，

---

① 参见王军云《中国民居与民俗》，中国华侨出版社2007年版，第48页。

但在漫长的迁徙过程中，他们的生活方式相对于中原正统文化来说产生了变异，语言、服饰、饮食习惯不可避免地与南方原住民相互交流，倾向于"土著化"。加之山高皇帝远，许多客家聚落的管理模式形成了类似少数民族的自治状态……在当时外有倭寇入侵，内有年年内战的情势之下，举族迁移的客家人选择土楼这种既有利于家族团聚，又能防御战争的建筑方式。同一个祖先的子孙们在一幢土楼里形成一个独立的社会，共存共荣，共亡共辱，所以御外凝内大概是土楼源起最恰当的解释。①

在福建永定县、南靖县、华安县等山区，有"逢山必有谷、无客不住山"的说法。客家人以宗族为基本单位，创建了一个伟大的建筑奇迹——土楼。土楼除今福建外，在今江西和广东一带也有分布。经确认，仅福建境内就有3000余座。其中最具代表性的有被称之为土楼之王的承后楼、传统文化雕塑模本的振成楼、最大的方楼遗经楼、最精美的围楼怀远楼、府第式围楼裕隆楼、最古老的围楼裕昌楼等等。

广东开平地区是我国著名的侨乡之一，数百年来，华侨文化的兴盛和发展，造就了开平独树一帜的碉楼建筑风格和民俗风情。开平碉楼是当地华侨文化的产物。鸦片战争以后，由于清朝统治势力的颓败，开平地区民众迫于生计，大批青壮年出洋谋生，经过数辈人的艰苦闯荡和拼搏，一些归侨和侨眷的生计得到较大的改观。民国初，当地土匪猖獗，四处作案，为确保人身财产安全，当地归侨和侨眷纷纷修建各式碉楼。碉楼最多时达3000余座，至今还存1833座，成为我国当今第二个"千碉之国"。

三　建筑材料及建筑技术

就建筑材料而言，青藏高原碉楼所使用的主要建材石头、泥土和木材全系就地取材，且材料均为天然石料、黏土和木材，未经二次加工。福建土楼则主要使用本地黏土和木料，以生土夯筑外墙与楼内木构架建造同步结合进行。广东开平碉楼所使用的主要建材较为复杂，既有产于当地的石料和木

———————

① 参见王军云《中国民居与民俗》，中国华侨出版社2007年版，第37页。

材、中国传统砖（含青砖和泥砖）料，也有现代钢筋、水泥等。

　　就建筑技术而言，福建土楼（无论是圆形还是方形土楼）墙体建筑与青藏高原土碉大板夯模技术相近，其施工方法是："将未经焙烧的黏土和砂土按比例调和成混合土，加之竹、木、树皮、茅草、泥土、石块再把混合土放到夹板中夯实而制成坚固的墙体，不需钢筋水泥，墙的基础宽达 3 米，底层墙厚 1.5 米，向上依次缩小，顶层墙厚也不小于 0.9 米。然后沿外墙用木板分隔成众多的房间，其内侧为走廊。"① 但其木建部分十分复杂，采用中国内地汉族传统的木结构营造法式进行施工。其结构和承重的核心体系不在外墙体上，而在以梁柱承重的木构架体系上。广东开平碉楼由于材料类型多，主要为泥楼、混凝土楼、石楼和砖楼四类，在泥楼中，除使用夯筑法施工的夯土楼外，还有土坯砌筑的土坯楼。所以，建筑技术呈现出复杂多样性的特点，既有中国传统的夯筑技术、砌石技术和砖工技术，又有从国外引进的现代混凝土技术。但在传统的夯筑技术和砌石技术方面，与青藏高原碉楼建筑中的夯筑技术和砌石技术比较，又逊色了许多。其原因是，开平碉楼一般都较低矮，多为 5—7 层，多为方形建筑，且土楼墙体要抹面，石楼墙面粗糙，平整度差，又无收分。而现代混凝土技术则在中国碉楼建筑中开了先河。

　　在碉楼的顶层结构和施工技术上，福建土楼采用的是中国传统的悬山式、硬山式屋面做法。而开平碉楼除中国传统的悬山顶、硬山顶

图 228　福建永定土楼

　　① 参见王军云《中国民居与民俗》，中国华侨出版社 2007 年版，第 39 页。

外，而更多的则是西方哥特式、罗马式屋顶。青藏高原碉楼单纯的平顶较之福建土楼，尤其是开平碉楼，则显得更为单纯和自然。

四 结构与功能的比较

图229 广东开平碉楼

图230 福建省永定土楼群

青藏高原碉楼建筑的空间结构基本呈"聚散式"。所谓聚是以部落或土司辖地为核心的高山台地、低谷冲积扇上的聚落单元，在这些聚落单元所形成的自然村寨中，以家庭为单位的民居建筑相对集中。所谓"散"，是指以家庭为单位的民居各门各户，并不相连。各个自然村寨的安全则依靠以户为单位而建的家碉和村寨共建的寨碉所形成的防御体系来维护。所以，不同位置的碉楼其主要作用是有别的。家碉主要是起到维系一个家庭安全的作用，但也可参与到村寨的集体防御之中。而寨碉有作为观察敌情的哨碉（又称烽火碉），有地处重要关口的要隘碉，有作为边界标志的界碉，有作为本村风水标志的风水碉，有专门用以作战的战碉，还有出于宗教信仰的缘故，在一些村寨中，建有专事敬神的碉楼。在川西藏、羌地区的广大村寨中，各自然村寨视其人口的多少，部落、土司势力的大小，以及所处的区位不同，所建碉楼的数量、规模有多有少，有大有小。如丹巴县中路、梭坡等地藏寨，在历史上均各自有百座以上碉楼，在汶川县布瓦羌寨，在历史上也有近40余座碉楼；碉楼较少的村寨至少也有三五座。这些碉楼，一般不供人居住，平时可作储藏用，主要作战时的防御，其防御性能特别突出。绝大部分藏羌村寨的碉楼与民居，都为石木结构，个别地区如布瓦羌寨和萝卜寨，则为土木结构。民居一般都在三层以上，底层作为畜圈，二层或三层作为居室，三层以上为经堂和堆放粮食。藏羌碉楼，一般高度都在20米、6层以上，最高者达50余米、18层左右，蔚为壮观。福建土楼则以"聚"为核心，以宗族或家族为单元，"聚族而居"，集居防为一体，构筑成圆形或方形的对外封闭式防御系统，对内为开敞式格局。其建筑物体积硕大，一座土楼内，往往住几十户，乃至上百户人。随着历史的演进，其防御功能逐渐淡化，更趋向于中国传统礼制的单纯居住建筑。开平碉楼的兴起最初也是出于防匪之用，由于特殊的环境也兼有防涝功能。虽然开平碉楼与民居建筑同藏羌碉楼及民居在分布上均呈"聚散式"，碉楼为点式，碉楼与当

图231　广东开平碉楼

地众多民居组合则呈聚式。在后来的发展过程中，逐渐形成了园林式建筑格局。

五　造型比较

从造型方面来审视，青藏高原碉楼、福建客家土楼、广东侨乡开平碉楼，由于自然生态环境、文化背景上的差异，分别构成了中华大地上三种典型的防御性碉楼风格类型。在空间效果上，青藏高原碉楼建筑高耸挺拔，扶摇天际，给人一种粗犷、向上的感觉。福建土楼则以其庞大的身躯，彰显出敦实、宽广和包容的胸怀。开平碉楼以其华美的装饰，在水乡中似出水芙蓉般俏美。在外形形体上，青藏高原碉楼在力与美的造型中，是以角来展现的，从而出现了被西方称之为"星形塔楼"的从三角到十三角的 7 种形体，特别是从五角到十三角的五种造型，这不仅在国内，就是在世界上所有防御性碉楼建筑中都是绝无仅有的。福建土楼一般为圆楼和方楼两种，但也有学者认为还有一种被称之为五凤楼的特殊造型形体，它的屋顶檐口呈现五层叠，犹如五凤展翅，是一种显赫身份的象征。在上述类型中，圆楼造型别具匠心和创造性，被国外学者誉为"天上掉下来的飞碟"的美轮美奂的建筑物。开平碉楼的造型虽然基本为四方形，但是由于大量引入了西方建筑文化，特别重视碉楼外部的装饰和顶部的造型，从而提升了碉楼的品位，丰富了造型种类。正如《老房子开平碉楼与民居》一书中所说的那样：

图232　四川阿坝州金川碉楼

在碉楼和民居的总体造

型、建筑构件和表现手法上，中国传统的乡土建筑艺术与西方建筑风格融为一体；而西方建筑风格又有多种类型，古希腊的柱廊、古罗马的拱券和柱式、伊斯兰的叶形券拱和铁雕、哥特时期的拱券、巴洛克建筑的山花、新文艺运动的装饰手法以及工业派的建筑艺术表现形式等等，都融进了开平的乡土建筑之中，它不单纯是某一时期某一国家某一地域建筑艺术的引进。这就是我们无法将开平碉楼和民居具体归入某种西方建筑风格的原因所在，准确地讲它应该是中外多种建筑风格"碎片"的组合，多种建筑类型相互交融的产物。①

据有关资料载，开平现有总人口为 68 万人，而旅居海外的华侨、港澳台同胞竟达 75 万人之多，分布于 68 个国家和地区。区内的碉楼建造的设计图纸，都是旅居于各国的华侨从国外设计好后带回家乡的。1800 多座碉楼，可以说是千姿百态。因此，有人将开平碉楼形容为领略西方建筑风格的"万花筒"，成为中国侨乡文化的典范之作。

① 张国雄、李玉祥：《老房子：开平碉楼与民居》，江苏美术出版社 2002 年版，第 34 页。

第十二章
青藏高原碉楼文化的价值与保护

第一节　青藏高原碉楼文化的价值

青藏高原碉楼历史悠久，就地取材，类型丰富，技艺独特，蕴涵着丰富的历史文化内涵，并具有家碉、经堂碉、寨碉、战碉、烽火碉、哨碉、官寨碉、界碉、要隘碉等多种功能和用途，集中反映了在当地的自然条件下从古到今的民族、社会、政治、经济、军事、文化、宗教、民众心理、建筑艺术等各方面的变化，成为记录长期生活在青藏高原上藏羌等民族人民生存状态难得的历史遗产，具有很大的民族文化价值。

根据 1972 年 11 月 16 日签订的《保护世界文化和自然遗产公约》对"世界文化遗产"的定义，《执行世界遗产的操作准则》明确了"世界文化遗产"的六条评选标准，[①] 青藏高原碉楼几乎具备了六条"世界文化遗产"标准中的所有特质。从科学或艺术角度看，青藏高原碉楼在建筑式样、环境景色结合方面，具有突出的普遍价值。而从现实角度看，青藏高原碉楼还具有教育价值和经济价值。

一　历史价值

碉楼是青藏高原一种独特的历史文化遗存，产生年代久远。碉楼是本地

---

① 世界遗产的评定标准主要依据《保护世界文化和自然遗产公约》第一、第二条规定。详见《联合国教科文组织保护世界文化公约选编》，法律出版社 2006 年版，第 36 页。

居民在险峻的自然地理条件下，发挥聪敏才智、繁衍生息，创造灿烂历史文化的重要实物见证。青藏高原碉楼承载着丰富的历史，是过去时代流传下来的历史财富，我们可以从中活态地认识、了解历史。现存青藏高原碉楼（包括与之直接相关的考古遗址和民族文化传统），作为中华民族历史演进过程中的一种历史遗留和"活化石"，仍保留着过去民族生存活动的一部分遗迹，反映出该区藏羌等民族在民族迁徙、文化交流、建筑技能、生产方式、社会环境、历史事件等方面的各种历史信息，体现了藏羌等族在漫长的历史演变中生存繁衍的智慧、能力以及与自然环境、社会压力不断斗争的历程。同时，碉楼还是历史上民族关系和民族文化交流的重要载体和实证，对研究中国西部民族关系史极富价值。

（一）横断山区系类型的碉楼

横断山脉地区至少在汉代已出现碉楼。有关碉楼的最早记载见于《后汉书·南蛮西南夷列传》，其记岷江上游冉駹夷之建筑，"皆依山居止，累石为室，高者至十余丈，为邛笼"。语言学家孙宏开从古羌语角度考察，认为"邛笼即碉楼"。[①] 杨嘉铭则认为："碉式

图233 丹巴中路乡碉楼

建筑与砌石技术和'邛笼'建筑有着紧密的联系。碉式建筑中，大量的是居住建筑，少量的是'高碉'建筑，《后汉书》所指的'邛笼'就是这两

---

① 孙宏开：《试论"邛笼"文化与羌语支语言》，载《民族研究》1986年第2期；孙宏开：《"邛笼"考》，载《民族研究》1981年第1期。

种建筑的源。"① 今岷江上游地区的汶川、茂县、理县一带羌民的房屋仍多砌石建筑，并有大量碉楼遗存。其中，理县桃坪羌寨和茂县黑虎鹰嘴河寨碉已被列为省级文物保护单位，其建筑年代被确定为西汉至清代。②

图 234　四川省甘孜州丹巴蒲角顶碉楼群

《北史》和《隋书·附国传》对碉楼的记载更为详尽，称附国："无城栅，近川谷，傍山险。俗好复仇，故垒石为磃，以备其患。其磃高至十余丈，下至五六丈，每级丈余，以木隔之。基方三四步，磃上方二三步，状似浮图。于下级开小门，从内上通，夜必关闭，以防盗贼。"其形制与今大渡河流域的高碉建筑极其相似，而大渡河流域的丹巴碉楼群已被列为国家级重点文物保护单位，其年代被确定为唐至清。③

　　明末清初，云南丽江纳西族木氏土司北向康藏扩张，其势力一度扩展到了今滇西北迪庆藏族自治州、西藏芒康县和四川木里、稻城、乡城、得荣、巴塘和理塘等藏族聚居区，其统治该区的历史一直延续到了清康熙年间。④今康南地区的木里、稻城、乡城等地均有土碉遗存，当地传说即为"木天王"⑤ 所修。

---

　　① 参见杨嘉铭《四川甘孜阿坝地区的"高碉"文化》，载《西南民族学院学报》（哲学社会科学版），1988 年第 3 期。

　　② 参见《中国文物保护单位名录》，中华人民共和国国家文物局网页 http://www.sach.gov.cn/publish/portal0/tab101/。

　　③ 同上。

　　④ 参见（清）《木氏宦谱》（影印本），云南美术出版社 2001 年版。

　　⑤ 当地居民对木氏土司之称谓。

清代乾隆年间两次大小金川战役则使得嘉绒藏区的碉楼名声大噪。两次金川战争，历经十数年，大小战争数百场，死伤将士近十万，为清代立朝以后最艰难的战事之一。大小金川战役中，双方皆围绕着守碉、攻碉为核心而斗智斗勇，奋力拼杀。大金川之役后，清廷甚至将部分俘虏押解到北京香山，建造了类似大小金川式的石碉，并以此演练清朝官兵攻碉战术，可见碉楼在金川之战中发挥了至关重要的作用。今日密布于大小金川流域的嘉绒藏寨碉楼群即是这段历史的最好见证。嘉绒藏寨碉群集中的区域，因地理环境特殊和交通不够发达，受现代文明冲击甚小，碉楼保留相

图235 云南省迪庆州德钦县奔子栏碉楼
（图片由迪庆州文物管理所提供）

图236 木里水洛碉楼

对完整。当地嘉绒藏族至今仍较大程度地沿袭着传统的生活方式，以传统的材料和施工方法维修或兴建石砌碉式民居，而碉楼则能为此种特殊的文化传统提供历史见证。

横断山区系类型碉楼展现了藏、羌等民族在横断山脉地带持续发展的漫长历史，见证了该地区两千余年来从部落到土司制度这一人类社会发展史上

的重要历史阶段。

（二）喜马拉雅地区系类型的碉楼

西藏现存最早的石砌房屋遗址见于昌都卡若遗址中，为卡若晚期建筑的典型结构，可见在新石器时代西藏即已存在石砌式建筑。①

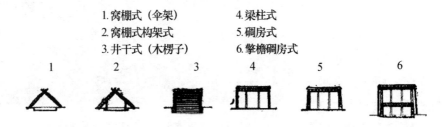

1.窝棚式（伞架）　　4.梁柱式
2.窝棚式构架式　　　5.碉房式
3.井干式（木楞子）　6.擎檐碉房式

1　　　2　　　3　　　4　　　5　　　6

图237　昌都卡若遗址房屋的结构体系

位于山南乃东县的碉式宫殿建筑——雍布拉康，是吐蕃第一代赞普聂赤赞普的宫殿。据杨嘉铭等学者考证，"这座堡寨式宫殿历时已经两千多年，原来的建筑物已不知维修或者重建过多少次，但是，据传在整个建筑东墙正中的高碉式建筑却被基本保留下来"。法国藏学家石泰安认为，在吐蕃统一前的时代，"其特点是'小邦王'们分而治之，'他们之间互相争斗和贪婪杀生'，'在所有的山岭及陡峭的山崖中都建立堡寨'。所以，结束了这种无政府状态的吐蕃第一位赞普，是以建立自己世袭的第一座城堡而开始平定整个地区的，这就是地处雅砻的雍布拉冈"。并指出："代表吐蕃时代特点的那些设计大胆而结构巍峨的石砌建筑：宫殿、城堡、寺庙，甚至包括一些私人住宅，这样一种建筑术并不是由游牧民所创造的。这种建筑的雏形在6世纪时代的附国和吐蕃东部的东女国就已经出现了。"②

吐蕃王朝以后，10世纪左右的阿里地区古格故城和多香故城中也存在碉楼遗迹。③此外，在工布和洛扎也存在碉楼，尤其是洛扎县边巴乡碉楼群，

---

① 参见江道元《西藏卡若文化的居住建筑初探》，载《西藏研究》1981年第3期。
② ［法］石泰安：《西藏的文明》，耿昇译，中国藏学出版社1999年版，第133页。
③ 参见西藏自治区文物管理委员会编《古格故城》，文物出版社1991年版。

共有大大小小的碉楼 107 座。① 据石泰安的说法，这类建筑"在 12 世纪初就于工布出现了"②。而意大利藏学家杜齐认为，位于山顶或山口的"塔③及其它带有防御结构的城堡……控制了小路的入口或整个峡谷。……它们也是吐蕃王朝崩溃后，骚乱时期最强大家族领地疆界上的瞭望台，这一骚乱时期一直持续到公元十二—十三世纪"④。

图 238　阿里古格王朝都城遗址里的防御性碉楼达 58 座⑤

　　而在山南地区，还有隆子县的格西村碉楼遗址、曲吉扎巴高碉遗址、列麦第四村碉楼遗址、加查县的诺米村高碉遗址、曲松县的邛多江碉楼遗址、

———————————

　　① 参见夏格旺堆《西藏高碉建筑刍议》，载《西藏研究》2002 年第 4 期；赵慧民：《谜一样的藏南碉楼》，载《文物天地》2002 年第 6 期。
　　② ［法］石泰安：《西藏的文明》，耿昇译，中国藏学出版社 1999 年版，第 133 页。
　　③ 即碉楼。
　　④ 参见杜齐著《西藏考古》，向红笳译，西藏人民出版社 1987 年版，第 27 页。
　　⑤ 资料来源：《周小林碉楼建筑艺术随笔》。

拉加里王宫遗址，其年代大约在 13 至 18 世纪。[①]

古格故城和拉加里王宫均由吐蕃王室的后裔所建，其碉式建筑风格当是沿袭了吐蕃时代的建筑特点。

清乾隆五十三年（1788）和乾隆五十六年（1791）在西藏发生了两次廓尔喀（今尼泊尔）入侵西藏的重大事件，清廷派兵反击，最终击退入侵者。《钦定巴勒布纪略》和《钦定廓尔喀纪略》记载了这两次反击战中清军的攻碉之战。今日喀则地区的聂拉木等地仍有碉楼分布[②]，当为两次战争的遗迹。

二　文化价值[③]

碉楼是人类建筑史上防御性建筑的典型形式之一。青藏高原碉楼是当地先民在深山峡谷的恶劣自然环境下，采用原始的建筑材料——天然石块和黏土，经独特的工艺砌筑而成的宜居宜防、造型独特的建筑。与世界现存其他碉楼比较，具有造型独特、分布密集、数量众多、类型丰富、功能多样、群体保存较完整等特点。青藏高原碉楼已延续发展了近两千年，拥有悠久的建造历史和独特的砌筑工艺传统，富有鲜明的高原建筑特性，反映了在特殊地理环境、特定历史阶段下藏羌等民族生存的文化特点，为青藏高原山地民族创造精神的代表作。

青藏高原碉楼在宗教文化方面也颇有价值。无论喜马拉雅还是横断山区，均有关于碉楼（尤其是石碉）的起源传说，而且多与藏地原始宗教苯教中的"琼"——大鹏鸟相关。在碉楼的修建前后，更是充满了宗教内容。每座民居中，除了有供奉神灵的经堂外，在屋顶还有崇拜诸神的标志。在丹巴碉楼上，作为家碉的碉顶设有"煨桑台"，用于焚烧松柏等物，祭祀神灵，旁插经幡；一些碉身有用白石砌成的牛头、海螺、"雍仲"（苯教的吉祥符号）；现在藏族地区，还有在碉上堆积石块再放上牛头作祭拜物以表达对神

---

① 参见霍巍、李永宪、更堆《错那、隆子、加查、曲松县文物志》，西藏人民出版社 1993 年版；夏格旺堆：《西藏高碉建筑刍议》，载《西藏研究》2002 年第 4 期。

② 参见夏格旺堆《西藏高碉建筑刍议》，载《西藏研究》2002 年第 4 期。

③ 参见刘波《试论藏羌古碉的类别及其文化价值》，载《贵州民族研究》2007 年第 6 期。

灵敬仰的习惯。① 正是这些宗教的因素使得石碉世代继承下来，砌碉技术不断发扬光大。

　　民俗是文化的重要组成部分，在横断山区石砌碉楼的形成和发展过程中，民俗占据着非常重要的位置。当地多种民俗仪式均与碉楼有密切的关系，比如生育礼俗和成人仪式。在生活中，碉楼还有男性碉楼、女性碉楼（即雄碉、雌碉，也称为母碉、公碉）之分。这种碉的性别之说在丹巴中路乡、九龙县等地流行。建碉房在藏羌人民心目中是件非常重要的事，男子娶妻生子必须另立门户，否则会让人瞧不起，若是上门女婿则可继承女方祖上房屋。在修建碉楼时，亲戚和同村的村民都会自带工具前来帮忙，大家相互换工，形成了良好的协作关系。有的地方则以家族能修建一座受人称赞的碉楼而自豪，修建碉楼成了民间财富实力雄厚的象征；凡村寨举行的结婚仪式，逢年过节集体跳"锅庄"等，均在碉楼下进行；丹巴各地，自古以来受碉楼文化影响很大，以碉楼命名的村落甚多，如"一支碉"、"石碉沟"、"黑碉"、"卡尔古"（意为碉坡）、"卡尔绒"（意为碉寨）等。② 丹巴县蒲角顶乡聂尔寨的十三角碉号称世界之最，此碉的建成传说与利用女性智慧有关。③ 又如，丹巴祝酒唱道："神秘的古碉下，美丽的石榴花，远方的客人请您常留下"等等。④

　　三　科学价值⑤

　　青藏高原碉楼从建造材料、工艺技术、建筑造型等方面充分反映了藏、羌等民族与高原峡谷环境、社会历史演变的相互作用，是青藏高原人类生存与居住的杰出范例，具有丰富的历史学、人类学、建筑学、社会学研究价值。

　　① 刘波：《试论藏羌古碉的类别及其文化价值》，载《贵州民族研究》2007 年第 6 期。

　　② 参见四川省丹巴县地名领导小组编印《四川省甘孜藏族自治州丹巴县地名录》，1987 年版。

　　③ 参见耿直《"千碉之国"的诱惑》，载《民间文化旅游杂志》2002 年第 1 期。

　　④ 刘波：《试论藏羌古碉的类别及其文化价值》，载《贵州民族研究》2007 年第 6 期。

　　⑤ 参见刘波《试论藏羌古碉的类别及其文化价值》，载《贵州民族研究》2007 年第 6 期；甘孜州文化局：《大渡河猴子岩水电站丹巴古碉群文物现状及保护价值专题研究（征求意见稿)》2004 年 4 月打印稿。

碉楼因地制宜，取材于当地，由于建筑技术与工艺的高超，因而坚固耐用，历经数百年，甚至上千年而不倒。1933 年，茂县叠溪发生了 7.5 级地震，叠溪全城沉没，但是，附近的石碉却安然无恙，仍巍然屹立。1976 年，松潘县、平武县发生了 7.2 级地震，距震中较近的黑虎碉群和羌寨羌碉却完好无损，堪称是建筑史上的一个奇迹。

任乃强先生 20 世纪 30 年代对碉楼进行多年实地考察后，指出了西康"砌乱石墙之工作独巧"，并分析了这一"叠石奇技"。[①] 当地工匠在垒砌碉寨时不用吊线，不搭支架，全凭眼看和经验，用手工将几米至几十米高的碉楼砌得笔直平整，由下往上渐内收呈台锥形，碉顶四角尖翘耸立，堪为一绝。碉楼虽是年代悠久之物，但其结构却采用了许多现在仍在沿用的先进建筑力学和结构原理，诸如减压原理、三角形稳定原理、圆形内结力学原理等，使这些瘦高的建筑历经风雨、战争、地震考验而不倒。

取材于当地天然材料是碉楼能延续发展千百年的另一重要因素。藏羌地区多利用自然具备的石头与石片、木材、泥土、颜料等材料来修建石碉，较好地利用了当地的自然条件。桃坪羌寨里最古老的建筑是用黄泥、片石作材料建成的，集数学、几何、力学为一体。藏碉则选石用料十分讲究，大到楼层分布，小到一块青石，都有三种以上的功用。黏土的成分至今仍然值得仔细研究，碉寨墙体是用片石和当地特有的一种富含硝的黏土砌成，蕴涵着独特的化学成分，因此才使得碉寨在漫长的岁月中历经了无数劫难而依然巍然屹立。藏羌先民着眼于因地制宜，就地取材，人居用途达到了天人合一，其价值有待科学工作者的进一步研究。

碉楼不仅在建筑工艺和取材上具有科学价值，在使用中还具有一定的减灾、环保、节能等功能。针对青藏高原地震、泥石流、风雹、雪灾等自然灾害频繁，尤其是地震灾害最为突出的情况，藏族工匠在长期的建筑石碉实践中，不断总结经验，并在建筑物的平面空间布置、地基选择、内部构造、门窗梯井等方面，均对石碉建筑设计了相应的防震、防寒、防风等抗灾措施，相对减轻了地震等自然灾害对碉楼的损坏程度。建筑碉楼所用的材料，来自大自然，毁损后又回到大自然，不污染环境。而且，碉楼墙

---

① 参见任乃强《西康图经》，西藏古籍出版社 2000 年版，第 252—254 页。

体厚实，房顶夯实的土层也很厚，冬暖夏凉，确实是既环保又节能的良好之举。

四　审美价值①

青藏高原碉楼体现的艺术是藏、羌文化的重要组成部分，它既多源又多元，促进了这一建筑形式的民族化、地域化，具有自身的艺术美及整体的和谐美。

碉楼的科学选址和布局，使得碉楼顺着陡峭的山势，巍峨挺拔于村落之中，雄伟坚固，凌空高耸，气势磅礴；碉楼多由乱石砌成，构件粗壮厚硕、棱角分明、墙面光洁、墙体平整、严丝合缝，轮廓线清晰异常，极富美感，堪称是藏羌民族建筑文化艺术的"活化石"。碉楼之间高低不一、错落有致、疏密相间、鳞次栉比，具有整体的和谐美；碉楼与藏房、群山、绿茵田野等周围环境协调统一，互为呼应，相映成趣，空间性与层次感并重，构成了一幅幅富有强烈立体感的景象，人文景观蔚为壮观。

20世纪初，时任丹巴天主教堂神父的法国传教士舍廉艾面对丹巴藏寨耸入云际的林立碉楼激动地高呼："我发现了新大陆！"舍廉艾后将丹巴藏寨碉群的照片寄回法国参加了1916年在里昂举办的摄影大展，首次向世界展示了碉楼的风采。1986年，中共中央总书记胡耀邦视察丹巴，称碉楼为"东方金字塔"，正是对碉楼美学欣赏价值的推崇。

五　教育和经济价值

青藏高原碉楼中包含了丰富的历史文化知识和大量的科学知识，并且极富审美价值，用这些重要的、科学的、美丽的知识和内容去进行个体教育、学校教育、社会教育，既可丰富知识，又可增强民族情感和提高艺术素养。在碉楼所在地进行宣传教育，更可增加当地人的文化自豪感，有利于与碉楼相关的传统技艺、传统生活方式、传统文化的传承和延续。

在市场经济和消费社会条件下，经济价值也是青藏高原碉楼的一种重要

---

① 参见张先进《嘉绒藏寨碉群及其世界文化遗产价值》，载《四川建筑》2003年第10期；刘波：《试论藏羌古碉的类别及其文化价值》，载《贵州民族研究》2007年第6期。

价值。在做好碉楼保护的前提下，可将碉楼作为独特的旅游资源加以合理开发和利用。碉楼已成为保留碉楼最多的四川省丹巴县目前着力打造的三大旅游品牌之一，旅游资源含金量高，具有独特性和不可替代性。其他地方碉楼同样具有进行旅游开发的潜力。

第二节　青藏高原碉楼文化的保护

一　青藏高原碉楼文化保护的背景

（一）文化遗产保护的国际背景

1. 物质文化遗产保护①

1954 年，联合国教科文组织在《武装冲突情况下保护文化财产公约》中就明文规定："对任何民族文化财产的损害即是对全人类文化遗产的损害"，需要有"共同的责任"。

1964 年，针对历史建筑和遗址保护的《威尼斯宪章》得到国际专家的认可和国际社会的普遍接受，一个新的当代文化遗产保护的理论和技术标准平台得以建立。

1972 年 11 月 16 日，教科文组织颁布了《保护世界文化及自然遗产公约》（简称《世界遗产公约》），同时颁布了《各国保护文化及自然遗产建议案》②。地方遗产开始依据《世界遗产公约》和《实施世界遗产公约的操作指南》等相关文件所规定的程序和标准，逐级申报，以最后被列入《世界遗产名录》而晋升为世界遗产。

此后，国际上又颁布了两个关于古建筑遗迹保护的重要文件：

1979 年，《保护具有文化意义地方的宪章》（简称《巴拉宪章》）在澳大利亚颁布，并在 1981 年和 1988 年通过了修正案。《巴拉宪章》提出了三

① 参见侯献国《文化遗产与丹巴碉楼》，四川大学硕士学位论文，2007 年。

② 另译为《关于在国家一级保护文化和自然遗产的建议》，见杨志刚《试谈"遗产"概念及相关观念的变化》，载复旦大学文物与博物馆系编：《文化遗产研究集刊》第 3 辑，上海古籍出版社 2001 年版，第 3 页。

个在国际上很有影响的概念："地方"（Place）、"构件"（Fabric）和"文化意义"（Cultural Signoficance）。并由此构建出新的遗产理念：保护的根本目的是保护"文化意义"，而不是古遗址和其实物构成。所谓文化意义，就是具有美学、历史、科学或社会价值的某种特殊的形态或印记。

2005 年 10 月 21 日，国际古迹遗址理事会第 15 届大会在西安召开，并通过了《西安宣言——关于古建筑、古遗址和历史区域周边环境的保护》（简称《西安宣言》），《西安宣言》提出了遗产保护的新理念，即遗产周边环境是遗产价值和意义的重要背景，对遗产本身具有十分重要的意义。由此在文化遗产的保护上，形成了三个重要的维度：文化遗产的实物—文化遗产意义—文化遗产周边环境。这是对文化遗产认识不断深化的结果，同时也为探讨文化遗产的价值提供了一个较为合理的研究思路，即文化遗产在纵向上是历史发展变迁的产物，在横向上是周边环境（包括自然和人文环境）的产物，只有进入具体的历史语境和社会环境中，文化遗产的价值才能得以彰显。不仅如此，《西安宣言》还进一步提出了解决问题的对策、途径和方法，具有较高的指导性和实践意义。

2. 非物质文化遗产保护[①]

"无形文化遗产"这个概念始于 20 世纪 50 年代的日本。它最早出现于日本 1950 年颁布的《文化财保护法》中。20 世纪 70 年代后，随着日本入驻联合国教科文组织，这一概念才逐渐受到国际关注。

1997 年，联合国教科文组织在《保护世界文化和自然遗产公约》的基础上，确定创立了"人类口头及非物质文化遗产代表作"公告制度。

2000 年 4 月，联合国教科文组织正式启动"人类口头及无形文化遗产代表作"项目的申报和评估工作。2001 年 5 月，公布世界首批"人类口头及无形文化遗产代表作名单"。12 月，联合国教科文组织成立遗产资源、传统文化、民间文化的政府间委员会，以加强各国政府间的协调与合作。

2003 年 10 月 17 日，第三十二届联合国教科文组织大会通过：《保护非物质文化遗产公约》。至此，人类无形文化遗产保护进入到一个新纪元。

---

① 参见顾军、苑利《文化遗产报告》，社会科学文献出版社 2005 年版，第 248—250 页。

（二）文化遗产保护的国内背景

1. 物质文化遗产保护①

1956 年，国务院颁布《关于在农业生产建设中保护文物的通知》。该《通知》提出了选定国家级文物保护单位的基本原则，各省级人民政府在《通知》的原则指导下，开始了第一次全国文物大普查。我国第一批基层文物工作队伍也在这个过程中锻炼成长起来。

1961 年，国务院颁布《文物保护管理暂行条例》。条例共分 18 条，明确规定了国家文物保护范围及文物保护单位的评定标准。条例还提出了文物发掘申报制度及古建修缮过程中必须遵守的恢复原状、保存现状原则。同时，国务院还发出了《关于进一步加强文物工作的指示》，并公布了第一批全国重点文物保护单位 108 个。

1974 年，国务院颁布了《关于加强文物保护工作的通知》，要求各单位在进行基本建设过程中，做好文物保护工作。

1980 年，国务院正式转批了《关于加强古建筑和文物古迹保护管理工作的请示报告》。

1982 年 11 月，第五届全国人大常务委员会第二十五次会议通过了《中华人民共和国文物保护法》。

1985 年，我国成为《世界遗产公约》的缔约国，并于 1987 年开始第一批申请世界遗产②，自 1987 年至 2008 年 7 月，中国先后被批准列入《世界遗产名录》的世界遗产已达 37 处。其中包括文化遗产 25 项，自然遗产 7 项，文化和自然双重遗产 4 项，文化景观 1 项。

2005 年 12 月 22 日，国务院发出 2005 年 42 号文件《国务院关于加强文化遗产保护的通知》。

2006 年 12 月，国家文物局公布了《中国世界文化遗产预备名单》重设目录，共列入 35 项文化遗产，其备选项目有 129 个，这 129 项首先经过了省

---

① 参见顾军、苑利《文化遗产报告》，社会科学文献出版社 2005 年版，第 133—135 页；

② 中国第一批世界遗产包括：故宫博物院、周口店北京人遗址、泰山、长城、秦始皇陵（含兵马俑坑）、敦煌莫高窟。

级遗产管理单位的筛选。2006 年四川省进入《中国世界文化遗产预备名单》的共有 3 项，其中一项就是藏、羌碉楼与村寨（四川省丹巴县、理县、茂县）。

2. 非物质文化遗产保护①

进入 21 世纪后，随着现代化在中国的迅速推进，传统文化遗产遭到新的威胁。在有识之士的呼吁下，抢救与保护民间文化遗产成为这一时期中国学术界的重要话题。2002 年，中国民间文艺家协会推出"中国民间文化遗产抢救工程"。2003 年，文化部、财政部、国家民委、中国文联等单位联合推出"民族民间文化保护工程"。2003 年 11 月，全国人大教科文卫委员会形成了《中华人民共和国民族民间传统文化保护法案》。

2004 年 8 月，我国正式加入联合国《保护非物质文化遗产公约》，成为该公约的缔约国。据此，教科文卫委员会将《中华人民共和国民族民间传统文化保护法案》名称调整为《中华人民共和国非物质文化遗产保护法》。

2005 年 3 月，国务院办公厅颁发了《关于加强我国非物质文化遗产保护工作的意见》。这是国家最高行政机关首次就我国非物质文化遗产保护工作发布的权威指导意见。《意见》指出："随着全球化趋势的增强，经济和社会的急剧变迁，我国非物质文化遗产的生存、保护和发展遇到很多新的情况和问题，面临着严峻的形势。"我国非物质文化遗产保护的紧迫性由此得到了高度重视。

2005 年 6 月，我国开始进行第一批国家级非物质文化遗产名录申报与评审工作。2006 年 5 月，正式公布首批国家级名录。至 2008 年 7 月，中国已有 4 项非物质文化遗产被列入《人类非物质文化遗产代表作名录》。

二 青藏高原碉楼文化保护的历史与现状

（一）青藏高原碉楼的现状

碉楼建筑作为一种防御体系主要流行于冷兵器时代。自清中叶以后，由

---

① 参见顾军、苑利《文化遗产报告》，社会科学文献出版社 2005 年版，第 142—144 页；王文章：《非物质文化遗产概论》，文化艺术出版社 2006 年版，第 18—21、209—221 页。

于火炮的运用以及历史、社会等原因，作为防御的碉楼建筑逐渐衰落。但是，碉楼建筑作为一种历史遗存却广泛地留存于青藏高原各地。然而由于自然和社会两方面的原因，青藏高原的碉楼正逐渐减少。

从自然方面来看：第一，青藏高原碉楼大多处在偏远山区的高山峡谷中，长年经受高原上的日晒雨淋、风吹雹打。由于自然的侵蚀再加上年久失修，许多碉楼均断壁残垣，或仅遗基址。第二，碉楼多处在泥石流多发区，容易遭到损坏。"四川位于长江上游，据有关资料统计，泥石沟数在 4000 条以上"，其中碉楼密集的"岷江上游和大渡河有 700 余条"。① 2003 年夏，碉楼分布最多的丹巴县连续发生两次泥石流，大量房屋被冲毁或遭到损坏。② 第三，地震则是对碉楼造成损毁的另一重要自然因素，尤其是横断山区系类型碉楼分布区地处松潘和龙门山两个地震带附近，为地震多发区。自 1900年以来四川地区发生了 8 次 7 级以上地震，1923 年炉霍、道孚 7.25 级地震，1933 年茂县叠溪 7.5 级地震，1955 年康定、折多塘和康定两次 7.5 级地震，1973 年炉霍 7.9 级地震，1976 年松潘和平武两次 7.2 级地震，2008 年汶川8.0 级地震③均发生在川西地区。尤其是 2008 年的汶川大地震使藏羌碉楼与村寨遭受了巨大损失。据四川省文物局统计，全国重点文物保护单位布瓦黄土碉、桃坪羌寨、黑虎碉群、丹巴碉楼群、直波碉楼、卓克基土司官寨均受到不同程度的损坏，详情见下图④。

从社会方面来看：第一，对碉楼造成破坏最为严重的当属 20 世纪 60—70 年代人民公社时期，由于农业学大寨运动的开展，改土造田之风盛行，不少碉楼被拆毁用于修建田坎。第二，藏族地区建房有拆旧翻新的传统，家碉时间长了，木料坏了后，就拆旧房石料用以修新房，从而使很多碉楼难以维持原貌。第三，目前正在青藏高原上实施的水利开发工程也与碉楼保护发生冲突。这一点在横断山区系类型碉楼分布区表现得尤为突出，由于处在多条

---

① 参见郭嘉仁《四川泥石流灾害发展趋势》，载《中国减灾》1998 年第 5 期。

② 参见苏鹏程等《四川泥石流灾害与降雨关系的初步探讨》，载《自然灾害学报》2006 年第 8 期。

③ 参见陈学忠 "Seismic Risk Analysis of Earthquakes of M≥7.0 in Sichuan Province, China"，《国际地震动态》2002 年 12 期；中国地震信息网 http://www.csi.ac.cn/；四川七级以上地震统计（转贴自 Wikipedia）http://ahongqi.blog.sohu.com/89574716.html/。

④ 图片来源于刘乾坤《碉楼：震而不倒》，载《中华遗产》2008 年第 7 期。

图239　四川省5·12地震部分主要藏羌碉楼及村寨受损情况统计

河流上游，加之与内地更为接近，其水利建设相对于西藏地区规划更早、规模也更大。拦河修坝会对当地自然环境造成影响，加剧滑坡等自然灾害，从而会对碉楼的安全产生威胁。同时，水利开发还会对碉楼周边自然和社会环境造成变化。① 2005 年《西安宣言》已经指出

图240　地震前的布瓦碉楼

① 参见甘孜州文化局《大渡河猴子岩水电站丹巴古碉群文物现状及保护价值专题研究（征求意见稿）》，2004 年 4 月打印稿。

图 241   地震后的布瓦碉楼

古建筑、古遗址的文化价值与其周边环境密不可分，一旦碉楼周边环境被人为改变，碉楼的价值也会受到影响。水利建设与碉楼保护的矛盾如何克服，已成为一亟待解决之问题。

改革开放以来，随着高原旅游业的发展，碉楼文化遗存逐步引起外界的兴趣和关注，现保留碉楼最多的四川丹巴县以"千碉之国"这一品牌而备受瞩目。2008 年汶川大地震又发生在碉楼密集的川西高原地区，因此在灾后重建中，如何保护灾区民族文化尤其是羌族文化被提上议事日程，而作为羌族文化代表的碉楼更是引起各方的重视。碉楼文化价值得以重新发现与利用，也使对这一珍贵历史文化遗产的保护成为一项刻不容缓的工作。

2. 青藏高原碉楼文化保护的历史

青藏高原碉楼主要分布在四川和西藏两省区。其中，四川省碉楼的保护工作开展得相对较早，成果也相对突出。四川省碉楼的保护工作主要由各级政府与文物部门组织开展，其对碉楼的保护首先是进行文物普查和记录，并确定各级文物保护单位。自 20 世纪下半叶开始，部分碉楼相继被列为县级、省级和国家级文物保护单位。目前四川省共有四处碉楼被列为国家级文物保护单位：1988 年马尔康县卓克基土司官寨被列入，2001 年马尔康县松岗直波碉楼被列入，2006 年壤塘县日斯满巴碉房和丹巴碉楼群被列入。① 此外，还有多处碉楼被列为省级或市、县级文物保护单位。截至

---

① 资料来源于中华人民共和国国家文物局网页 http：//www. sach. gov. cn/publish/portal0/tab134/info16. html/。

2006 年被列为各级文物保护单位的四川省碉楼详见下表①：

表11　　　　　2006 年被列为各级文物保护单位的四川省碉楼一览表

序号	名称	时代	类别	地址	保护级别	公布时间（年）
1	卓克基土司官寨	清	古建筑	马尔康	国家级重点文物保护单位	1988
2	直波碉楼	清	古建筑	马尔康	国家级重点文物保护单位	2001
3	日斯满巴碉房	元至明	古建筑	壤塘	国家级重点文物保护单位	2006
4	丹巴古碉群	唐至清	古建筑	丹巴	国家级重点文物保护单位	2006
5	日斯满巴碉房	元至明	古建筑	壤塘	省级文物保护单位	1991
6	丹巴古碉群	唐至清	古建筑	丹巴	省级文物保护单位	2002
7	御制平定金川葛拉依碑及曾达关碉	清	近现代重要史迹及代表性建筑	金川	省级文物保护单位	2002
8	理县桃坪羌寨及茂县黑虎鹰嘴河寨碉	西汉至清	古建筑	理县、茂县	省级文物保护单位	2002
9	布瓦黄土群碉	清	古建筑	汶川	省级文物保护单位	2004
10	泽盖碉房	清	古建筑	黑水	市、县级文物保护单位	1987
11	白莎八角碉	清	古建筑	马尔康	市、县级文物保护单位	1989
12	沃日土司官寨及经堂	清	古建筑	小金	市、县级文物保护单位	1989
13	绰斯甲土司官寨及家庙	清	古建筑	金川	市、县级文物保护单位	1989
14	茅岭村碉楼	清	古建筑	汶川	市、县级文物保护单位	1991
15	阿尔碉楼	清	古建筑	汶川	市、县级文物保护单位	1991

---

　　①　资料来源于中华人民共和国国家文物局网页 http：//www. sach. gov. cn/publish/portal0/tab101/中国文物保护单位名录。

续表

序号	名称	时代	类别	地址	保护级别	公布时间(年)
16	布南碉楼	清	古建筑	汶川	市、县级文物保护单位	1991
17	巴夺碉楼	清	古建筑	汶川	市、县级文物保护单位	1991
18	木上寨碉楼	清	古建筑	汶川	市、县级文物保护单位	1991
19	大寺村碉楼	清	古建筑	汶川	市、县级文物保护单位	1991
20	下庄村茶园碉楼	清	古建筑	汶川	市、县级文物保护单位	1991
21	羌锋碉楼	清	古建筑	汶川	市、县级文物保护单位	1991
22	碉头村碉楼	清	古建筑	汶川	市、县级文物保护单位	1991
23	码头村碉楼	清	古建筑	汶川	市、县级文物保护单位	1991
24	安乐寨石雕房	清	古建筑	九寨沟	市、县级文物保护单位	1995
25	巴底土司官寨	清	古建筑	丹巴	市、县级文物保护单位	1999
26	梭坡古碉群	明、清	古建筑	丹巴	市、县级文物保护单位	2002
27	中路古碉群	明、清	古建筑	丹巴	市、县级文物保护单位	2002

　　2007 年，国务院下发《关于开展第三次全国文物普查的通知》，根据通知要求，四川省立即成立了第三次全国文物普查领导小组和办公室。截至 2008 年 9 月 28 日，全省各市、州、县（市、区）全部成立了三普领导小组和办公室。四川省阿坝州是 2008 年 "5·12" 汶川大地震的重灾区，阿坝自己一手抓抗震救灾，一手抓文物普查，州文管所会同四川大学考古系等单位联合进行田野调查。①

———————————

　　① 见于四川省文物局副局长、四川省第三次文物普查领导小组办公室副主任王琼 2008 年 10 月 19 日在全国文物系统深入学习实践科学发展观座谈会暨全国第三次文物普查办公室主任工作会议上的发言 http：//www. sach. gov. cn/tabid/723/InfoID/13981/Default. aspx。

　　在汶川地震发生后一个多月的时间，四川迅速启动了"羌族碉楼与村寨抢救保护工程"和"松岗直波碉楼抢救保护工程"。2008年7月，四川省人民政府、国家文物局在桃坪羌寨启动"羌族碉楼与村寨抢救工程"。在地震中受损的羌族碉楼与村寨已被列入中国申报世界文化遗产预备名单，既是全国重点文物保护单位又是著名旅游景区，记录并反映出古老的羌族人们的各种历史信息。专家们对桃坪羌寨的受损情况进行详细评估，并且认真研究了羌族碉楼碉房的营造技艺，制定了科学的设计方案。为抢救保护珍贵的少数民族文化遗产，落实国家文物局局长单霁翔"用二至三年时间保质保量完成藏羌碉楼与村寨的抢救保护工程，并利用保护工程为阿坝州培养一支以当地工匠为主的文物维修队伍，将一批具有传统技艺的工匠培养成为民族文化传承人，使之更好更有效的保护优秀的民族传统文化"的要求，四川省文物局与中国古迹遗址保护协会（ICOMOS/CHINA）分别在理县和马尔康县举办了两期"四川藏羌地区传统建筑维修保护技术工匠培训班"，对百余名具有建筑经验、部分即将进场参加抢救保护工程的当地工匠进行了培训。①

　　2009年，四川省文物部门将根据国家发改委等11部委下发的《关于印发汶川地震灾后恢复重建公共服务设施建设专项规划的通知》要求，启动汶川、北川、茂县、理县等地区少数民族物质文化遗产的灾后抢救保护工程。

　　除了进行文物保护和在灾后重建中实施民族文化遗产抢救保护工程外，申报各级文化遗产则是对碉楼进行保护的另一重要方式。2002年至今，阿坝桃坪黑虎、丹巴碉楼都在积极申报世界文化遗产。2006年，藏、羌碉楼与村寨（四川省丹巴县、理县、茂县）进入《中国世界文化遗产预备名单》。

　　四川地区碉楼保护的发展脉络可以丹巴的碉楼保护为代表②。20世纪50年代至80年代，丹巴碉楼要么因为"无用武之地"而被闲置，要么成为部

　　①　参见何振华《四川震后文物抢救保护周年记》，载《中国文化遗产》2009年第2期。
　　②　丹巴碉楼保护的个案资料主要来源于侯献国《文化遗产与丹巴碉楼》，四川大学硕士学位论文，2007年。

分地区圣物而被敬拜，加上"文化大革命"以及"破四旧"运动中对文化遗产的破坏，碉楼逐渐脱离了周边的文化环境而成为一个空壳。

90年代后期，随着丹巴碉楼申遗和旅游开发被提上日程，对丹巴碉楼内涵的挖掘也成为急迫的事情，一方面是为了丹巴碉楼申遗需要对碉楼周边文化进行充分的研究和保护，以支撑碉楼的独特性；另一方面，少数民族遗产旅游更强调文化的差异性。在这样的背景下，丹巴县的藏羌等少数民族和地方政府也逐渐明白了"民族的才是世界的"。开始有意无意对碉楼和周边的族群和地域文化进行整合，并成为碉楼对外宣传的重要内容。1999年，时任四川省文物局副处长的朱小南在丹巴县政府会议上提出了"先将丹巴碉申报为省级重点文物保护单位，再申报国家重点文物保护单位，同时开展申请世界遗产的各种准备工作，最终申请世界遗产"的建议。丹巴县政府最终意识到丹巴碉楼的世界级遗产价值，而且可能从地方文化一跃而成为世界遗产，丹巴碉楼的申遗之路也由此开始。

正像当时朱小南建议的那样，丹巴碉楼在准备申遗的同时，也开始逐级申请重点文物保护单位：

1999年被甘孜州人民政府列为州级重点文物保护单位；

2001年申请四川省省级重点文物保护单位，并开始了丹巴中路——梭坡藏寨碉群申报世界文化遗产的工作；

2002年被四川省人民政府列为省级重点文物保护单位，并且申遗文本通过省级评审。

2006年被国务院列入第六批全国重点文物保护单位。同年，藏、羌碉楼与村寨（四川省丹巴县、理县、茂县）进入《中国世界文化遗产预备名单》。

而法国女士弗德瑞克·达瑞根（中文名字冰焰）则是丹巴碉楼申遗的另一积极推动者。2003年她拍摄的纪录片《喜马拉雅的神秘碉楼》被美国探索频道以高价购买五年海外播放权后，她便致力于帮助碉楼申请世界遗产。2005年6月，在弗德瑞克和有关方面的努力下，康藏碉楼被"世界遗产基金会"列入"2006年全球100个人类濒危遗产名录"，并将拨出专款用以修缮和保护。

与四川相比，西藏的碉楼保护工作起步时间较晚，但碉楼价值正逐渐被世人发现与认识。西藏于1962年确定雍布拉康为自治区级文物保护单位，并拨款进行维修。在十年浩劫中，雍布拉康被拆毁，所有塑像、壁画、建筑木构件被破坏无遗，其他文物也都流失，仅剩下残垣断壁。1982 年山南地区文管会主持维修雍布拉康，历时两年多，现已经基本恢复了原貌。截至 2006年被列为各级文物保护单位的西藏碉式建筑或遗址详见下表①：

表 12　　　　　2006 年被列为各级文物保护单位的西藏碉式建筑一览表

序号	名称	时代	类别	地址	保护级别	公布时间（年）
1	郎色林庄园	明	古建筑	扎囊县	国家级重点文物保护单位	2001
2	曲德寺、卓玛拉康、大唐天竺使出铭	10 世纪、1274 年、658 年	古建筑	吉隆县	国家级重点文物保护单位	2001
3	吉如拉康	唐至清	古建筑	乃东县	国家级重点文物保护单位	2001
4	古格王国遗址	始建于 10 世纪	古遗址	札达县	国家级重点文物保护单位	1961
5	卡若遗址	新石器时代	古遗址	昌都县	国家级重点文物保护单位	1996
6	拉加里王宫遗址	13 至 18 世纪	古遗址	曲松县	国家级重点文物保护单位	2001
7	雍布拉康	西汉	古建筑	乃东县	自治区级文物保护单位	1962
8	定结宗山	17 世纪	古建筑	定结县	自治区级文物保护单位	1996
9	帕拉庄园	17、18 世纪	古建筑	日喀则市	自治区级文物保护单位	1996
10	吉拉康	1012 年	古建筑	林周县	自治区级文物保护单位	1996
11	德钦格桑颇章	1954 年	古建筑	日喀则市	自治区级文物保护单位	1996
12	卓玛拉康及阿底峡灵塔	11 世纪	古建筑	曲水县	自治区级文物保护单位	1962

---

①　资料来源于中华人民共和国国家文物局网页 http：//www. sach. gov. cn/publish/portal0/tab101/中国文物保护单位名录。

目前对于西藏碉楼的认识与保护仍显不足，但山南、林芝秀巴一带的碉楼已引起世人关注，不久可望如布达拉宫一样纳入世界遗产申报范围。

（三）青藏高原碉楼保护的机构和主体

目前主要有两方面的力量从事青藏高原碉楼的保护工作：

政府与文物部门是对碉楼进行保护与管理的主体机构，其工作主要是进行文物普查与保护，以及申报和批准各级文化遗产。此外，部分地方政府还积极开展碉楼的展示工作。如康定县就"制作了相关的宣传广告牌，对古碉进行了宣传，拍摄了文物实体照片，并上传至网络进行宣传"。[①]

学者也深入实地调查，撰写调查报告和研究文章。西南民大的杨嘉铭教授就曾对康定地区部分碉楼的建造时间以及产生原因做了研究。[②] 除国内学者外还有国际学者关注到碉楼的保护工作，如法国的弗德瑞克。她一方面对碉楼进行全方位的深入研究，包括采取样本进行碳14测定，用卫星系统确定碉楼的分布，组织国际知名专家对碉楼进行各个方面研究；另一方面则对碉楼进行国际宣传，包括在美国《探索》频道播出她的纪录片《喜马拉雅的神秘碉楼》，2004—2005年在世界一些城市尤其是在联合国举办"喜马拉雅碉楼摄影展"，2004年参加在苏州召开的世界遗产年会并在会议上介绍中国西南碉楼以及自己的研究，2005年出版专著《喜马拉雅的神秘碉楼》等。[③]

此外，在青藏高原碉楼的保护中还有以下三方力量：

1. 非政府组织

弗德瑞克在2001年与四川大学联合成立四川大学——育利康基金会对碉楼进行专门研究。

2006年7月15日由友多网发起的"横断山碉楼保护会"正式成立，希望吸引一批古建筑保护专家，以及更多有热情、有爱心且致力于横断山碉楼保护工作的人士参加。保护会主要致力于以下四个方面的工作[④]：

---

① 四川省文物局《关于推荐康定古碉群为第七批全国重点文物保护单位的报告》，2009年11月。
② 同上。
③ 参见侯献国《文化遗产与丹巴碉楼》，四川大学硕士学位论文，2007年。
④ 来源于《横断山碉楼保护会成立》，友多网 http://www.youduo.com/。

◆向更多的人介绍横断山的碉楼建筑文化艺术，帮助社会各界更多地了解和认识这一中华民族贡献给世界的珍贵的建筑文化艺术遗产。

◆支持和协助碉楼存留地的当地政府确立良好的保护管理计划。

◆记录、研究横断山的碉楼状况，并提出相关报告和建议。

◆组织、参与横断山碉楼的保护活动。

2. 记者和游客

近年随着青藏高原旅游业的发展，青藏高原碉楼越来越引起国内外各界人士的兴趣与关注。有相当数量的记者与游客都对碉楼做了相关报道与宣传，例如1982年《四川日报》副刊发表描写碉楼和碉下的民情风俗的散文《古堡下的情歌》，1994年法国伽玛图片社摄影记者胡勇先在丹巴蹲点拍摄碉楼及村寨，2005年丹巴藏寨入选《中国国家地理》杂志"中国最美的六大乡村古镇排行榜"之首[①]，这些都进一步推动了青藏高原的碉楼研究。

而"横断山碉楼保护会"的发起人之一周小林最初是以游客和摄影爱好者身份进入丹巴的，2002年开始在丹巴建立丹巴大酒店/丹巴青年旅社，并成立专门宣传丹巴和甘孜的专门网站——友多网。同时，周小林深入丹巴各个地方，搜集民风民俗资料，拍摄了7万多张照片，并于2005年出版了专著《绝色丹巴初体验》。他同时还在《中国国家地理》、《中国旅游报》、《广州日报》等多家媒体上发表了有关丹巴的数十万字和数百幅照片的旅游宣传、推广和营销方面的文章，并接受了数家电视台的专访。[②]

3. 地方民众

地方民众一开始并没有意识到碉楼的价值，从而缺乏保护碉楼的意识，仍旧延续着以往拆旧建新的传统。直到外界开始对碉楼加以关注与宣传，尤其是随着碉楼所在地旅游业的发展和碉楼申遗工作的开展，当地居民才开始有意识地对碉楼加以保护起来，并充满自豪地向外来者介绍碉楼的历史和有关传说故事。有些地方甚至为了吸引游客而开始修建新的碉楼。

---

① 参见甘孜州文化局《大渡河猴子岩水电站丹巴古碉群文物现状及保护价值专题研究（征求意见稿）》，2004年4月打印稿。

② 参见侯献国《文化遗产与丹巴碉楼》，四川大学硕士学位论文，2007年。

三 青藏高原碉楼文化保护面临的问题

（一）碉楼及其相关历史记忆、文化内涵的消失与减少，碉楼周边环境的变化与破坏。

在现代经济建设的趋势下，特别是水利和旅游开发的作用，可导致原有生存环境、社会经济结构和民族生活方式发生改变，随之产生的人们不断增长的物质需求也可造成传统民族文化和历史遗存的消失。同时，碉楼所在地的年轻人大量外出打工，或致力于从事经济收益较高的其他工作，传统的碉楼建筑技艺少人传承，前景堪忧。这些不可逆转的变化极易对作为文化遗产的碉楼周边脆弱的生态环境与人文资源等背景环境造成整体性的破坏，从而使碉楼及其相关历史记忆、文化内涵减少与消失。

（二）相关法律法规和制度的缺乏。

法律法规建设的步伐不能与碉楼保护的紧迫性相适应，缺乏碉楼保护的整体规划，与保护相关的一系列问题不能得到系统性解决。保护标准和目标管理以及搜集、整理、调查、记录、建档、展示、利用、人员培训等工作相对薄弱。

适合碉楼保护工作实际的整体性、有效性的工作机制尚未建立。将保护对象分割，由政府不同部门分别实施管理，与实际的保护工作不相适应。同时，根据行政归属将碉楼保护交由各地方政府分别实施，缺乏统一管理。

（三）一些地方保护意识淡薄，重申报、重开发，轻保护、轻管理。

在保护工作中，有两种倾向应引起注意，一种是建设性破坏，一种是保护性破坏。由于认识不正确，或出于良好愿望或出于经济目的，以及历来存在的赶风头的现象，建设性破坏和保护性破坏，常常是在加强保护和开发利用的名义下进行，更具有危害性。新农村建设正在全国农村展开，如果建设不当，很容易造成不可挽回的损失。拆旧村建新村，如果不对蕴涵历史文化内容的碉楼遗存加以认真保护，承载其上的历史文化记忆将荡然无存。保护性破坏的危害也很明显。少数地区片面强调碉楼的经济价值，对其进行超负荷利用和破坏性开发，存在商业化、人工化倾向，损害了碉楼文化的本真性。

以桃坪羌寨为例，当地为发展旅游业 2006 年以后新建了许多仿古建筑作为民居接待点，然而这些建筑仅仿造了原建筑的外形，既没有延续原碉楼建筑的文化内涵，传统的建筑技艺也未能得以传承。因此在"5·12"地震中，许多建于千百年前的碉楼和村寨民房未遭大的破坏，而新建筑却大多经不起考验垮塌了。①

（四）物质文化保护与非物质文化保护仍结合得不够。

对碉楼的保护都是从作为文物保护开始的，强调对物质实体和外在形式的保护。但只有深入发掘碉楼内涵的文化意义并将其放入相关历史语境和周边社会环境中，才能真正将碉楼这份珍贵的文化遗产保护和延续下去。

（五）资金和技术的缺乏。

青藏高原碉楼所在多为过去所说"老、少、边、穷"地区，经济不发达，技术落后，地方上进行碉楼保护的资金和人员不足的困难普遍存在，碉楼保护工作需要各种力量的广泛支持。

（六）碉楼文化保护中地方民众的参与不足。

在碉楼保护和申遗活动中，外来的政府官员和学者为主要的推动者和积极的实施者，地方民众多是在外界力量的带动下参与到碉楼保护之中的，缺乏自主性，并存在盲目性。

四　青藏高原碉楼文化保护原则与举措

在青藏高原碉楼保护中应遵循几个基本原则：（1）本真性；（2）整体性；（3）可解读性；（4）可持续性。

借鉴国内外文化遗产保护的经验教训，青藏高原碉楼文化保护应采取以下举措：

1. 尽快开展碉楼普查和记录归档工作。

---

① 资料及图片来源于刘乾坤《碉楼：震而不倒》，载《中华遗产》2008 年第 7 期。

2. 在普查基础上，建立和完善保护制度。

3. 培训管理与技术人员。

4. 采用多元化集资方式。

5. 加强对碉楼的研究和对外宣传。

6. 通过教育与宣传加大当地群众与政府的保护意识。

7. 寻访当地能工巧匠，搜集和记录有关碉楼的传说、故事、仪式和民俗，加强对传统技艺和历史记忆的保护。

主要参考资料

一　汉文史籍

范晔：《后汉书》，中华书局标点本，1965 年。

魏徵等：《隋书》，中华书局标点本，1973 年。

李延寿：《北史》，中华书局标点本，1974 年。

赵尔巽、柯劭忞等撰：《清史稿》，中华书局 1977 年版。

西藏研究编辑部编辑：《清实录藏族史料》，西藏人民出版社 1982 年版。

李心衡：《金川琐记》，中华书局 1985 年版。

赵翼：《平定两金川述略》，《小方壶斋舆地丛钞》第 8 帙，杭州古籍出版社 1985 年版。

阿桂等撰：《平定两金川纪略》，西藏社会科学院西藏学汉文文献编辑室编印，《西藏学汉文文献汇刻》第 1 辑，1991 年。

程穆衡：《金川纪略》，张羽新主编：《中国西藏及甘青川藏区方志汇编》，学苑出版社 2003 年版。

《金川旧事》，张羽新主编：《中国西藏及甘青川藏区方志汇编》，学苑出版社 2003 年版。

张继：《定瞻厅志略》，张羽新主编：《中国西藏及甘青川滇藏区方志汇编》，学苑出版社 2003 年版。

张羽新辑注：《清代喇嘛教碑文》，西藏社会科学院汉文文献编辑室编辑：《西藏学汉学文献汇刻》第 2 辑，天津古籍出版社 1987 年。

方略馆编，季垣垣点校：《钦定廓尔喀纪略》，中国藏学出版社 2006 年版。

方略馆编，季垣垣点校：《钦定巴勒布纪略》，中国藏学出版社 2006 年版。

魏源撰，韩锡铎、孙文良点校：《圣武记》，中华书局 1984 年版。

昭梿撰，何英芳点校：《啸亭杂录》，中华书局 1980 年版。

刘声木撰，刘笃龄点校：《苌楚斋随笔续笔三笔四笔五笔·三笔》，中华书局 1998 年版。

陈克绳：乾隆《保县志》，乾隆十三年刻本。

于敏中等编纂：《日下旧闻考》，北京古籍出版社 1981 年版。

昆冈等撰：《钦定大清会典事例》，光绪二十五年刻本，台北新文丰出版公司 1976 年版。

（清）高宗：《御制诗文十全集》，西藏社会科学院西藏学汉文文献编辑室编印：《西藏学汉文文献汇刻》第 2 辑，中国藏学出版社 1993 年。

中国藏学研究中心、中国第一历史档案馆、中国第二历史档案馆、西藏自治区档案馆、四川省档案馆合编：《元以来西藏地方与中央政府关系档案史料汇编》，中国藏学出版社 1994 年版。

鹿传霖：《筹瞻奏稿》，西藏社会科学院西藏学汉文文献编辑室编辑：《西藏学汉文文献丛刻》第 2 辑，《松湘桂丰奏稿、筹瞻奏稿、有泰驻藏日记、清代喇嘛教碑文》四种合刊，全国图书馆文献缩微复制中心，1991 年。

伍非百编：《清代对大小金川及西康青海用兵纪要》，1935 年铅印本。

军事委员会委员长成都行营编印：《川康边政资料辑要》，成都祠堂街玉林长代印，1940 年。

二 藏文史籍

索南坚赞：《西藏王统记》，刘立千译注，西藏人民出版社 1985 年版。

大司徒·绛求坚赞：《朗氏家族史》，赞拉·阿旺、佘万治译，陈庆英校，西藏人民出版社 1989 年版。

班钦·索南查巴：《新红史》，黄颢译注，西藏人民出版社 1984 年版。

土观·罗桑却季尼玛：《土观宗派源流》，刘立千译注，西藏人民出版社 1984 年版。

智观巴·贡却呼丹巴绕吉：《安多政教史》，吴均等译，甘肃民族出版社 1989 年版。

王尧、陈践译注：《敦煌本吐蕃历史文书》，民族出版社 1992 年版。

恰白·次旦平措、诺章·吴坚、平措次仁著，陈庆英、格桑益西、何宗英、许德存译：《西藏通史——松石宝串》，西藏社会科学院、中国西藏杂志社、西藏古籍出版社 1996 年版。

三 论著

任乃强：《西康图经》，西藏古籍出版社 2000 年版。

任乃强：《四川上古史新探》，四川人民出版社 1986 年版。

马长寿：《氐与羌》，上海人民出版社 1984 年版。

马长寿：《马长寿民族学论集》，人民出版社 2003 年版。

李绍明、冉光荣、周锡银：《羌族史》，四川民族出版社 1985 年版，

李绍明、周蜀蓉选编：《葛维汉民族学考古学论著》，耿静译，巴蜀书社 2004 年版。

刘如虎：《青海西康两省》，商务印书馆 1936 年版。

李亦人编著：《西康综览》，正中书局 1947 年铅印平装本。

中央民族学院图书馆编：《西藏见闻录》，中央民族学院图书馆油印本 1978 年。

黎光明、王元辉：《川西民俗调查记录 1929》，王明珂编校、导读，台北中研院历史语言研究所 2004 年版。

西南民族大学西南民族研究院编：《川西北藏族羌族社会调查》，民族出版社 2007 年版。

［法］石泰安：《西藏的文明》，耿昇译，中国藏学出版社 1999 年版。

［意］杜齐：《西藏考古》，向红笳译，西藏人民出版社 1987 年版。

石硕：《吐蕃政教关系史》，四川人民出版社 2003 年版。

石硕：《藏族族源与藏东古文明》，四川人民出版社 2001 年版。

杨嘉铭、杨艺：《千碉之国——丹巴》，巴蜀书社 2004 年版。

杨嘉铭、杨环：《四川藏区的建筑文化》，四川民族出版社 2007 年版。

杨嘉铭、赵心愚、杨环：《西藏建筑的历史文化》，青海人民出版社 2003 年版。

张云：《丝路文化·吐蕃卷》，浙江人民出版社 1995 年版。

王明珂：《羌在汉藏之间》，台湾联经事业出版公司 2002 年版。

霍巍：《西南天地间——中国西南的考古、民族与文化》，香港城市大学出版社 2006 年版。

霍巍、李永宪、更堆：《错那、隆子、加查、曲松县文物志》，西藏人民出版社 1993 年版。

方国瑜编撰，和志武编订：《纳西象形文字谱》，云南人民出版社 1981 年版。

李霖灿、张琨、和才：《麼些象行文字、标音文字字典》，（台北）文史哲出版社 1972 年版。

李霖灿：《麼些研究论文集》，（台北）"国立"故宫博物院 1984 年版。

杨福泉：《纳西族与藏族历史关系研究》，民族出版社 2005 年版。

塔热·次仁玉珍：《西藏的地域与人文》，西藏人民出版社 2005 年版。

季富政：《中国羌族建筑》，西南交通大学出版社 2000 年版。

梦非：《相约羌寨》，四川民族出版社 2002 年版。

张世文：《亲近雪和阳光——青藏建筑文化》，西藏人民出版社 2004 年版。

刘勇、冯敏等：《鲜水河畔道孚藏族多元文化》，四川民族出版社 2005 年版。

卢丁、工腾元男主编：《羌族历史文化研究》，四川人民出版社 2000 年版。

冯明珠：《中英西藏交涉与川藏边情 1774—1925》，中国藏学出版社 2007 年版。

邓少琴：《西康木雅西吴王考》，《邓少琴西南民族史地论集》，巴蜀书社 2001 年版。

黄颢：《在北京的藏族文物》，民族出版社 1993 年版。

杨永红：《西藏建筑的军事防御风格》，西藏人民出版社 2007 年版。

赵心愚、秦和平编：《康区藏族社会历史调查资料辑要》，四川民族出版社 2004 年版。

西南民族大学西南民族研究院编：《川西北藏族羌族社会调查》，民族出版社 2007 年版。

杨仲华：《西康纪要》，商务印书馆 1937 年版。

四川省阿坝藏族羌族自治州金川县地方志编纂委员会编纂：《金川县志》，民族出版社 1994 年版。

四川马尔康地方志编纂委员会：《马尔康县志》，四川人民出版社 1995 年版。

阿坝藏族羌族自治州马尔康县旅游文化体育局、阿坝藏族羌族自治州马尔康县文化馆编：《绚丽多彩的嘉绒藏族文化》，四川人民出版社 2003 年版。

达尔基、李茂：《阿坝通览》，四川辞书出版社 2001 年版。

阿坝藏族羌族自治州文物管理所编：《阿坝文物览胜》，四川民族出版社 2002 年版。

郎维伟、艾建主编：《大渡河上游丹巴藏族民间文化调查报告》，四川省民族研究所 2001 年版。

西藏自治区文物管理委员会、四川大学历史系：《昌都卡若》，文物出版社 1985 年版。

索朗旺堆：《错那、隆子、加查、曲松县文物志》，西藏人民出版社 1993 年版。

索朗旺堆：《阿里地区文物志》，西藏人民出版社 1993 年版。

西藏自治区文物管理委员会编：《古格故城》，文物出版社 1991 年版。

王军云：《中国民居与民俗》，中国华侨出版社 2007 年版。

福建土楼编委会编：《福建土楼》，中国大百科全书出版社 2005 年版。

顾军、苑利：《文化遗产报告》，社会科学文献出版社 2005 年版。

王文章：《非物质文化遗产概论》，文化艺术出版社 2006 年版。

王文章主编：《非物质文化遗产保护与田野工作方法》，文化艺术出版社 2008 年版。

四　论文

庄学本：《西康丹巴调查》，载《西南边疆》（昆明），1939 年第 6 期。

江道元：《西藏卡若文化的居住建筑初探》，载《西藏研究》1981 年第 3 期。

周锡银：《独特精湛的羌族建筑》，载《西南民族学院学报》1984 年第 2 期。

邓廷良：《石碉文化初探》，载《重庆师范大学学报》（哲学社会科学版），1985 年第 2 期。

邓廷良：《嘉戎族源初探》，载《西南民族学院学报》（社会科学版），1986 年第 1 期。

孙宏开：《试论"邛笼"文化与羌语支语言》，载《民族研究》1986 年第 2 期。

孙宏开：《"邛笼"考》，载《民族研究》1981 年第 1 期。

任新建：《"藏彝民族走廊"的石文化》，载（台湾）《历史月刊》1996 年 10 月号。

杨嘉铭：《四川甘孜阿坝地区的"高碉"文化》，载《西南民族学院学报》（哲学社会科学版），1988 年第 3 期。

杨嘉铭：《丹巴古碉建筑文化综览》，载《中国藏学》2004 年第 2 期。

杨嘉铭：《康巴民居管窥》，载热贡·多吉彭措：《甘孜州民居》，四川美术出版社 2009 年。

陈庆英：《关于北京香山藏族的传闻及史籍记载》，载《中国藏学》1990 年第 4 期。

辛克靖：《风格崇高的藏族民居》，载《建筑》1994 年第 3 期。

拉尔吾加：《嘉绒藏区的古碉堡》，载《中国西藏》（中文版），1994 年第 5 期。

张孝友、宋友成：《金川县古代土陶管供水系统调查小记》，载《中国藏学》1995 年第 4 期。

张昌富：《嘉绒藏族的石碉建筑》，载《西藏研究》1996 年第 4 期。

康·巴杰罗卓、泽勇：《从藏族东康区住宅形式谈藏族住宅建筑艺术的沿革》，载《西藏大学学报》1995 年第 4 期。

保罗：《从藏东康区住宅形式谈藏族住宅建筑艺术的沿革》，《西藏研究》1996 年第 2 期。

多尔吉：《嘉绒藏区碉房建筑及其文化探微》，载《中国藏学》1996 年第 4 期。

石硕：《附国与吐蕃》，载《中国藏学》2003 年第 3 期。

石硕、刘俊波：《青藏高原碉楼研究的回顾与展望》，载《四川大学学报》2007 年第 5 期。

石硕：《隐藏的神性：藏彝走廊中的碉楼——从民族志材料看碉楼起源的原初意义与功能》，载《民族研究》2008 年第 1 期。

朱普选：《西藏传统建筑的地域特色》，载《西藏民俗》1999 年第 1 期。

石峰：《少数民族传统建筑类型及其形成原因》，载《贵州师范大学学报》（社会科学版），1999 年第 3 期。

管彦波：《西南民族住宅的类型与建筑结构》，载《中南民族学院学报》（人文社会科学版），1999 年第 3 期。

杨春风、万奕邑：《西藏传统民居建筑环境色彩与美学》，载《中外建筑》1999 年第 5 期。

骆明：《藏民的石碉房》，载《中国房地信息》2000 年第 1 期。

才旦：《藏族建筑艺术浅议》，载《阿坝师范高等专科学校学报》2000 年第 2 期。

凌立：《丹巴嘉绒藏族的民俗文化概述》，载《西北民族学院学报》2000 年第 4 期。

王载波：《"壳"中的羌族——浅谈桃坪羌寨的防御系统》，载《四川建筑》2000 年第 5 期。

马文中：《江流三曲地带的古建筑——碉》，载《凉山藏学研究》2001 年第 1 期。

李香敏、曾艺军、季富政：《羌寨碉楼原始与现代理念的共鸣》，载《四川工业学院学报》2001 年第 2 期。

徐学书：《藏羌石碉研究》，载《康藏研究通讯》2001 年第 3 期。

徐学书：《川西北的石碉文化》，载《中华文化论坛》2004 年第 1 期。

耿直：《千碉之国的诱惑》，载《民间文化旅游杂志》2002 年第 1 期。

郑莉、陈昌文、胡冰霜：《藏族民居——宗教信仰的物质载体——对嘉戎藏族牧民民居的宗教社会学田野调查》，载《西藏大学学报》2002 年第 1 期。

彭代明、唐广莉、刘小平：《浅谈黑虎、桃坪羌寨的战争功能与审美》，载《阿坝高等师范专科学校党报》2002 年第 2 期。

牟子：《丹巴高碉文化》，载《康定民族师范高等专科学校学报》2002

年第 3 期。

夏格旺堆:《西藏高碉建筑刍议》,载《西藏研究》2002 年第 4 期。

李星星:《藏彝走廊的历史文化特征(续)》,载《中华文化论坛》2003 年第 2 期。

张国雄:《中国碉楼的起源、分布与类型》,载《湖北大学学报》2003 年第 4 期。

张先进:《嘉绒藏寨碉群及其世界文化遗产价值》,载《四川建筑》2003 年第 5 期。

周小林、杨光成、吴就良、张玥:《中国碉楼群旖旎的"城堡"》,载《民间文化旅游杂志》2003 年第 6 期。

刘荣健:《神秘的"东方古堡"》,载《上海消防》2003 年第 7 期。

任浩:《羌族建筑与村寨》,载《建筑学报》2003 年第 8 期。

张离可:《羌族民居浅析——黑虎羌碉》,载《重庆建筑》2004 年第 1 期。

张先得:《川西阿坝藏族羌族自治州石房建筑》,载《古建园林技术》2004 年第 1 期。

刘晓平:《藏、羌建筑形式在环艺专业教学中的运用》,载《阿坝师范高等专科学校学报》2004 年第 3 期。

李明、袁姝丽:《浅论丹巴甲居嘉绒藏寨民居》,载《宜宾学院学报》2004 年第 4 期。

庄春辉:《川西高原的藏羌古碉群》,载《中国西藏》(中文版),2004 年第 5 期。

刘亦师:《中国碉楼民居的分布及其特征》,载《建筑学报》2004 年第 9 期。

罗徕:《羌族民间艺术与川西北高原文化》,载《装饰》2004 年第 12 期。

谭建华:《中国西部墨尔多神山下的"千碉之国"——世界建筑艺术遗存》,载《中外建筑》2004 年第 6 期。

尹浩英:《永驻心灵的丰碑——浅谈桃坪羌碉》,载《民族论坛》2004 年第 11 期。

韦维：《千碉之国》，载《中国西部》2005 年第 10 期。

杨永红：《囊赛林庄园的军事防御特点》，载《西藏大学学报》（汉文版），2005 年第 1 期。

杨永红：《西藏宗堡建筑和庄园建筑的军事防御风格》，载《西藏大学学报》（汉文版），2005 年第 4 期。

王怀林：《神秘的女国文化带》，载《康定民族师范高等专科学校学报》2005 年第 4 期。

孙吉：《甲居藏寨民居建筑及其与自然环境之关系》，载《阿坝师范高等专科学校学报》2005 年第 4 期。

木仕华：《东巴文ᛝ为邛笼考》，载《民族语文》2005 年第 4 期。

木仕华：《纳西东巴艺术中的白海螺大鹏鸟与印度 Garuda、藏族 Khyung 形象比较研究》，载《汉藏佛教艺术研究》，中国藏学出版社 2006 年版。

琳达：《"神秘的东方古堡"——桃坪羌寨》，《建筑知识》2005 年第 6 期。

陈波：《作为世界想象的"高楼"》，载《四川大学学报》2006 年 1 期。

黄禹康：《拂去尘埃看卓克基土司官寨》，载《建筑》2006 年第 2 期。

马宁、钱永平：《羌族碉楼的建造及其文化解析》，载《西华大学学报》2006 年第 3 期。

林俊华：《丹巴县特色文化资源调查》，载《康定民族师范高等专科学校学报》2006 年第 3 期。

甘孜州文化局：宋兴富、王昌荣、刘玉兵，成都市博物院：蒋成、陈剑、汤诗伟：《丹巴古碉群现状及价值》，载《康定民族师范高等专科学校学报》2006 年第 4 期。

红音：《阿坝州碉楼初探》，载《阿坝藏学》2007 年第 1—2 期。

刘波：《试论藏羌古碉的类别及其文化价值》，载《贵州民族研究》2007 年第 6 期。

木广：《木里古碉堡群碉调查记》，载《凉山藏学研究》2007 年第 8 期。

李鸿彬、齐德舜、洲塔：《清乾隆年间第二次金川战役几个问题的探析》，载郝时远、格勒主编：《纪念柳升陞祺先生百年诞辰暨藏族历史文化论集》，中国藏学出版社 2008 年版。

刘乾坤：《碉楼：震而不倒》，载《中华遗产》2008 年第 7 期。

何振华：《四川震后文物抢救保护周年记》，载《中国文化遗产》2009 年第 2 期。

张羽新：《清代前期迁居北京的大小金川藏族》，载《西藏研究》1985 年第 1 期。

张秋雯：《清代雍乾两朝之用兵川边瞻对》，载《中研院近代史研究所集刊》1992 年第 21 期。

张秋雯：《清代嘉道咸同四朝的瞻对之乱——瞻对赏藏的由来》，载《中研院近代史研究所集刊》1993 年第 22 期。

李涛：《试析大小金川之役及其对嘉绒地区的影响》，载《中国藏学》1993 年第 1 期。

戴逸：《一场未经交锋的战争——乾隆朝第一次廓尔喀之役》，载《清史研究》1994 年第 3 期。

后　记

　　本书的缘起，与我 20 世纪 80 年代末在藏区的一次田野考察经历有关。到过川西高原、藏东及西藏南部的人大多记得这样的情景：行车途中，在沿途山隘、村口及河谷地带乃至远方的山冈上，间或地会蓦然出现一座座矗立的碉楼，它们犹如一柄柄天地之剑，点缀于村寨、河流及山势之间，给高原雄浑、粗犷的自然景色平添一道独特的人文景观，往往唤起人们对藏族古往历史的兴趣与遐思，也成为人们目光或镜头追寻的目标。一次，途经藏区一个村寨时，看到不少村民正围着村口一座碉楼忙碌着，引起我们的好奇，停车打听，方知人们正准备炸毁这座略有些残缺的碉楼，目的是将碉楼石块用于为某村民建新房。我们的劝说自然无效，村民的理由很简单——碉楼今天已经没用了。这次经历让我久久难以释怀。事后得知，这种情况并非个别，藏区的碉楼每年都以各种人为或自然的原因遭受损毁，数量正逐年减少。这让我萌生一个想法：若能争取到经费支持，我们亟须对青藏高原现存碉楼进行抢救性的保护，特别是用影像、测绘和文字建档等方式将现存的碉楼如实记录下来，并建立一套完整的青藏高原碉楼数据档案库。我担心若不及时加以抢救和保护，数十年后，后人也许将无缘见到青藏高原这一独特的人文景观了。

　　这个愿望萦绕于胸，最终催生了对青藏高原碉楼进行整体研究的计划。2005 年由我申报的"青藏高原碉楼综合研究"作为教育部人文社科重点研究基地重大项目获准立项。数年来，我们课题组一行开始了在青藏高原碉楼分布地区做田野调查的历程。虽然长途跋涉、风餐露宿，备尝种种困难与艰辛，但也乐在其中。特别是当我们经过无数打探，走了许多弯路，蓦然发现自己所寻找的碉楼就矗立在眼前时，那种喜悦是无法言说的。数年间，我们的足迹几乎遍布藏、川、滇各藏区和羌族地区，获得大量碉楼第一手资料，这让我们甚感欣慰，也是本书得以顺利完成的保障。

本书是一个集体成果。各章的承担完成人如下：

第一章：石硕、刘俊波；

第二章、第三章：杨嘉铭、邹立波、石硕、蒋庆华；

第四章、第五章、第六章、第七章：石硕；

第八章：邹立波；

第九章：陈东；

第十章、第十一章：杨嘉铭；

第十二章：蒋庆华。

石硕负责全书的总体设计及统稿工作。邹立波讲师，博士生高琳、蒋庆华和硕士生罗宏等还协助了书稿的编辑、校对工作。

此外，硕士生刘俊波、李青参与了前期资料检索与搜集工作。书中"青藏高原碉楼分布图"是李青在细致全面地统计相关资料基础上绘制的。

成都市文物考古研究院陈剑副研究员参与了课题组在西藏的田野调查与测量，并绘制了若干碉楼线图和提供了不少碉楼照片资料。

本书所用西藏洛扎县碉楼照片系由四川大学藏学研究所霍巍教授慷慨提供，特此致谢！

此外，数年来在对碉楼的田野调查过程中，得到许多人的慷慨帮助。他们是西藏自治区博物馆的夏格旺堆先生、西藏山南地区文管所主任强巴次仁、西藏自治区方志处曹彪林处长、中国公安大学援藏干部鲍栋先生等，此外，在调查过程我们还得到许多不知名的藏族群众的热心相助。在此，我代表全书作者谨向他们致以诚挚的感谢！

光阴荏苒，从承担项目到成果即将面世，七年过去了。甚感欣慰的是，去年本项目成果荣幸地入选 2011 年《国家哲学社会科学成果文库》。评审专家们在入选理由中，对该书作了如下评价：

"该成果将青藏高原碉楼遗存作为一个整体的文化现象，进行了全面、系统、综合、深入的研究，涉及碉楼的分布、起源、文化土壤、功能、建筑技术、文化价值及保护措施等，内容非常丰富。研究视角新，从本土历史文化脉络挖掘与之相关的民族、社会、文化内涵，具有创新性、开拓性和系统性。学术价值高，既填补了相关研究领域的学术空白，又为碉楼申报世界文化遗产做了很好的基础性工作。"

这一评价令我们十分感动，我想，这是对我们多年辛勤工作之意义和价值的充分肯定。倘若本书的出版能引起更多人对青藏高原这一珍贵文化遗产的兴趣，能让更多的中外人士进一步认识青藏高原碉楼丰富的历史与文化内涵及其在世界范围与人类文化方面所具有独特价值，并有助于对现有碉楼遗存的保护与利用，则是我们的最大心愿与满足。

本书为教育部人文社会科学重点研究基地重大项目，得到教育部高等学校人文社会科学重点研究基地基金资助。本书的出版则获得国家社科规划办《国家哲学社会科学成果文库》的资助以及中国社会科学出版社郭沂纹主任的大力支持，特此致谢！

石　硕

2012 年 2 月 17 日于四川大学江安花园

图书在版编目（CIP）数据

青藏高原碉楼研究/石硕等著.
—北京：中国社会科学出版社，2012.3
（国家哲学社会科学成果文库）
ISBN 978 - 7 - 5161 - 0548 - 1

Ⅰ.①青…　Ⅱ.①石…　Ⅲ.①青藏高原—民居—研究②青藏高原—少数民族—民族文化—研究　Ⅳ.①TU241.5②K280.7

中国版本图书馆 CIP 数据核字（2012）第 026109 号

策划编辑　郭沂纹
责任编辑　吴丽平
责任校对　王兰馨
封面设计　肖　辉　郭蕾蕾
技术编辑　戴　宽

出版发行	中国社会科学出版社 　　出版人　赵剑英
社　　址	北京鼓楼西大街甲 158 号　　邮　编　100720
电　　话	010 - 64040843（编辑）　64058741（宣传）　64070619（网站）
	010 - 64030272（批发）　64046282（团购）　84029450（零售）
网　　址	http://www.csspw.cn（中文域名：中国社科网）
经　　销	新华书店
印　　装	环球印刷（北京）有限公司
版　　次	2012 年 3 月第 1 版　　印　次　2012 年 3 月第 1 次印刷
开　　本	710 × 1000　1/16
印　　张	25.75
字　　数	408 千字
定　　价	72.00 元